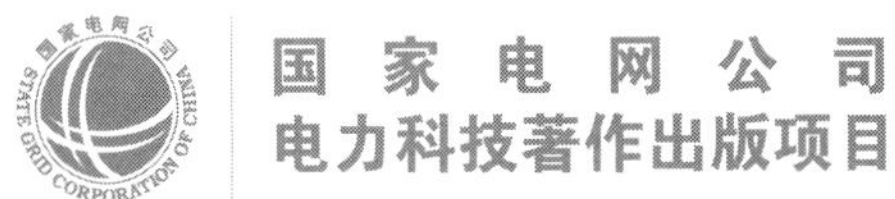

国家电网公司
电力科技著作出版项目

智能配电网技术及应用丛书

智能配电网继电保护

ZHINENG PEIDIANWANG JIDIAN BAOHU

主　编　宋国兵
副主编　郑　毅
参　编　薛永端　王　超　常仲学　王志勇
　　　　袁宇波　高淑萍　喻　锟　吕立平
　　　　王晨清　张志华　张　维　金鑫琨

中国电力出版社
CHINA ELECTRIC POWER PRESS

内 容 提 要

随着配电网逐渐朝着高比例电力电子、高可靠性、高服务水平发展，继电保护技术也将迎来众多新的挑战和发展机遇。本书论述了智能配电网的继电保护技术，共6章，内容包括概论、中压交流配电网相间短路故障保护、中压交流配电网单相接地故障保护、中压交流配电网断线故障检测、低压配电网保护、直流配电网保护。本书注重理论与实践相结合，尽量避免复杂的公式推导，以基本原理和实践中的关键技术为核心，并辅以示范工程案例，使内容更加贴近工程实际。

本书可作为智能配电网继电保护相关专业人员的指导用书。

图书在版编目（CIP）数据

智能配电网继电保护 / 宋国兵主编. —北京：中国电力出版社，2023.10
（智能配电网技术及应用丛书）
ISBN 978-7-5198-7608-1

Ⅰ. ①智… Ⅱ. ①宋… Ⅲ. ①智能控制–配电系统–继电保护 Ⅳ. ①TM727

中国国家版本馆 CIP 数据核字（2023）第 042370 号

出版发行：中国电力出版社
地　　址：北京市东城区北京站西街 19 号（邮政编码 100005）
网　　址：http://www.cepp.sgcc.com.cn
责任编辑：崔素媛
责任校对：黄　蓓　马　宁
装帧设计：张俊霞
责任印制：杨晓东

印　　刷：三河市万龙印装有限公司
版　　次：2023 年 10 月第一版
印　　次：2023 年 10 月北京第一次印刷
开　　本：787 毫米×1092 毫米　16 开本
印　　张：15.5
字　　数：335 千字
定　　价：78.00 元

丛书编委会

本书编委会

主　编　宋国兵

副主编　郑　毅

参　编　薛永端　王　超　常仲学　王志勇

袁宇波　高淑萍　喻　锟　吕立平

王晨清　张志华　张　维　金鑫琨

主　审　徐丙垠　刘　健

丛书序

用配电网新技术的知识盛宴以飨读者

随着我国社会经济的快速发展，各行各业及人民群众对电力供应保持旺盛需求，同时对供电可靠性和电能质量也提出了越来越高的要求。与电力用户关系最为直接和密切的配电网，在近些年得到前所未有的重视和发展。随着新技术、新设备、新工艺的不断应用和自动化、信息化、智能化手段的实施，使配电系统装备技术水平和运行水平有了大幅度提升，为配电网的安全运行提供了有力保障。

为了总结智能电网建设时期配电网技术发展和应用的经验，介绍有关设备和技术，总结成功案例，本丛书编委会组织国内主要电力科研机构、产业单位和高等院校编写了“智能配电网技术及应用丛书”，包含《智能配电网概论》《智能配电网信息模型及其应用》《智能配电设备》《智能配电网继电保护》《智能配电网自动化技术》《配电物联网技术及实践》《智能配电网源网荷储协同控制》共 7 个分册。丛书基本覆盖了配电网在自动化、信息化和智能化等方面的进展和成果，侧重新技术、新设备及其发展趋势的论述和分析，并且对典型应用案例加以介绍，内容丰富、含金量高，是我国配电领域的重量级作品。

本丛书中，《智能配电网概论》介绍了智能配电网的概念、主要组成和内涵，以及传统配电网向智能配电网的演进过程及其关键技术领域和方向；《智能配电网信息模型及其应用》介绍了配电网的信息模型，强调了在智能电网控制和管理中模型的基础性和重要性，介绍了模型在主站系统侧和配电终端侧的应用；《智能配电设备》对近年来主要配电设备在一二次设备融合及智能化方面的演进过程、主要特点及应用场景做了介绍和分析；《智能配电网继电保护》从有源配电网的角度阐述了继电保护技术的进步和性能提升，着重介绍了以光纤、5G 为代表的信息通信技术发展而带来的差动（纵联）保护、广域保护等广泛应用于配电网的装置、技术及其发展方向；《智能配电网自动化技术》在总结提炼我国 20 多年来配电网自动化技术应用实践基础上，介绍了智能配电网对电网自动化的新要求，以及相关设备、系统和关键技术、实现方式，并对未来可能会在配电自动化中应用的新技术进行了展望；《配电物联网技术及实践》介绍了物联网的概念、主要元素，以及其如何与配电领域结合并应用，针对配电系统点多面广、设备众多、管理复杂等特点，解决实现信息化、智能化的难点和痛点问题；《智能配电网源网荷储协同控制》重点分析了在配电网大规模应用后，分布式能源给配电网的规划、调度、控制和保护等方面带来的影响，介绍了配电网源网荷储协同控制技术及其应用案例，体现了该技术在虚拟电厂、主动配电网及需求响应等方面的关键作用。

“双碳”目标加快了能源革命的进程，新型电力系统建设已经拉开序幕，配电领域将迎接新的机遇和挑战。“智能配电网技术及应用丛书”的出版将对配电网建设、改造发挥积极的作用。相信在不久的将来，我国的配电网技术一定能够像特高压技术一样，跻身世界前列，实现引领。

近年来，配电领域的专业图书出版了不少，本人也应邀为其中一些专著作序。但涉及配电网多个技术子领域的专业丛书仍不多见。作为一名在配电领域耕耘多年的专业工作者，为这套丛书的出版由衷感到高兴！希望本丛书能为我国配电网领域的技术人员和管理者奉上一份丰盛的“知识大餐”，以解大家久盼之情。

全国电力系统管理与信息交换标准化技术委员会　顾　问

EPTC 智能配电专家工作委员会　常务副主任委员兼秘书长

2022 年 10 月

前 言

继电保护对配电设备以及网络的安全可靠运行至关重要，是智能配电网建设中不可或缺的关键技术之一。随着分布式电源的大量接入、直流配电网的示范建设、多元负荷的广泛应用，配电网的形态发生了显著变化，传统基于辐射状配电网设计的继电保护已不能完全适用；同时随着对供电可靠性要求的持续提高、对人身伤亡事故的容忍度持续下降，对配电网继电保护也提出了更高的要求。除此之外，随着硬件水平、通信技术等的不断发展，配电网继电保护也迎来了快速发展机遇，比如通信技术的发展使得差动（纵联）保护、广域保护广泛应用于配电网成为可能。

全书共 6 章。第 1 章主要介绍交流、直流以及中、低压配电网的拓扑结构、中性点接地方式等基础知识，为论述配电网的继电保护提供理论支撑，同时介绍了配电网新形态下继电保护面临的挑战和机遇、与配电自动化的关系以及未来发展趋势；第 2 章为中压交流配电网相间短路故障保护，主要包括电机类和逆变型分布式电源的故障特征、短路电流的计算、相间电流保护技术、基于通信的差动保护、纵联保护和广域保护技术、重合闸和备用电源自动投入技术以及分布式电源接入后的孤岛检测技术；第 3 章为中压交流配电网单相接地故障保护，主要包括小电阻接地和小电流接地系统中单相接地故障发生后暂、稳态电气量特征以及接地故障保护中的新技术；第 4 章为中压交流配电网断线故障检测，主要包括断线故障特征、仅基于中压/台区电压信息的区段定位方法以及基于正/负序电压和电流特征的选线和区段定位方法；第 5 章为低压配电网保护，主要包括关键设备、相间保护和漏电保护技术；第 6 章为直流配电网保护，主要包括直流配电网故障特征以及现有直流配电网示范工程中的典型保护配置方案。

本书第 1 章作为全书的基础，主要由西安交通大学宋国兵教授和常仲学博士撰写，国网四川省成都供电公司金鑫琨高工编写了中压配电网拓扑结构和中性点接地方式的内容，珠海许继电气有限公司张维高工编写了配电网故障特点的部分内容；第 2 章由山东科汇电力自动化股份有限公司王超高工、西安科技大学高淑萍副教授、国网陕西电科院张志华高工撰写；第 3 章由中国石油大学（华东）薛永端教授和长沙理工大学喻锟副教授撰写；第 4 章由西安交通大学常仲学博士撰写，薛永端教授提供了部分资料；第 5 章由国网北京市电力科学研究院王志勇高工和吕立平高工编写；第 6 章由国网江苏省电力科学研究院袁宇波博士和王晨清博士完成。全书由西安交通大学宋国兵教授、国网四川省成都供电公司郑毅教授级高工和常仲学博士统稿，并对全书内容进行了审查修改。

本书撰写过程中得到了众多专家的支持，他们提出了众多改进意见，在此表示感谢。他们是山东理工大学徐丙垠教授、国网陕西省电力科学研究院刘健副院长。此外，撰写过程中参考和引用了众多国内外同行的研究成果，在此一并表示感谢。

由于作者学识有限，加之时间仓促，书中不妥之处在所难免，敬请读者批评指正。

主　编

2023 年 6 月

目　　录

第1章 概　论

本章介绍配电网的拓扑结构和中性点接地方式，主要包括交流配电网、直流配电网以及中、低压配电网。阐述当前配电网发展对继电保护新的需求、配电网保护技术面临的挑战和机遇、配电网保护与配电自动化的关系等。

1.1 配电网结构和中性点接地方式

1.1.1 配电网形态的变化

众所周知，随着化石能源逐渐枯竭以及环境污染的加重，人类开始探索利用可再生能源，其中将可再生能源转化为电能就是最重要的利用方式之一，世界范围内新能源并网容量逐年升高。根据相关报道，2017 年全球可再生能源发电容量总计约 2195GW，足够提供全球电力的 26.5%。截至 2019 年第一季度末，我国可再生能源发电累计装机量达到 740GW。我国二氧化碳排放力争 2030 年前达到峰值，力争 2060 年前实现碳中和目标。综上可以看出，利用可再生能源发电已经成为不可阻挡的趋势，未来可再生能源电源在电力系统中的渗透率还将不断提高。

新能源电源接入电网的方式主要有两种：大规模集中接入输电网和分散式接入配电网。分散式接入配电网的基于可再生能源的电源被称为分布式电源（distributed generator，DG），由于可再生能源的间歇性和不确定性，为了提高分布式电源的可控性，一般通过基于电力电子器件的换流器实现并网，随着分布式电源在配电网的渗透率不断增大，交流配电网将含有大量换流器。

此外，越来越多的负荷呈现电力电子化趋势，越来越多的负荷都存在直流环节，比如变速调频、电子镇流器照明、LED 照明、电动汽车等，同时分布式电源和储能装置等电源多以直流形式产生与存储电能，受负荷侧及电源侧直流化、电力电子型电力装备的技术经济性逐渐提高等因素的影响，直流配电网或将成为未来配电网的重要选择之一。直流配电网不仅可以减少分布式电源、储能装置、负荷的电力变换环节，相比于交流配电网还具有线路损耗小、电能质量高等优点，也是目前配电网技术的热点研究方向。与此同时，国内外开展了直流配电网的试点应用，如中国的张北基于柔性变电站的交直流混合配电网示范工程、绍兴上虞交直流配电网示范工程、苏州工业园区示范工程等；国外的有德国亚琛工业大学校园±5kV 直流配电网示范工程、美国电力电子研发中心（CPES）示范工程、北卡罗来纳州立大学（NCSU）示范工程等。

随着电力电子型电力装备在配电网中的广泛应用，未来配电网将表现为多类型换流器并存的交直流混联形态，由原来的单电源供电系统演变为多源供电系统。

1.1.2 中压交流配电网的拓扑结构和中性点接地方式

继电保护技术高度依赖于故障特征来实现故障甄别，而故障特征取决于电网拓扑结构和电源的中性点接地方式。

1. 典型拓扑结构

根据电压等级，目前我国的配电网主要分为高压配电网、中压配电网和低压配电网 3 级，其中 35～110kV 为高压配电网，10（6）～20kV 为中压配电网，0.4kV 为低压配电网。10kV 中压配电网是城市配电网的主流，20kV 中压配电网仅在部分省市的示范工程中得到应用。中压配电网的结构与线路采用架空线路还是电缆线路有一定的关系。

（1）架空线路网络。

1）辐射式网络。该接线方式简单清晰，如图 1－1（a）所示。从投资的角度来看，该接线方式不需要预留备用容量，投资费用较少。但该接线方式供电可靠性差，主要用于山区、偏僻地区等用电可靠性要求不高的地区。

2）单联络网络。该方式网络结构较简单，如图 1－1（b）所示。单联络网络具备一定的负荷转供能力，并能够满足“$N-1$”校验原则，但受分段开关数量少的限制，故障导致的停电范围仍然很大，且线路负载率长期低于 50%，配电线路的载流能力未得到充分利用。作为由现有网架向目标网架过渡的一种接线方式，该模式在城市配电网中大量存在。

3）多分段适度联络网络。该接线方式如图 1－1（c）所示。采用该接线方式，供电可靠性、灵活性进一步提高，每段线路都可以通过联络开关实现负荷转供，大大缩小了故障和检修停电范围，且该网络与配电自动化系统相结合，能迅速实现故障定位、故障隔离、故障自愈等功能。此外，该运行方式下，线路理论最大负载率与线路联络数的关系为

$$P = N / (N+1) \times 100\% \tag{1-1}$$

式中：P 为线路理论最大负载率；N 为线路联络数。

从式（1－1）可以看出，联络数越多，线路理论最大负载率越高，但是过多的分段和联络，一方面会增加配电网建设投资成本；另一方面，无效的分段和联络会导致配电网网架结构过于复杂。因此，该方式主要用于供电可靠性要求较高的地区。

（2）电缆线路网络。

1）单环网。该方式接线如图 1－2（a）所示，具有结构简单、运行灵活的特点，具有较高的供电可靠性，是目前城市配电网使用较多的一种接线方式，但该接线方式无法满足对供电可靠性要求高的双电源用户，在必要情况下，可以作为向双环网过渡的一种接线形式。

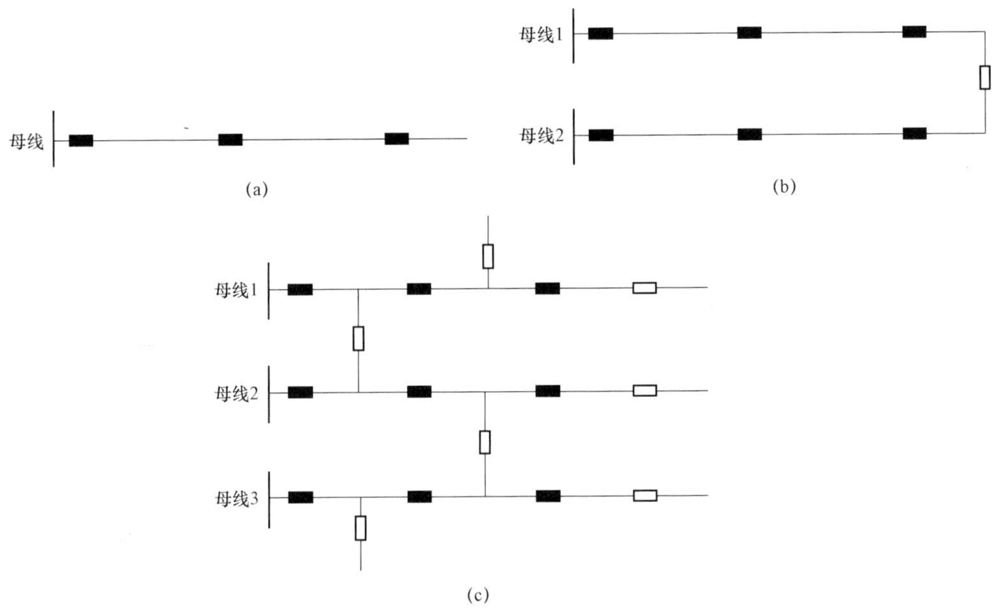

图 1－1　架空线路网络的典型拓扑结构

（a）辐射式网络；（b）单联络网络；（c）多分段适度联络网络

闭合的断路器或负荷开关　断开的断路器或负荷开关

2）双环网。双环网接线方式可以看作两组电缆单环网的组合，拓扑结构如图 1－2（b）所示，具有便于双电源用户接入的特点，因线路有较大的冗余，供电可靠性进一步提升。目前，该方式主要用于负荷密集区、重要用户负荷供电。

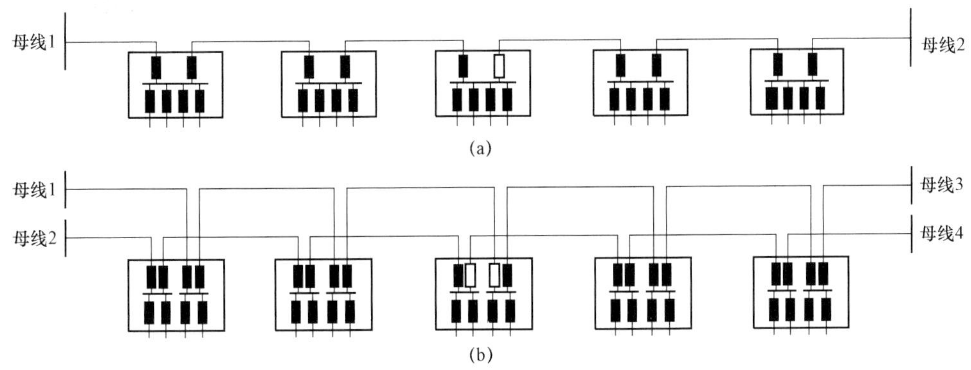

图 1－2　电缆线路网络的典型拓扑结构

（a）单环网；（b）双环网

闭合的断路器或负荷开关　断开的断路器或负荷开关

（3）国内典型网架示例。以上海浦东为例，配电网经过改造后以四种典型接线为主要模式：开关站联络线四电源模式、单环网三电源模式、双环网四电源模式以及架空线四分段三联络一主三备模式，具体如图 1－3 所示。以上模式中所有公共线路进线来自不同变电站，满足一级双电源标准，均满足检修状态“$N-1$”校验的条件。

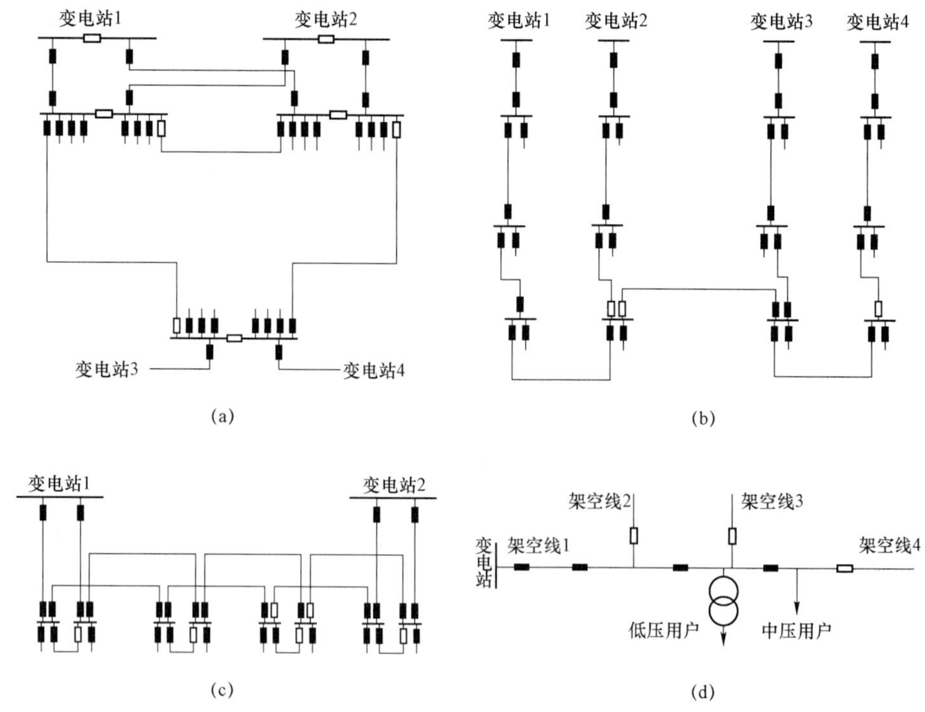

图 1-3　上海浦东中压配电网典型接线方式

（a）开关站联络线四电源（两主两备）；（b）单环网三电源（两主一备）；

（c）双环网四电源；（d）架空线四分段三联络一主三备

■ 闭合的断路器或负荷开关　□ 断开的断路器或负荷开关

（4）国外典型网架示例。

1）新加坡 22kV 电网采用以变电站为中心的花瓣形接线，同一个双电源变压器并联运行的变电站的每两回馈线构成环网，闭环运行；不同电源变电站的花瓣间设置备用联络（1～3 个），开环运行。22kV 电网花瓣形接线方式如图 1-4 所示。

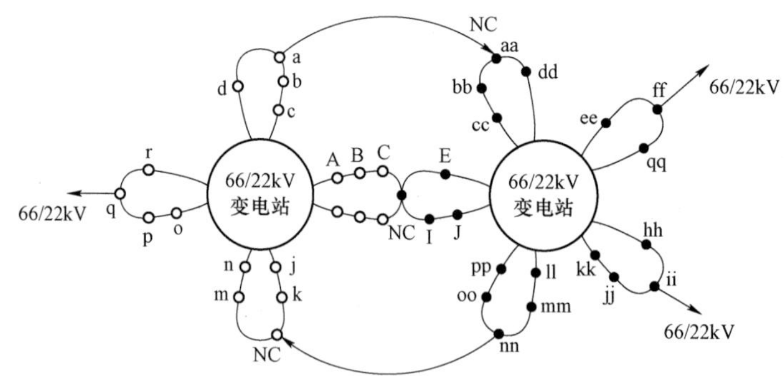

图 1-4　22kV 电网花瓣形接线方式

2）东京 22kV 电缆线路网络的拓扑结构主要包括单射型、双射型和三射型网络，应用于负荷密度高的中心城市电网，具体如图 1-5 所示。6kV 电网电缆线路网络和架空线路网络一般都采用多分段多联络模式，应用于负荷密度不高的一般城市电网，具体如图 1-6 和图 1-7 所示。

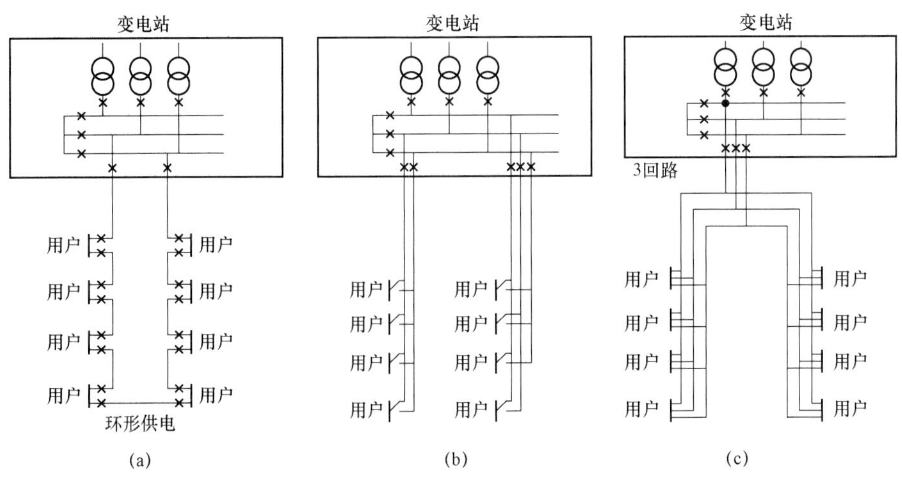

图 1－5　东京 22kV 电缆线路网络拓扑结构

（a）单射型；（b）双射型；（c）三射型

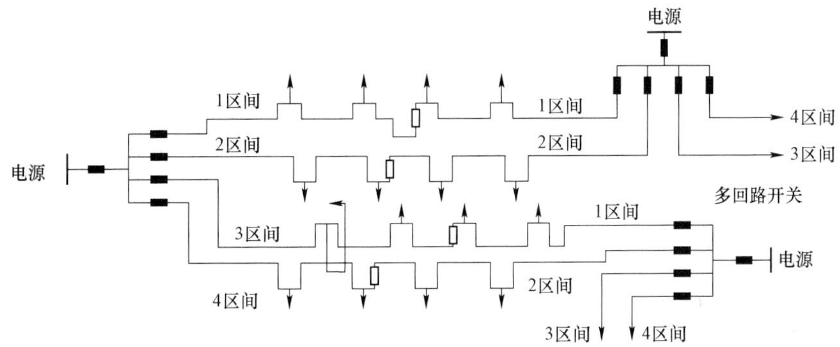

图 1－6　6kV 多分段多联络电缆线路网络

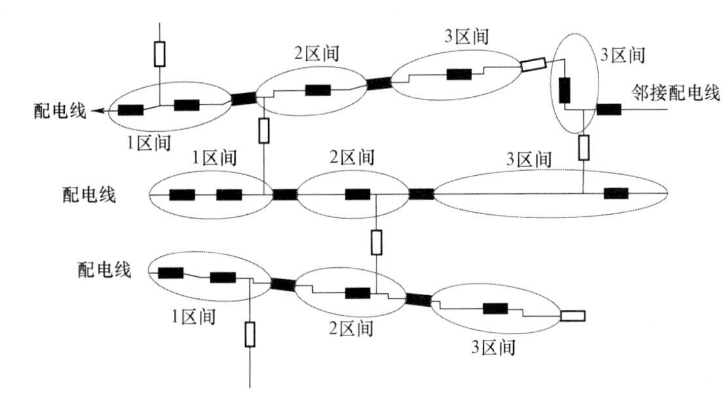

图 1－7　6kV 多分段多联络架空线路网络

■ 闭合的断路器或负荷开关　□ 断开的断路器或负荷开关

2. 典型中性点接地方式

中性点接地方式的选择主要考虑供电可靠性和过电压问题。中性点直接接地系统如

图 1－8 所示，接地故障发生后，故障回路中仅有线路阻抗，因此故障相将有较大的短路电流流过。为了保证设备不损坏，断路器必须动作切除故障线路。结合单相接地故障发生的概率，这种接地方式对于用户而言供电可靠性最低。另一方面，这种中性点接地系统发生单相接地故障时，接地相电压降低，电流增大，而非接地相电压和电流几乎不变，因此这种接地方式可以不考虑过电压问题，但是故障必须立即切除。

中性点经小电阻接地系统如图 1－9 所示，接于中性点与大地之间的电阻 R 限制了接地故障电流的大小，也限制了故障后过电压的水平，是一种在国外应用较多、在国内逐渐开始应用的中性点接地方式。接地故障发生后依然有数值较大的接地故障电流，断路器必须迅速切除接地线路，同时也将导致对用户的供电中断。这种中性点接地方式多用于电缆为主的配电网中。

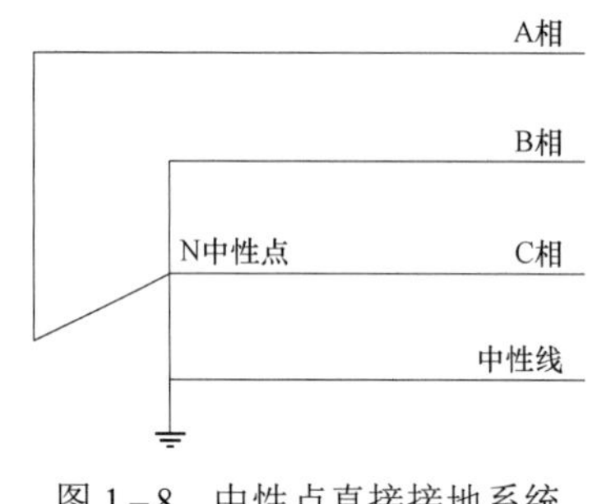

图 1－8　中性点直接接地系统

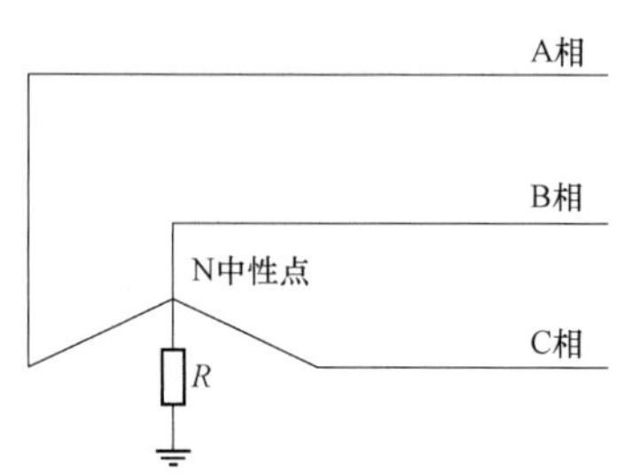

图 1－9　中性点经小电阻接地系统

对于如图 1－10 所示的中性点不接地系统，发生单相接地故障后，由于中性点不接地，所以没有形成短路电流通路。故障相和非故障相都将流过正常负荷电流，线电压仍然保持对称，故障线路可以短时不予切除。这段时间可以用于查明故障原因并排除故障，或者进行倒负荷操作，因此该中性点接地方式下供电可靠性高。但是接地相电压将降低，非接地相电压将升高至线电压，对于电气设备绝缘造成威胁，接地故障发生后不宜长期运行。事实上，对于中性点不接地系统，由于线路与大地之间存在分布电容，接地故障点和导线对地电容之间将形成电流通路，有相应的容性电流在导线和大地之间流通。一般情况下，这个容性电流在接地故障点将以电弧形式存在，电弧高温会损毁设备，引起附近建筑物燃烧起火，不稳定的电弧燃烧还会引起弧光过电压，造成非接地相线路绝缘击穿进而发展成为两相接地故障，进而导致断路器动作跳闸，中断对用户的供电。

中性点经消弧线圈接地系统如图 1－11 所示。正常运行时，接于变压器中性点与大地之间的消弧线圈无电流流过，消弧线圈不起作用。当接地故障发生后，中性点将出现零序电压，在这个电压的作用下，将有感性电流流过消弧线圈并注入发生了接地的电力系统，从而抵消在接地点流过的电容性接地电流，消除或减轻接地电弧电流的危害。需要说明的是，经消弧线圈补偿后，接地点将不再有容性电弧电流或只有很小的感性电流流过，但是接地确实发生了，接地故障可能依然存在，非接地相电压依然很高，长期带接地故障运行也是不允许的。另外，接地故障点的存在，会危及人身安全、烧毁电力设备和引起火灾，提高接地故障处理速度是大势所趋。

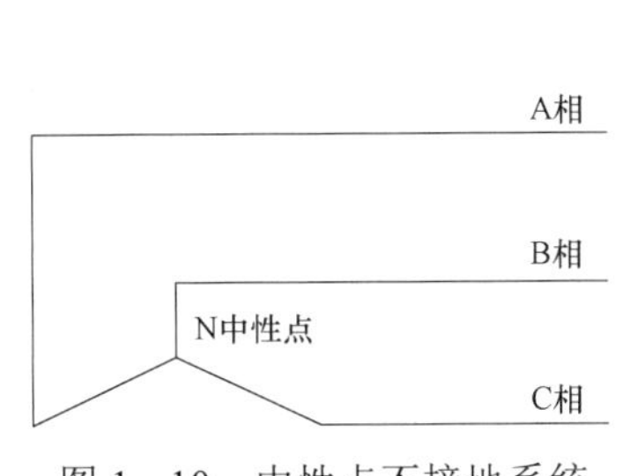

图 1－10　中性点不接地系统

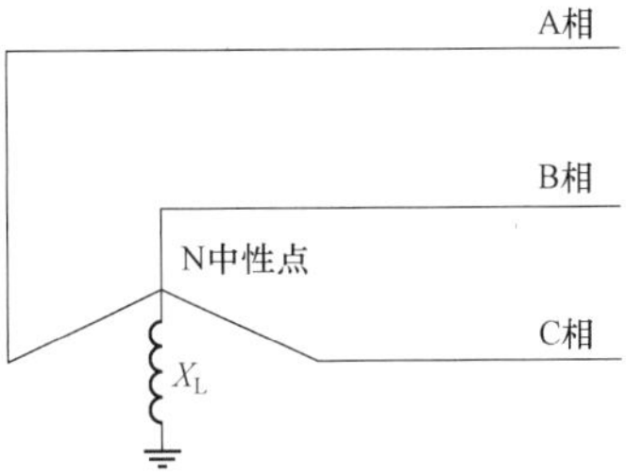

图 1－11　中性点经消弧线圈接地系统

1.1.3　低压交流配电网的拓扑结构和中性点接地方式

1. 典型拓扑结构

低压配电网是配电网的最后一环，直接与负荷相连，把上级电源的电能分配给负荷。传统低压配电网多采用放射状网架结构。根据 Q/GDW 10370—2016《配电网技术导则》的要求，低压线路供电半径，原则上 A+、A 类供电区域供电半径不宜超过 150m，B 类不宜超过 250m，C 类不宜超过 400m，D 类不宜超过 500m，E 类供电区域供电半径应根据需要经计算确定。低压配电网根据线路类型不同，分为低压电缆线路与低压架空线路。

典型低压电缆线路主要由配电室或箱式变电站低压出线开关、分支开关、用户智能电能表表前隔离开关、用户智能电能表表后微型断路器及导线组成；典型低压架空线路主要由柱上低压综合配电箱出线开关、用户智能电能表表前隔离开关、用户智能电能表表后微型断路器及导线组成。

（1）低压电缆线路网络。根据 Q/GDW 10370—2016《配电网技术导则》的要求，配电室采用双电源时，一般配置两组环网柜，中压为两条独立母线，变压器高压侧一般采用负荷开关－熔断器组合电器用于保护变压器，低压为单母线分段；采用单电源时，按规划建设构成单环式接线，一般配置一组环网柜，中压为单条母线，变压器高压侧一般采用负荷开关－熔断器组合电器用于保护变压器，低压采用单母线或单母线分段。变压器绕组联结组别应采用 Dyn11，单台变压器容量不宜超过 800kVA；箱式变电站一般配置单台变压器，采用一组环网柜，变压器高压侧一般采用负荷开关－熔断器组合电器用于保护变压器，变压器绕组联结组别应采用 Dyn11，变压器容量一般不超过 630kVA；箱式变电站低压配置塑壳式断路器保护；低压电缆线路一般采用交联聚乙烯绝缘电缆，电缆截面应根据负荷及配置系数、同时率等进行选择，并综合考虑敷设环境温度、并行敷设、热阻系数及埋设深度等因素，宜一步到位，避免重复更换。一般选用交联聚乙烯铜芯电缆，干线截面积不宜小于 240mm^2，也可采用相同载流量的铝芯或铝合金电缆。典型电缆网网架结构如图 1－12 所示。

（2）低压架空线路网络。根据 DL/T 5220—2021《10kV 及以下架空配电线路设计规范》的规定，“400kVA 及以下的变压器，宜采用柱上式变压器台；400kVA 以上的变压器，宜采用室内装置”。柱上变压器的容量不宜过大，否则易导致二次侧额定电流过大，而受柱上施工条件等所限，引流导体的配置及连接工艺质量难以得到有效保障，不利于设备安全运行；并且发生故障时影响范围大，导致供电可靠性降低。当变压器容量不能满足要求时，各地通常优先采取分装变压器的方式，而不是采取简单地更换为更大容量的变压器，故柱上三相变压器容量不宜超过 400kVA。

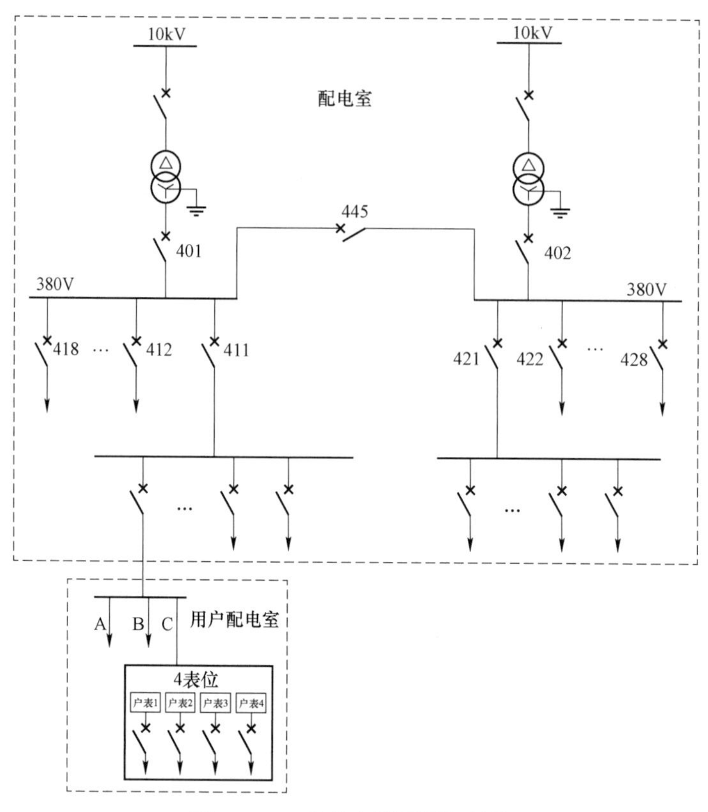

图 1－12　典型电缆网网架结构

根据 Q/GDW 10370—2016《配电网技术导则》的要求，柱上变压器宜设于低压负荷中心，三相柱上变压器容量不应超过 400kVA，绕组联结组别宜选用 Dyn11，且三相均衡接入用户负荷。农村地区居民分散居住、单相负荷为主地区宜选用单相变压器，容量为 10～50kVA，供电半径宜小于 50m 或供电户数不超过 5 户，居民电采暖地区单相变压器容量可提高至 100kVA，单相变压器应均衡接入三相线路中；柱上变压器应选用坚固耐候的低压综合配电箱，配电箱进线宜选择熔断器式隔离开关，出线开关应选用具有过电流保护的断路器，用于低压 TT 系统的还应具备剩余电流保护功能。城镇区域（非 TT 系统）负荷密度较大，且仅供 1～2 回低压出线的情况下，为避免负荷波动较大或环境温度较高时断路器频繁跳闸，可取消出线断路器，简化保护配合，选择可箱外操作带弹簧储能的熔断器式隔离开关，并配置栅式熔丝片和相间隔弧保护装置。

低压架空线路应采用绝缘导线。一般区域采用耐候铝芯交联聚乙烯绝缘导线，沿海及严重化工污秽区域可采用耐候铜芯交联聚乙烯绝缘导线，低压架空接户线一般采用耐候交联聚乙烯绝缘线，沿墙敷设时宜选用具有阻燃、耐低温等性能的绝缘线。典型架空网网架结构如图 1－13 所示。

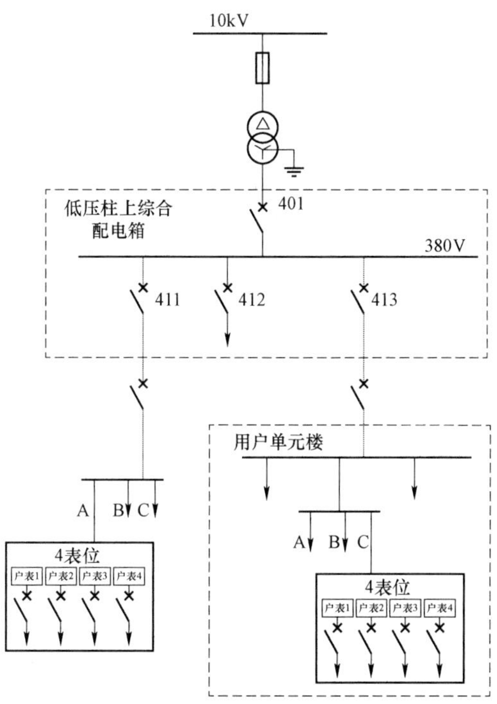

图 1－13 典型架空网网架结构

2. 中性点接地方式

低压系统接地的方式可分为 TN、TT 和 IT 三种，其中 TN 系统又可分为 TN－S 系统、TN－C 系统、TN－C－S 系统，具体如图 1－14 所示，其中 PE 为保护接地导体，N 为中性导体，PEN 为保护接地中性导体。

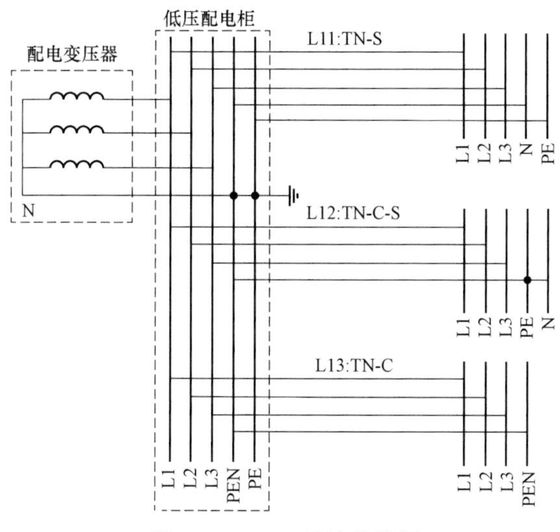

图 1－14 TN 系统接线图

TN－S 系统从变电站的低压配电柜的 PEN 母线引出 N 导体，从 PE 母线引出 PE 导体，即从低压配电柜起把 PE 导体和 N 导体分离，所以 TN－S 系统为三相五线制，具体如图 1－14 中的 L11 馈线所示。

TN－C 系统从变电站的低压配电柜的 PEN 母线引出 PEN 导体，直至终端配电箱和终端用电设备，PE 导体和 N 导体都是合并的，所以 TN－S 系统为三相四线制，具体如图 1－14 中的 L13 馈线所示。

TN－C－S 为三相四线制和三相五线制的结合，从低压配电柜的 PEN 母线引出 PEN 导体，到下一级配电箱时将 PE 导体和 N 导体分开，分开前为三相四线制，分开后为三相五线制，具体如图 1－14 中的 L12 馈线所示。

TT 系统从配电变压器或低压配电柜中仅引出 N 导体，装置的外露可导电部分接到在电气上独立于电源系统接地的接地极上，装置 PE 可独立接地，具体如图 1－15 所示。

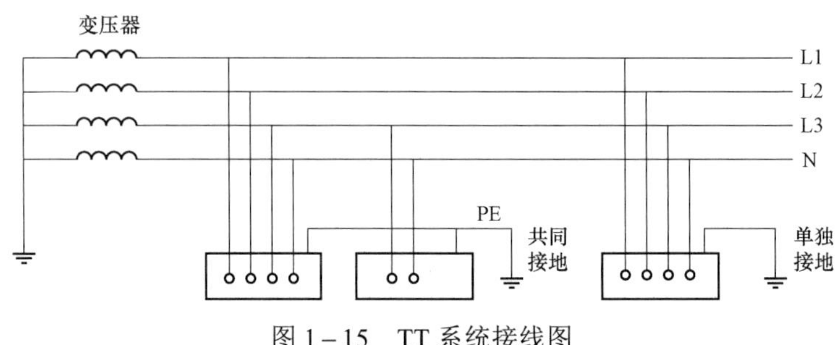

图 1－15　TT 系统接线图

IT 电源系统的所有带电部分与地隔离，或某一点通过阻抗接地。电气装置的外漏可导电部分，应单独接地或汇集并集中一点接地，具体如图 1－16 所示。需要说明的是该系统可经足够高的阻抗接地，同时可配出 N 导体，也可不配出 N 导体。

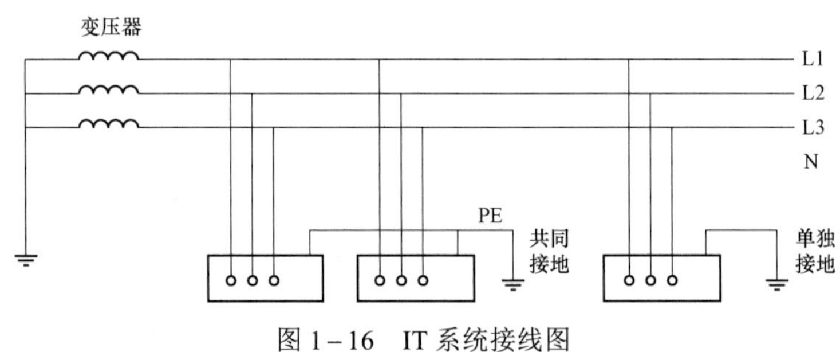

图 1－16　IT 系统接线图

根据 Q/GDW 10370—2016《配电网技术导则》的要求，低压配电系统接地方式应根据电力用户用电特性、环境条件或特殊要求等具体情况进行选择，具体为：

（1）配电室设置在建筑物内，低压系统宜采用 TN－S 接地系统；

（2）供电电源设置在建筑物外，低压系统宜采用 TN－C－S 接地系统，配电线路主干线末端和各分支线末端的保护中性线（PEN）应重复接地，且不应少于 3 处；

（3）农村等区域低压系统采用 TT 接地方式时，除变压器低压侧中性点直接接地外，中性线不得再重复接地，且与相线保持同等绝缘水平。

此外，根据低压系统接地形式，配置塑壳式断路器保护或熔断器式隔离开关保护。低压馈电断路器应具备过电流和短路跳闸功能。

1.1.4 直流配电网的拓扑结构和接地方式

1. 电压等级

直流配电网需要根据电源和负荷接入需求、系统容量、供电半径、保护配置的难易程度等原则并结合现有的电压序列标准来选择合理的电压等级。

国际大电网委员会 2015 年 7 月成立了 SC6.31《直流配电可行性研究》专题小组，其宗旨是研究和推广中压直流配电网技术。各国专家初步认为直流配电的电压等级范围在 1.5～100kV 之间比较合理，对于中压等级的优选值及低压等级未作规定。

GB/T 35727—2017《中低压直流配电电压导则》规定了直流配电系统电压等级的确定应坚持简化电压等级、减少变压层次、优化网络结构的原则。将±1500V～±50kV 划定为中压范围，将 110V～1500（±750）V 划定为低压范围。在中压等级中，选取±35/±10/±3/3（±1.5）kV 为优选序列；在低压等级中，选取 1500（±750）/750（±375）/220（±110）V 为优选序列。在电压等级配置中可遵循“舍二求三”的原则，即各相邻电压等级间的倍数应接近或超过 3，而不应小于 2。除此之外，还应考虑与现有交流系统的匹配性、分布式电站接入灵活性、各类负荷用电便捷性等原则。如±10kV 与现有交流配电中 10、20kV 相匹配，而±1.5kV 为大多数工业直流负载的电压等级。在低压等级中，±750V 是一些地区地铁牵引用电以及一些工业负荷用电的等级；而±110V 是我国空调、变频洗衣机等居民用电电压等级，且与 220V 交流电压相匹配。此外，由中国电力科学研究院有限公司、华北电力大学、中国科学院等单位牵头起草并发布的 T/CEC 107—2016《直流配电电压》，考虑到便于与交流 110、220kV 互联，将直流配电最高电压等级由国标的±50kV 提高到±100kV。低压等级中考虑到与 380V 交流相匹配和国内外大量工程经直流配电网关键设备在用电侧，国内外没有统一的电压等级序列标准，实际实施中主要从用电设备的能效、用电安全和器件耐压水平等方面，结合直流配电等级序列中的标准来选取一个合理的范围。为突出配电网的架构，以及大型充电站、光伏电站、数据中心等直接接入需求，其电压等级至少大于或等于两个，包含一个中压等级和至少一个低压等级。若区域供电负荷较小，且供电距离短，则也可选择至少两个低压等级作为构成低压配电网的电压基准。当前国内外直流用电领域包括电动汽车、多电飞机、轨道交通、全电舰船、信息通信、住宅用电、数据中心等，各领域直流用电电压等级如图 1－17 所示。

2. 典型拓扑结构

直流配电系统往往从交流系统引出多个换流站，再通过多组点对点直流连接不同的交流系统，没有网格、冗余，当拓扑结构中任何一个换流站或线路上发生故障时，整条线路及其相连的换流站要退出运行，可靠性较低。直流配电网中，各条直流线路可以自由连接，可以互相作为冗余使用，而不是仅仅作为异步交流电网的连接设备。直流配电网的拓扑结构可以根据用途来决定，常见的直流配电网拓扑结构可以分为放射型结构、点对点结构和环状网络结构。

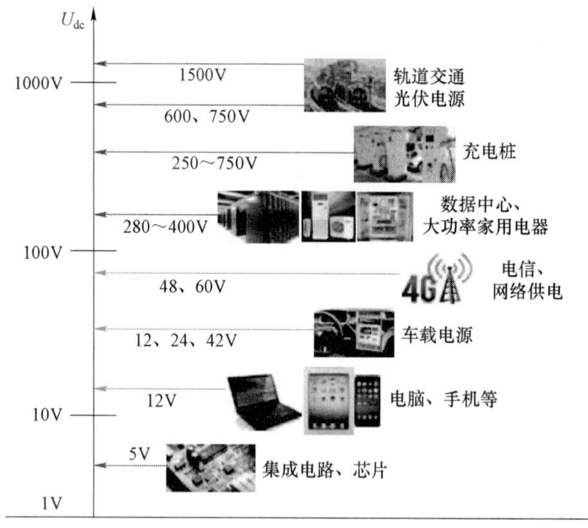

图 1－17　典型直流用电电压等级

（1）放射型结构。放射型结构如图 1－18 所示，交流电网、分布式电源、储能设备、交直流负荷等单元经不同类型的变换器接入相应电压等级的直流配电网。不同分布式电源产生的电能，分别经 AC/DC 或 DC/DC 变换器转换成相应电压等级的直流电接至直流母线，再经变换器分别转换成交流或直流电为负载供电。放射型结构用电可靠性比较低，随着负荷的增加，直流电压会随着潮流流动的方向下降，且易发生停电故障。但是潮流容易控制，故障识别及保护控制配合等相对容易，线路投资费用也较低。每个用户对应一个变换器，适用于电源和负荷均比较分散的情况。

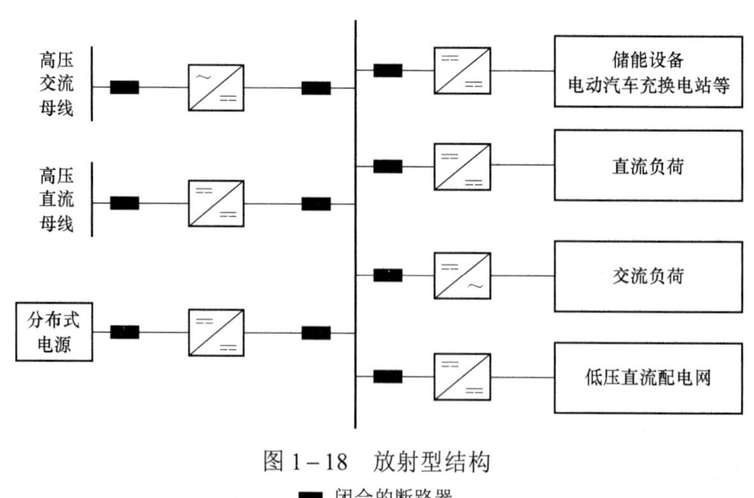

图 1－18　放射型结构

■ 闭合的断路器

（2）点对点结构。点对点结构如图 1－19 所示，在放射型网络的基础上，在直流配电网的另一侧增加一个与交流电网的公共连接点。两端直流电网中通常会有一端的交流接口采用定电压控制，其余交流接口采用定功率控制，这在一定程度上提高了潮流路径和控制保护的控制难度。直流配电网正常运行时，直流配电系统的电压完全由定电压控制端和负荷决定。

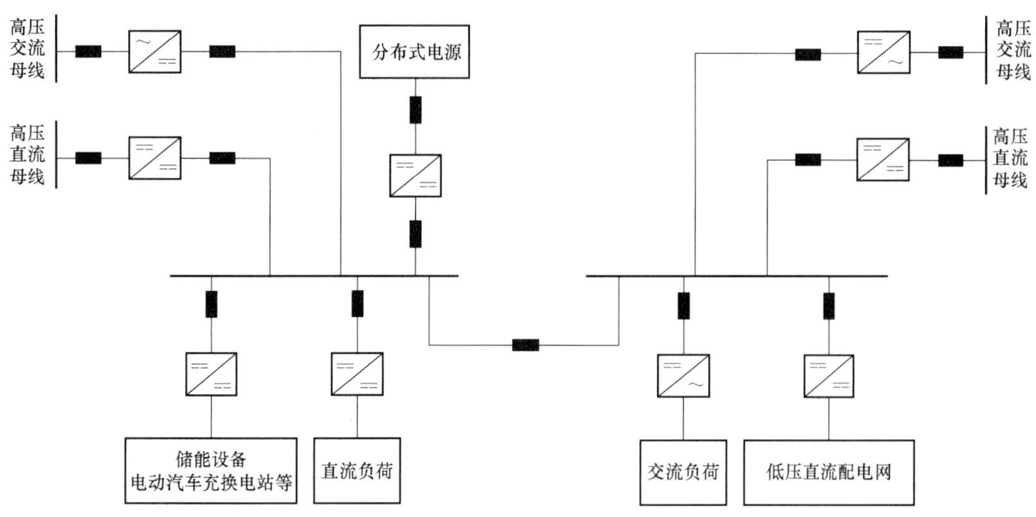

图 1－19　点对点结构

闭合的断路器

（3）环状网络结构。环状网络结构如图 1－20 所示，具有两路或多路电源，一般包含多条直流供电线路和直流母线，任意两个站点之间都有潮流路径，在增大了供电范围的同时也增加了潮流控制的复杂性。环状网络及两端配电网络的供电可靠性相对较高，但故障识别及保护控制配合也相对困难。环状网络结构在多端直流输电的研究中广泛采用，主要用于城市电网和舰船直流供电。交流配电网的环状网络结构，通常采用环状设

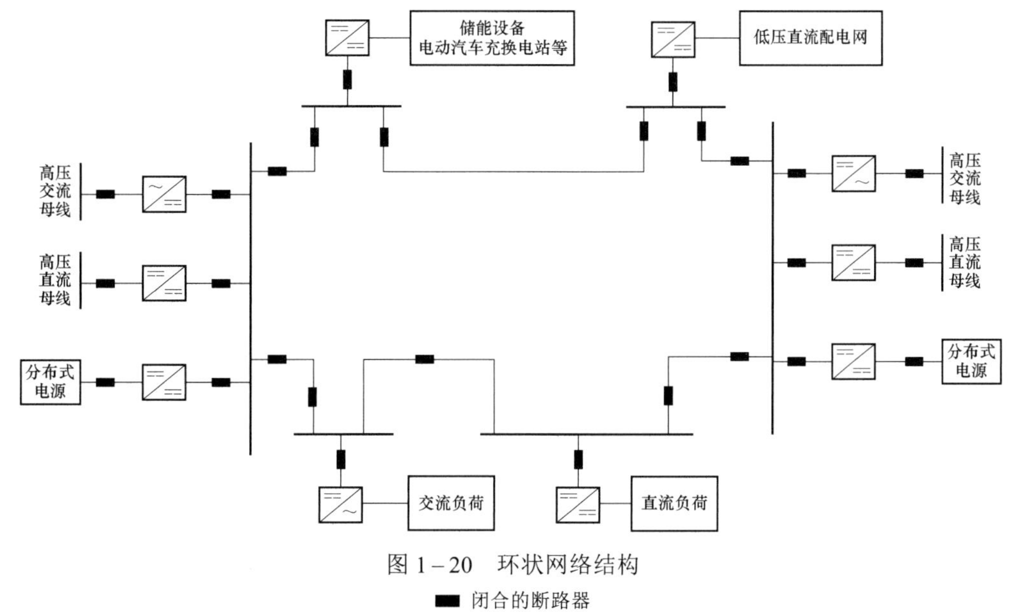

图 1－20　环状网络结构

闭合的断路器

计、解环运行，避免双电源时电压幅值差、相角差引起的无功环流。由于配电网系统的阻抗对直流电流的阻滞能力弱，当线路上发生短路故障时，短路电流上升速度快、幅值高。如果缺乏实用的直流断路器，通常只能将换流器闭锁来隔离故障。当采用链式系统时，若末端线路发生故障，将上级换流器闭锁，余下线路仍可以正常运行；当采用环状网络结构时，只能将全部线路停运，从而极大地降低了系统的可靠性。因此，制约环状直流配电网可靠运行的关键技术在很大程度上取决于直流断路器的性能。

为了满足负荷密集区或重要负荷供电高可靠性要求并有效提高输送容量，直流输电网在负荷密集区呈环状结构，在边远地区呈放射型结构，而直流配电网多采用放射型结构。为了提高供电可靠性，一些直流配电示范工程，如深圳南网柔性直流配电工程，也采用点对点结构。一端交直流接口采用定电压控制，另一端采用定功率控制，可以视为恒功率负载或恒功率电源。当一端交流大电网退出时，另一端采用定电压控制，保证直流系统的运行。

3. 接地方式

（1）模块化多电平换流器（modular multilevel converter，MMC）典型接地方式。MMC 的交流侧和直流侧都可以构造接地点形成接地，其接地方式可以分成交流侧接地方式和直流侧接地方式两种。直流配电网 MMC 的交流侧可以通过联接变压器与交流系统相连，也可以直接与交流系统相连。当交流系统为中性点接地系统或联接变压器采用 Dyn 接法时，就可实现交流侧接地；当交流系统为中性点不接地系统或联接变压器采用 YNd 接法时，交流侧无法构造接地点。

至于 MMC 直流侧接地方式，由于其采用模块化设计，电路拓扑结构中不存在直流侧并联的储能电容，只能通过自行构建接地点的形式接地，或者采用不接地的运行方式。其中构建接地点的方法可以分为通过箝位电阻构建接地点和通过直流电容构建接地点两种。图 1－21 给出了 MMC 交流侧和直流侧的典型接地方式。

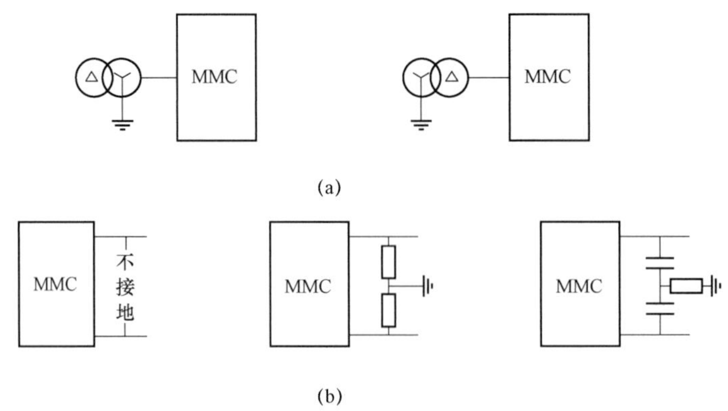

图 1－21　对称单极结构的 MMC 典型接地方式

（a）交流侧接地方式；（b）直流侧接地方式

（2）两电平电压源换流器典型接地方式。两电平电压源换流器的接地方式与 MMC

相同，也可以分成交流侧接地方式和直流侧接地方式两种。其交流侧接地方式，根据交流系统的中性点接地方式或联接变压器的不同接法，可以分为交流侧直接接地、交流侧经电阻接地和交流侧不接地 3 种。

两电平电压源换流器直流侧并联有用于储能的电容，其直流侧接地方式可以分为电容中点接地、正极或负极接地、不接地 3 种。为了避免正常运行时，不接地极承受整个直流电压，线路绝缘水平要求高的问题，一般不采用正极或负极接地的方式。不接地时，直流线路中会产生幅值较大的载波频次的高频谐波电流，该电流流过线路时会产生高频谐波电压，从而造成直流电容中点电压出现高频波动，因此两电平电压源换流器一般采用电容中点接地方式。电容中点接地方式又可以分为直接接地和经电阻接地两种。图 1－22 给出了两电平电压源换流器交流侧和直流侧的典型接地方式。

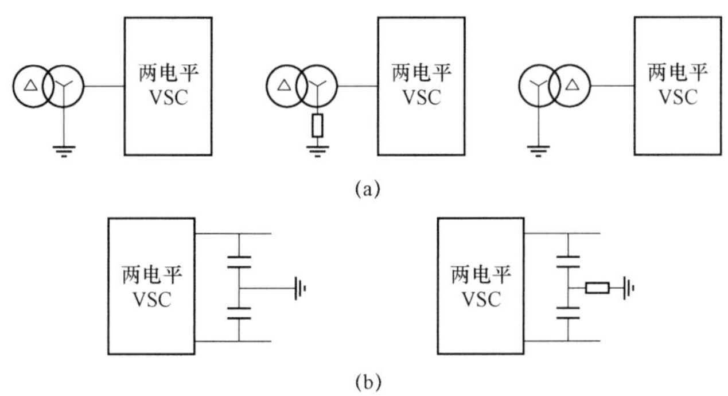

图 1－22　对称单极结构的两电平电压源换流器典型接地方式

（a）交流侧接地方式；（b）直流侧接地方式

1.2　配电网故障

配电网故障指的是配电线路以及相关设备绝缘损坏，以致不能按照正常条件运行的状态。故障在所难免，继电保护就是在故障发生后快速识别故障并隔离元件，使其不影响整个配电网的安全稳定运行。故障特征是构造保护判据的基础，本节主要介绍中低压交流配电网以及直流配电网故障类型、特征以及产生的危害。

1.2.1　故障类型

中压交流配电网为三相系统，根据各相之间以及与大地之间的关系，故障主要分为三相短路故障、两相接地故障、两相短路故障和单相接地故障，各种故障类型示意图如图 1－23 所示。

导线断开后会形成多种断线形态，根据是单相断线还是两相断线以及断开线路是否坠地，会形成如表 1－1 所示的多种断线故障的形态。

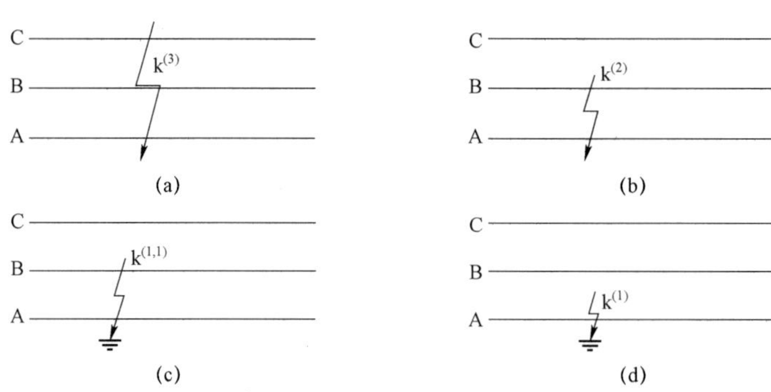

图 1－23 中压交流配电网的故障类型示意图

（a）三相短路故障；（b）两相短路故障；（c）两相接地故障；（d）单相接地故障

表 1－1　　各种断线故障的形态

是否坠地	单相断线	两相断线	
导线悬空	C B A (a)	C B A (e)	
电源侧导线落地	C B A (b)	C B A (f)	C B A (g)
负荷侧导线落地	C B A (c)	C B A (h)	C B A (i)
两侧导线都有落地	C B A (d)	C B A (j)	C B A (k)
		C B A (m)	C B A (n)

低压交流配电网不同于中压交流配电网，它采用三相四线制供电。低压交流配电网比中压交流配电网多一条中性线 N，因此，低压交流配电网的故障除了图 1－23 所示的类型外，还包括相线与中性线之间绝缘破坏后的故障，如图 1－24 所示。

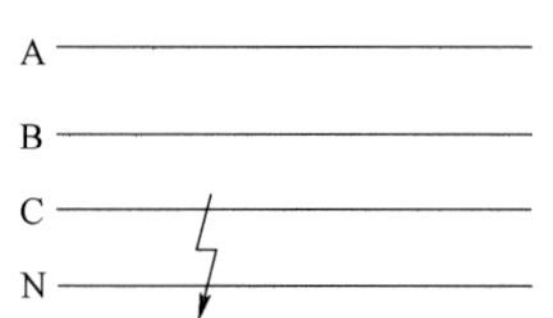

图 1－24 低压交流配电网的相线与中性线之间绝缘破坏后的故障示意图

除此之外，低压交流配电网也存在断线故障，断线后也会引起火灾、触电等后果，所以同样需要重视。

直流配电网仅有正、负极，根据两极和大地之间的关系，故障主要包括极间故障和单极接地故障，如图1-25所示。

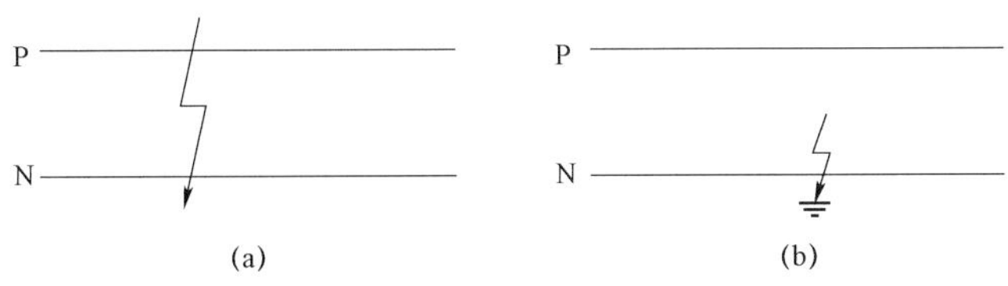

图1-25　直流配电网的故障类型

（a）极间故障；（b）单极接地故障

关于直流配电网断线故障的检测，这里因直流配电网一般为电缆网络，发生断线的概率较小，故简化不论。

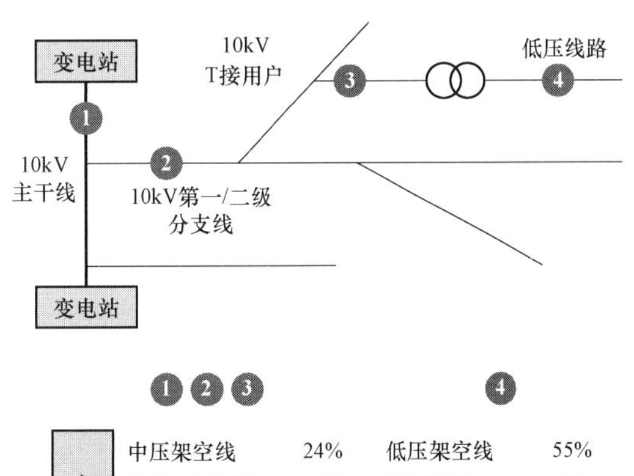

主要故障设备	①②③		④	
	中压架空线	24%	低压架空线	55%
	跌落式熔断器	23%	低压开关	25%
	电缆	15%	低压熔丝	7%
	配电变压器	10%	电缆	4%
	柱上开关	6%	集中表箱	4%
	避雷器	6%	其他	5%
	其他	16%		

图1-26　故障设备的分布及比例

1.2.2　故障特点

1. 配电线路故障率高

据统计，超过85%的故障停电是由配电网的故障造成的。配电网点多面广，设备众多，故障率高是必然的。根据某省电力公司所管辖的9个地市局3个级别区域电网的统计，中低压配电网线路故障率最高，其他还包括熔断器、配电变压器、开关等设备的故障。线路故障中10kV主干线故障占比约为9%，10kV一/二级分支故障占比约为12%，10kV中压T接用户故障占比约为39%，低压线路故障占比约为40%。具体如图1-26和图1-27所示。

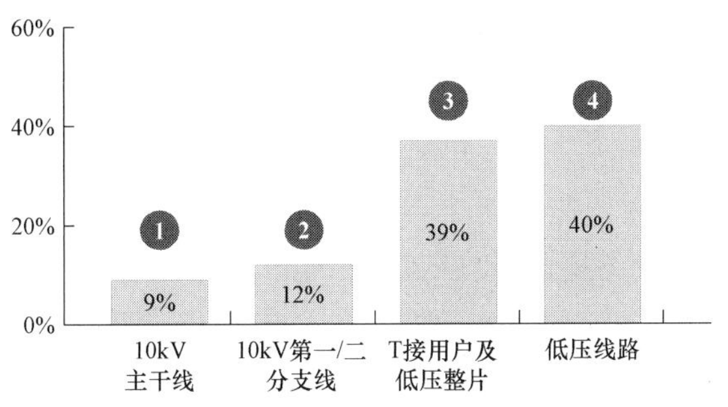

图1-27　配电线路不同位置故障的比例

配电线路逐渐升级为绝缘线路，但随之而来的问题就是雷击断线。根据日本 1967—1971 年的统计发现绝缘架空线经雷击后发生断线的概率达到 96.8%，而同期裸导线经雷击后断线的概率为 88.1%。普遍认为绝缘导线雷击断线概率高的原因是雷击形成闪络后，绝缘导线上的电弧不能像裸导线上那样在电动力和风的作用下自由移动，持续燃弧易熔断着弧点进而造成断线故障，但也有学者证明绝缘导线雷击断线的主要原因还是电动力和导线自身的张力导致断线，并非电弧持续燃烧导致导线熔断。

2. 单相接地故障比例高

实际运行中发现配电网中绝大多数故障是单相接地故障，占所有故障的 60%～80%，表 1－2 给出了美国电科院对配电网故障类型的统计结果，由于美国电网中性点接地方式为直接接地，且有中性线，所以单相对中性线也属于单相接地故障。

表 1－2　　美国电科院对配电网故障类型的统计结果

故障类型	百分比	故障类型	百分比
单相对中性线	63%	单相对地	15%
相对相	11%	两相对地	2%
两相对中性线	2%	三相对地	1%
三相	2%	其他	4%

3. 瞬时性故障占绝大多数

配电网按区域可分为城市中心区、一般城区或城乡接合部、城镇及远郊区 3 个级别。城市中心区以电缆线路为主，城镇及远郊区以架空线路为主，而一般城区或城乡接合部既有电缆线路、架空线路，还有架空电缆混合线路。

架空线路中绝大部分故障由雷电、树枝碰线、风力造成导线相互接触、鸟和其他动物落在导线之间以及污秽造成绝缘子闪络等原因引起，由于架空线采用空气绝缘，当发生短路故障时，空气绝缘可以在短时间内恢复，因此架空线故障多为瞬时性故障。此外，消弧线圈可以自动熄弧使得单相接地故障的瞬时性故障比例更高。在对福州、成都配电网架空线的故障情况统计时发现瞬时性故障占 85.65%，永久性故障占 14.35%。

一般认为电缆一旦发生故障就是永久性故障，但在对电缆故障性质的统计中发现瞬时性故障占 30.26%，永久性故障占 69.74%，电缆瞬时性故障的主要产生原因如图 1－28 所示。统计时，线路开关设备或电缆接头放弧引发故障，重合闸后线路可恢复供电，将这类故障归为设备故障。小动物进入配电设备等引发短路故障归为用户原因引起的瞬时性故障。在电缆施放过程中，由于施工工艺的不足会留下安全隐患，从而导致在运行过程中线路发生电弧放电，产生自恢复性故障。运维水平不当会使电缆运行环境恶劣，老化加快，从而引起电缆线路或线路上配电设备发生短路故障。

从运行数据中可以得到混合线路重合闸成功率随着电缆占整条线路比例的增加而降低。一般可认为电缆占比越大，混合线路发生永久性故障的比例会越高。

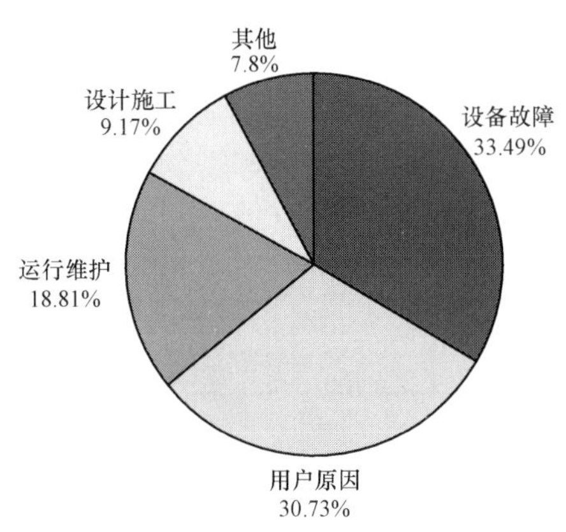

图 1－28 电缆瞬时性故障的主要产生原因

4. 高阻接地故障比例高

高阻接地故障的主要特点是对地故障支路呈现高电阻特征，导致接地故障电流小，而且故障呈现电弧性、间歇性、瞬时性特点，普通的零序电流保护难以检测。国际上，比如电气与电子工程师协会（institute of electrical and electronics engineers，IEEE）和电力系统工程研究中心（power system engineering and research center，PSERC）普遍认可的高阻接地故障特指在中性点有效接地的配电系统（如北美的四线制系统）中，单相对地（不排除相间，但是情况较少）发生经过非金属性导电介质的短路时，故障电流低于过电流保护阈值而保护无法反应的配电线路故障状态。

不论是哪种高阻接地，它们的共同点都是故障电流小，PSERC 给出的 12.5kV 中性点接地系统高阻接地电流典型值见表 1－3。一般情况下，高阻接地故障电流小于 50A，低于一般过电流保护最小动作值。

表 1－3　　12.5kV 中性点接地系统高阻接地电流典型值

介质	电流（A）
干燥的沥青/混凝土/沙地	0
潮湿沙地	15
干燥草皮	20
干燥草地	25
潮湿草皮	40
潮湿草地	50
钢筋混凝土	75

经小电阻接地系统中发生高阻接地故障时，中性点电阻串联在接地回路中，限制了接地电流，使得接地故障电流变得更小。

5. 复故障时有发生

台风与地震等自然灾害因素、人为破坏因素将使电网可能在多个环节出现故障，也即同一时刻不同位置出现故障。现有继电保护是基于单一故障特征设计的，所以难以适应以上复杂的多点故障。

以上仅是极端场景下的情况，实际中对于小接地电流系统，由于发生单相接地后健全相电压升高为线电压，健全相绝缘薄弱点可能会因为电压升高而发展为两相接地故障，此时如果接地电阻较大，故障电流达不到电流保护的整定值，则可能产生严重后果。单相接地引起跨线相间接地故障录波图如图 1－29 所示。

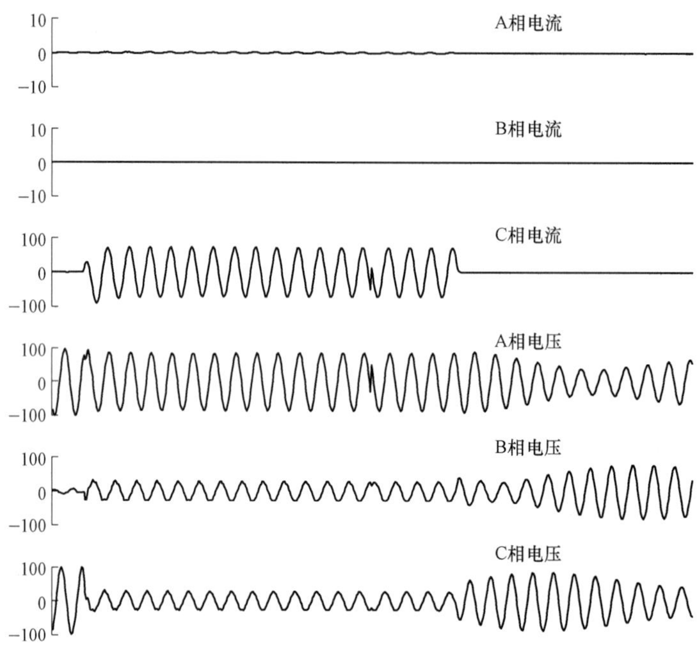

图 1－29　单相接地引起跨线相间接地故障录波图

1.2.3　故障的危害

配电网故障的后果包括危害配电设备安全运行以及给用户造成损失两方面。全面认识故障的危害，对于选择与评估配电网继电保护与自动化方案，具有十分重要的意义。

1. 对配电设备安全的危害

对配电设备安全的危害主要是短路电流的热效应与电动力效应对配电设备带来的危害。短路电流将使配电设备发热量急剧增加，短路持续时间较长时可能会造成设备因过热而损坏甚至烧毁；此外，短路电流还会在配电设备中产生很大的电动力，引起设备机械变形、扭曲甚至损坏。

关于故障对配电设备的危害，已经研究得比较充分，而且配电设备的设计都会留有一定的安全裕度，只要保护正确动作，一般不会出现安全事故。

2. 对供电可靠性的影响

配电线路故障后的故障处理过程在没有配电自动化的情况下，一般分为五个阶段，即故障报告、到达现场、故障定位、故障隔离和故障修复，各阶段所用时间也不相同。图 1－30 和图 1－31 给出了某省不同位置故障时各处理阶段所用的时间，可以看出故障处理过程时间与故障位置和类型密切相关，一是 10kV 中压故障平均修复时间远远大于低压故障修复时间；二是故障定位、故障隔离和故障修复的时间所占比例较大，远远大于故障报告和到达现场时间，其中故障修复的时间所占比例最大，约占全部故障处理时间的 50%。

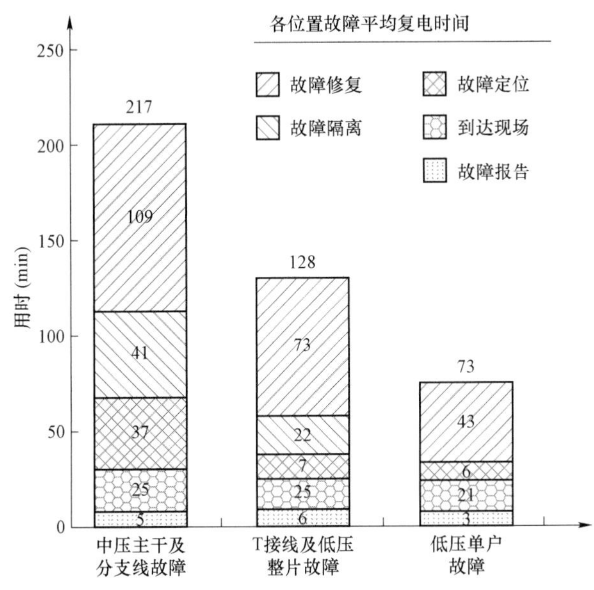

图 1－30　中低压故障平均复电时间

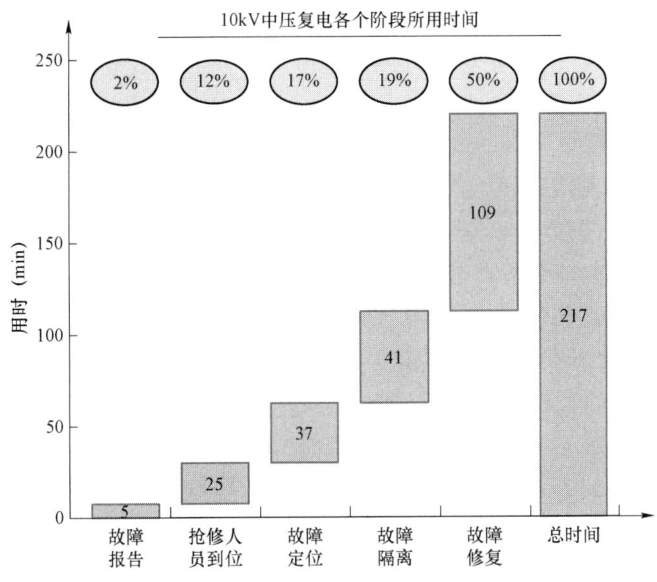

图 1－31　中压故障复电各阶段所用时间

由以上统计数据不难发现，40%低压线路故障仅影响单一用户，60%的中压 10kV 线路故障如果不能通过自动化手段快速处理，有可能影响的是一整条馈线的用户，且故障平均修复时间远高于低压线路故障，从而对配电网的供电可靠性带来比较严重的不利影响。

3. 对分布式电源的影响

可再生能源电源分布式接入配电网是其重要的利用形式之一，且分布式电源在配电网的渗透率呈现逐年增大趋势。电网发生故障后至继电保护检测到并将故障点隔离之前会出现持续的低电压，为了避免孤岛运行带来的各种危害，一般都要求电压降低时分布式电源离网，Q/GDW 1480—2015《分布式电源接入电网技术规定》给出了分布式电源并网的电压 U 与其离网时间的关系，具体见表 1－4。从表 1－4 可以看出当故障导致的低电压持续存在时分布式电源会离网，从而减少了分布式电源的并网时间。

表 1－4　　分布式电源并网的电压与其离网时间的关系

并网点电压	动作时限
$U<50\%U_N$	最大分闸时间不超过 0.2s
$50\%U_N<U<85\%U_N$	最大分闸时间不超过 2.0s
$85\%U_N<U<110\%U_N$	正常运行
$110\%U_N<U<135\%U_N$	最大分闸时间不超过 2.0s
$135\%U_N<U$	最大分闸时间不超过 0.2s

注　U_N 为分布式电源并网点的电网额定电压。

4. 对生命财产安全的影响

配电网故障导致的对生命财产安全的威胁主要体现在故障引起山火等事故以及触电伤亡事故上。比如 2020 年 3 月发生在四川凉山的森林大火，直接原因就是 110kV 马道变电站 10kV 电台线 85－1 号电杆架设的 1 号导线预留引流线，受特定风向风力作用与该电杆横担支撑架抱箍搭接，形成永久性接地放电故障（时长 963s），造成线体铝质金属熔融、绝缘材料起火燃烧，在散落过程中引燃电杆基部地面的杂草、灌木，受风力作用用蔓延成灾，该火灾导致了各类土地过火总面积 3047.7805km^2，综合计算受害森林面积 791.6km^2，直接经济损失 9731.12 万元，且在火灾救援中付出了 19 人牺牲、3 人受伤的惨痛代价。

配电网故障导致的人身触电场景在中压配电网中，主要包括接地点长期存在导致跨步电压、直接接触接地导体或因故障导致的带电物体，比如树闪故障中人员攀爬带电树木。除此之外，也有因为人触电形成的接地故障。据国家统计局的有关数据统计显示，中国每年因触电死亡的人数约 8 000 人，年用电量与触电死亡人数的比值约是 8 亿 kWh/人。又据美国消费品安全委员会（the U.S.consumer product safety commission）的统计数据，目前美国每年触电死亡人数 400 多人，年用电量与触电死亡人数的比值为 100 亿 kWh/人，是中国的 12.5 倍，百万人口死亡率仅是中国的 20%。可见中国的用电安全水平与国际先进水平相比还有较大的差距。目前低压配电网的触电主要通过剩余电流保护器（residual current protection device，RCD）实现漏电保护，中压配电网的触电事故实际是高阻故障问题，解决中压配电网的高阻故障问题任重道远，意义重大。

1.3 配电网继电保护

1.3.1 保护的基本要求

继电保护指检测电力系统故障或异常运行状态，向所控制的断路器发出切除故障元件的跳闸命令或向运行人员发出告警信号的自动化措施与装备。其作用是保证电力系统安全稳定运行，避免故障引起停电或减少故障停电范围。

继电保护的称谓源于早期的保护装置由单个机电式继电器或继电器与其附属设备组成的机构。在半导体静态保护装置和后来的微机保护装置出现后，单个继电器先后被半导体电路、微机系统所代替，但继电保护装置的名称却延续下来了。通常讲的继电保护，泛指继电保护技术或由各种继电保护装置构成的继电保护系统，简称为保护。

根据保护功能，可分为主保护与后备保护两类。主保护在检测出被保护范围内发生故障后，立即发出跳闸命令，后备保护则需要等待一段时间。后备保护又分为远后备与近后备两类。远后备保护能够反应相邻元件发生的故障，在其保护或断路器拒动时，跳开本元件的断路器；而近后备保护是在本元件主保护拒动时，发出跳闸命令。主保护与后备保护可以是两套独立的装置，如变压器的差动主保护与电流电压后备保护；也可以是一套保护装置完成的两个相对独立的功能，如三段电流保护装置。

传统继电保护的基本要求主要有可靠性、速动性、选择性、灵敏性四个方面，但对于配电网的继电保护来讲，还应该增加经济性指标。

（1）可靠性。主要包括不误动和不拒动两个方面，不误动指不应该动作的时候不能乱动，不拒动指的是该动作的时候不能不动。在不拒动和不误动两个指标中，实际更偏向于不误动，因为误动可能会导致比故障更为严重的后果，但拒动后一般还有近后备和远后备保护负责切除故障。需要说明的是，可靠性往往建立在保护原理可靠和保护装置可靠的基础上。

（2）速动性。以尽可能快的速度反应故障并发出断路器跳闸命令。动作速度越快，为防止误动采取的措施越复杂，装置成本也相应地提高。快速性是一个相对的概念，以满足被保护对象的需求为度量依据。其中，输电网对快速性要求的出发点主要是受系统稳定性的约束，而配电网中不存在稳定性问题，更多的是面向供电可靠性的要求，同时受设备热稳定和动稳定条件的约束。

（3）选择性。指保护装置只负责命令断路器切除被保护对象（即区内）发生的故障，对被保护对象以外（即区外）的故障不予动作。

（4）灵敏性。指保护装置对于其保护范围内发生故障或不正常运行状态的反应能力，通常用灵敏度系数衡量，通常灵敏度系数越大，保护性能越好。选择性与灵敏度和保护定值的整定密切相关，让保护装置兼具选择性和灵敏度是继电保护整定人员的职责。

（5）经济性。在满足基本保护功能要求的前提下，应尽可能减少投资。但考虑经济性时，不能仅仅局限于保护装置本身投资的大小，还应从电网的整体安全及社会利益出发，按被保护元件在电网中的作用和地位来确定保护方式。

1.3.2 保护性能与可用资源

1. 保护装置硬件水平

继电保护经历了电磁型、感应型、晶体管型、集成电路型继电器和装置的发展历程，目前保护主要基于微机实现，可以看出随着硬件水平的发展，保护技术也在发展，性能变得更加优良。目前典型的微机保护装置主要有以下各部分：

（1）数据采集单元：包括电压形成和模数转换等功能块，完成将模拟输入量尽可能准确、快速、可靠地转换为数字量的功能。

（2）数据处理单元：包括微处理器、只读存储器、随机存取存储器、定时器以及并行口等。微处理器执行存放在只读存储器中的程序，对由数据采集系统输入至随机存取存储器中电路的数据进行分析处理，以完成各种继电保护的功能。

（3）开关量输入/输出接口：由接口电路、光电隔离器件及中间继电器等组成，以完成保护的出口跳闸、信号警报、外部接点输入及人机对话等功能。

（4）通信接口：提供与计算机通信网络以及远程通信网络信息通道。

（5）电源：供给微处理器、数字电路、A/D 转换芯片及继电器所需的电源。

所以原则上上述 5 部分中任一部分的发展都与保护装置的性能息息相关，比如数据采集单元中高速采样装置可以更好地反映暂态波形，为基于暂态量的快速保护提供实现基础。当采样率提高后，处理器是否能在限定的时间内完成相应的计算量，就取决于处理器的运算速度，所以高速处理器对于快速保护也至关重要。

2. 保护算法性能

微机保护是把经过数据采集系统获得的数字信号经过数字滤波处理后，通过数学运算、逻辑运算，并经分析、判断，发出跳命令或信号，以实现相应的故障甄别和保护功能。这种对数据进行处理、分析、判断功能的算法称为微机保护算法。

分析和评价各种不同的算法优劣的标准主要是精度和速度。速度又包括两个方面：① 所要求的采样点数（数据窗）；② 算法的运算工作量。所谓算法的计算精度，是指用离散的采样点计算出的结果与信号的实际值的接近程度，如果精度低，则说明计算结果准确度差，这将直接影响保护的正确判断。算法所用的数据窗直接影响保护的动作速度，比如采用全周傅氏算法需要的数据窗为一个周波（20ms），而采用半周傅氏算法则需要半个周波（10ms），显然半周傅氏算法的数据窗短，保护的动作速度快。但保护算法的精度和速度通常是相互矛盾的，采用的数据窗越长，原则上计算精度更高、保护也更可靠，但牺牲了速动性。再比如采用相关系数分析法构造判据就比直接利用采样点向量相位比较的判据耐噪声干扰的能力更强，相关系数分析法可以有效消去因噪声干扰等因素导致的坏数据，但相关系数所用的数据窗更长，所以保护动作速度会更慢。

此外，微机保护一般还配有滤波器，数字滤波器也需要计算时间。随着微机技术的发展，计算机处理速度已不成问题，保护动作速度主要被算法采用的数据窗制约。计算精度也是算法的另一个重要指标，在确定好数学模型以及数据窗长度后，计算精度主要取决于 A/D 采样的位数。

3. 互感器传变特性

互感器的作用是将一次系统的高电压/大电流变换为保护装置能够承受的电压和电流信号，所以互感器的传变特性直接影响保护性能。传统电磁式互感器存在体积大、笨重、易饱和、传变频带窄、易引发铁磁谐振等问题，许多保护方面的研究工作都围绕如何克服上述问题展开。

在智能电网的加速建设以及电网数字化、智能化和自动化程度的不断提高的驱动下，电压电流传感器也在向数字化、小型化及便捷化的方向发展。国内外学者提出了众多新型的电压/电场传感器以及电流/磁场传感器，表 1－5 和表 1－6 分别给出了当前主流的新型电压/电场传感器和电流/磁场传感器及其性能的比较。随着这些新型传感器技术的成熟，继电保护的性能也会大大提升。比如，利用全光纤电流互感器构成光差动保护，将输电线路差动电流测量转换为利用光学器件在光路层面直接进行法拉第磁光效应偏转角的运算，不需要对时就能够直接测量线路差动电流，同时全光纤电流互感器测量范围宽、不存在磁饱和，能够真实反映线路不同状态下的差动电流变化情况，有望克服现有差动保护必须进行两端对时和数据同步的问题。

表 1－5　　主要的电压/电场传感器及其性能比较

传感器类型	关键材料/部件	最大量程	带宽	优点	缺点	电网应用场景
集成 M－Z 干涉式电场传感器	$LiNbO_3$	1200kV/m	20Hz～100MHz	无源、非接触测量、动态测量范围大、频带宽、体积小	不能测量直流信号、光学偏置点难以控制、静态工作点温度稳定性弱	变电站、线路、设备
电容分压型光学电压传感器	分压电容、空气耦合电容、BGO、$LiNbO_3$	500kV	20Hz～5MHz	无源、部分非接触测量、动态测量范围大、频带宽、光学工作点可控	不能测量直流信号、光路补偿结构复杂	变电站、线路、杆塔
全电压型光学电压传感器	BGO	450kV	0～1GHz	无源、动态测量范围大、可测直流至 GHz 信号	接触式测量、成本昂贵、体积大	变电站
基于逆压电－应力检测的电压传感器	PZT、应力计	26kV	0～2.5kHz	结构简单	有源、精度低、频带窄	变电站
基于逆压电－光检测的电压传感器	石英晶体、多模光纤	520kV	50Hz～11kHz	无源、量程大	体积大、频带窄	变电站、线路、设备
	PZT、FBG	5kV	50Hz～20kHz	无源、温度稳定性好、体积小	频带窄	变电站、线路、设备
基于压电聚合物 PVDF 的电场传感器	PVDF	±22 kV/cm	10MHz	无源、非接触、体积小	解调设备庞大	变电站、高压设备
基于电致发光效应的电压传感器	ZnS：Cu	1.5kV	50Hz	无源、体积小、结构简单	量程小、频带窄	—
	LED	2kV	—	体积小	有源、频带窄、量程小	串联电池组

表 1－6　　主要的电流/磁场传感器及其性能比较

传感器类型	关键材料/部件	最大量程（A）	频带（Hz）	精度（%）	优点	缺点	电网应用场景
全光纤型	Sagnac 结构	5×10^5	10^6	0.1～0.5	测量频带宽	对环境敏感	线路、发电厂、变电站
	反射镜	5×10^5	10^6	0.1～0.5	测量频带宽、灵敏度高	长期稳定性差	电缆保护设备
光学玻璃型	火石玻璃	7.2×10^5	3.4×10^4	0.2～1	尺寸小、温度稳定性好	加工难、易碎	变电站
磁致伸缩型	GMM、干涉结构	10	50	0.2～2	精度高、响应速度快	稳定性以及可靠性差	小型设备
	GMM、光纤光栅	1.2×10^3	50	0.2～6	范围很宽、灵敏度高	技术不成熟、成本高	设备
热光型	微纳光纤、铜丝	120	500	—	高精度、线性度好	接触式、易受环境影响	片上电流检测
磁阻型	AMR	1	50	0.1	体积小、工艺简单、成本低	线性范围窄、易磁饱	—
	GMR	1.6×10^3	10^7	—	体积小、灵敏度高、测量范围广	生产成本高	线路
	TMR	1	50	0.1	高温度稳定性、灵敏度以及线性范围	制造工艺复杂	智能电能表计量

4. 通信方式

根据是否需要通信，继电保护分为单端量保护和双/多端量保护。相比于单端量保护通过定值和时限的配合来保证选择性，双/多端量保护无需通过上下级保护的配合，仅基于两/多端保护信息交换实现快速且具有绝对选择性的故障甄别。对配电网而言，基于通信的保护原理应用于分布式电源接入配电网时具有显著优势，但其缺点就是需要通信网络，且可靠性也将取决于通信网络的可靠性，性能还受限于两端/多端数据的同步程度。

目前配电网的通信主要有光纤、无线以及电力线载波等多种通信方式。各种通信方式的性能比较见表 1－7。是否配置通信网络，配置何种通信网络不仅会影响保护的配置，也会影响保护性能。目前配电网差动保护主要基于光纤通信实现，但随着我国在 5G 无线通信技术的国际领先和成熟应用，相关学者也开展了基于 5G 无线通信的差动保护，这主要是因为 5G 相比于其他无线通信速率更高、容量更大、时延更低。

表 1－7　　各种通信方式的性能比较

类别	通信方式	特点
光纤通信	光纤环网和光纤以太网	电力传输主干网的通信方式，传输速率高、稳定性好、抗干扰能力强、保密性好，可以实现综合数据传输；造价高、灵活性差、不能全面覆盖

续表

类别	通信方式	特点
电子线载波通信	中低压载波	利用现有的配电线路传输不需另铺专用通信线路，能连接电网任何测控点；为电力部门所控制，管理方便、安全性较高；数据传输速率较低、容易受到干扰
无线通信	Wi MAX	第四个全球 3G 标准；技术简单、价格低廉、国内外应用较多；不能支持用户在移动过程中无缝切换
	McWILL	中国自主研制，SCDMA 综合无线接入技术的宽带演进版，全 IP 架构，能够提供超大容量的话音业务和高带宽数据性能
	TD－LTE	速率更高、频谱利用率高、有多段频带可以利用，4G 标准的长期演进
	GPRS/UTMS	不需要额外建站组网，信号覆盖面广，能适应复杂的地理条件，通信设备安装方便易扩展；传输速率较低、安全性差、使用成本高

5. 断路器性能

断路器是具有故障切除能力的开关，衡量其故障切除能力的主要指标是开断电流能力与分闸时间。断路器分闸时间与故障切除时间直接相关。配电网中常使用的电流保护就是通过时限配合实现保护选择性的。由于保护固有的故障判别时间、断路器动作时间以及动作的离散性，目前每一级保护整定的延时为 0.5s 或 0.3s，而变电站出线开关的过电流保护动作时间一般要求设置在 0.5～0.7s，所以保护无法实现多级级差配合，导致大部分线路故障都会认为是变电站出口故障而跳闸。随着断路器操动机构的发展，目前使用弹簧储能操动机构的断路器机械动作时间一般为 60～80ms，使用永磁操动机构断路器的分闸时间可以做到 20ms 左右。此种情况下，考虑最不利的情况，假设变电站出线开关的过电流保护动作时间设置为 0.5s，考虑保护的固有响应时间 30ms 左右，在使用弹簧储能操动机构的断路器时，考虑一定的时间裕度，延时时间级差可以设置为 0.2～0.3s，从而实现两级级差保护配合。在使用永磁操动机构断路器时，延时时间级差可以设置为 0.15～0.2s，从而实现三级级差保护配合，目前甚至有厂家已生成出断路器分合闸时间小于 10ms 的快速开关，支持全线路 5 级级差配合，可以将故障隔离在更小范围。再比如传统自动重合闸合于永久性故障时会对系统造成二次冲击，但当通过控制开关合闸相位角的重合闸技术，则合闸冲击电流会显著减小，详见 2.4.1 节。

除了以上 5 点主要影响继电保护性能的因素外，现场工程施工人员以及运维人员的专业水平也会直接影响继电保护的性能。以小电流接地选线装置为例，目前现场中的选线准确率低的现状，除了经过渡电阻故障时电流小、装置生产厂家技术与工艺水平参差不齐等因素外，现场互感器极性接反等问题也是导致选线准确率低的主要因素之一。

1.3.3 继电保护与馈线自动化的关系

继电保护是电力系统自动化的重要内容，因其对故障识别与切除的速度和选择性有着极高的要求，是保证电力系统安全运行的第一道防线，因此成为一门专业性极强的技术。继电保护利用故障特征及其逻辑关系实现故障甄别，虽然是一种自动隔离故障的行为，但对时效性要求极高。狭义上讲，继电保护装置的功能只负责在被保护元件故障时快速可靠地将其从电网中切除，有效防止事故进一步扩大。广义上的继电保护技术也包括故障恢复技术，如重合闸、故障定位等。

馈线自动化（feeder autonation，FA）是配电自动化技术的重要组成部分，馈线自动化的主要功能是自动地完成配电线路故障区段的定位、隔离与恢复，也即 FLISR（fault location，isolation and service restoration），以上目的主要通过自动化开关的配合实现。

继电保护与馈线自动化的本质区别是：① 继电保护仅负责快速切除故障；② 馈线自动化负责故障区段的定位和非故障区段的恢复供电，不负责切除故障。

继电保护与馈线自动化存在配合关系。馈线自动化是在继电保护的配合下完成永久性故障区段的定位工作，配电网中继电保护无选择性跳闸可在馈线自动化的供电恢复功能中得到纠正。如果给馈线自动化终端配备断路器甚至通信功能，则馈线自动化系统不仅具有继电保护的故障快速切除功能，而且能够在更小范围内更快地隔离故障，实现非故障区段的快速恢复。因此，随着配电自动化技术的发展以及人们理念的转变，可以理解为配电网馈线自动化系统融入了继电保护的功能，也可以理解为配电网保护逐渐具备了类似于高压电网的故障定位、隔离与恢复能力。

馈线自动化技术通过配合将故障区段隔离在最小范围。目前主要有基于自动化开关相互配合的就地型馈线自动化、基于相邻终端点对点通信的智能分布式馈线自动化以及基于主站的集中型馈线自动化。馈线自动化系统的开关有断路器、负荷开关，过去负荷开关的造价要远远低于断路器，但随着断路器成本降低，二者造价已经相差不大，所以负荷开关有被断路器取代的趋势。

3 种典型的馈线自动化模式的故障处理过程分别如下：

1. 电压－时间型馈线自动化模式

（1）技术原理。电压－时间型馈线自动化主要利用开关“失压分闸、来电延时合闸”功能，以电压时间为判据，与变电站出线开关重合闸相配合，依靠设备自身的逻辑判断功能，自动隔离故障，恢复非故障区间的供电。变电站跳闸后，开关失压分闸，变电站重合后，开关来电延时合闸，根据合闸前后的电压保持时间，确定故障位置并隔离，并恢复故障点电源方向非故障区间的供电。

（2）故障定位与隔离。当线路发生短路故障时，变电站出线开关检出故障并跳闸，分段开关失压分闸，变电站出线开关延时合闸，若为瞬时故障，分段开关逐级延时合闸，线路恢复供电。若为永久故障，分段开关逐级感受来电并延时 X 时间（线路有压确认时间）合闸送出，当合闸至故障区段时，变电站出线开关再次跳闸，故障点上游的开关合闸保持不足 Y 时间（故障确认时间）闭锁正向来电合闸，故障点后端开关因感受瞬时来电（未保持 X 时间）闭锁反向合闸。

（3）非故障区域恢复供电。电压－时间型馈线自动化利用一次重合闸即可完成故障区间隔离，然后通过以下方式实现非故障区域的供电恢复：

1）如变电站出线开关已配置二次重合闸或可调整为二次重合闸，在变电站出线开关二次自动重合闸时即可恢复故障点上游非故障区段的供电。

2）如变电站出线开关仅配置一次重合闸且不能调整时，可将线路靠近变电站首台开关的来电延时时间（X）调长，躲避变电站出线开关的合闸充电时间（比如 21s），然后利用变电站出线开关的二次合闸即可恢复故障点上游非故障区段的供电。

3）对于具备联络转供能力的线路，可通过合联络开关方式恢复故障点下游非故障区段的供电；联络开关的合闸方式可采用手动方式、遥控操作方式（具备遥控条件时）或自动延时合闸方式。

自动延时合闸动作逻辑为：当线路发生短路故障后，联络开关会检测到一侧失压，若失压时间大于联络开关合闸前确认时间（XL），则联络开关自动合闸，进行负荷转供，恢复非故障区域供电；若在 XL 时间内，失压侧线路恢复供电，则联络开关不合闸，以躲避瞬时性故障；若线路为末端故障，联络开关具备瞬时加压闭锁功能，保持分闸状态，避免引起对侧线路跳闸。XL 时间设置时，应大于最长故障隔离时间，防止故障没有隔离就转供造成停电范围扩大。

2. 智能分布式馈线自动化模式

智能分布式馈线自动化主要包括速动型和缓动型两种。缓动型分布式 FA 的故障定位，主要通过检测故障区段两侧短路电流、接地故障的特征差异，从而定位故障发生的对应区段。在故障定位完成后，在变电站馈线保护动作切除故障之后，经延时隔离相应故障区段，随后判断联络电源转供条件满足与否，若满足，合上联络开关完成非故障停电区域的供电恢复。具体的故障处理过程如图 1－32 所示。

（1）配电站 2 的 2 号开关与配电站 3 的 1 号开关之间的线路发生故障，如图 1－32（a）所示。

（2）分布式 FA 启动，在变电站 1 出口断路器跳闸，如图 1－32（b）所示。

（3）之后，配电站 2 的 2 号开关分闸，配电站 3 的 1 号开关分闸，如图 1－32（c）所示。

（4）合上配电站 3 的 2 号开关（不过负荷时），恢复下游非故障区段供电；合上变电站 1 出口断路器（遥控合闸、人工合闸或重合闸），恢复上游非故障区段供电，故障处理完成，FA 结束，如图 1－32（d）所示。

速动型智能分布式馈线自动化的故障处理过程不需要变电站出口断路器的配合，可以仅断开故障区段相应的开关，其他故障处理过程和缓动型一样。

3. 集中型馈线自动化

（1）故障定位。当线路发生短路故障或小电阻接地系统的接地故障时，若为瞬时故障，变电站出线开关跳闸重合成功，恢复供电；若为永久故障，变电站出线开关再次跳闸并报告主站，同时故障线路上故障点上游的所有 FTU/DTU 由于检测到短路电流，也被触发，并向主站上报故障信息。而故障点下游的所有 FTU/DTU 则检测不到故障电流。主站在接到变电站和 FTU 的信息后，做出故障区间定位判断，并在调度员工作站上自动调出该信息点的接线图，以醒目方式显示故障发生点及相关信息。

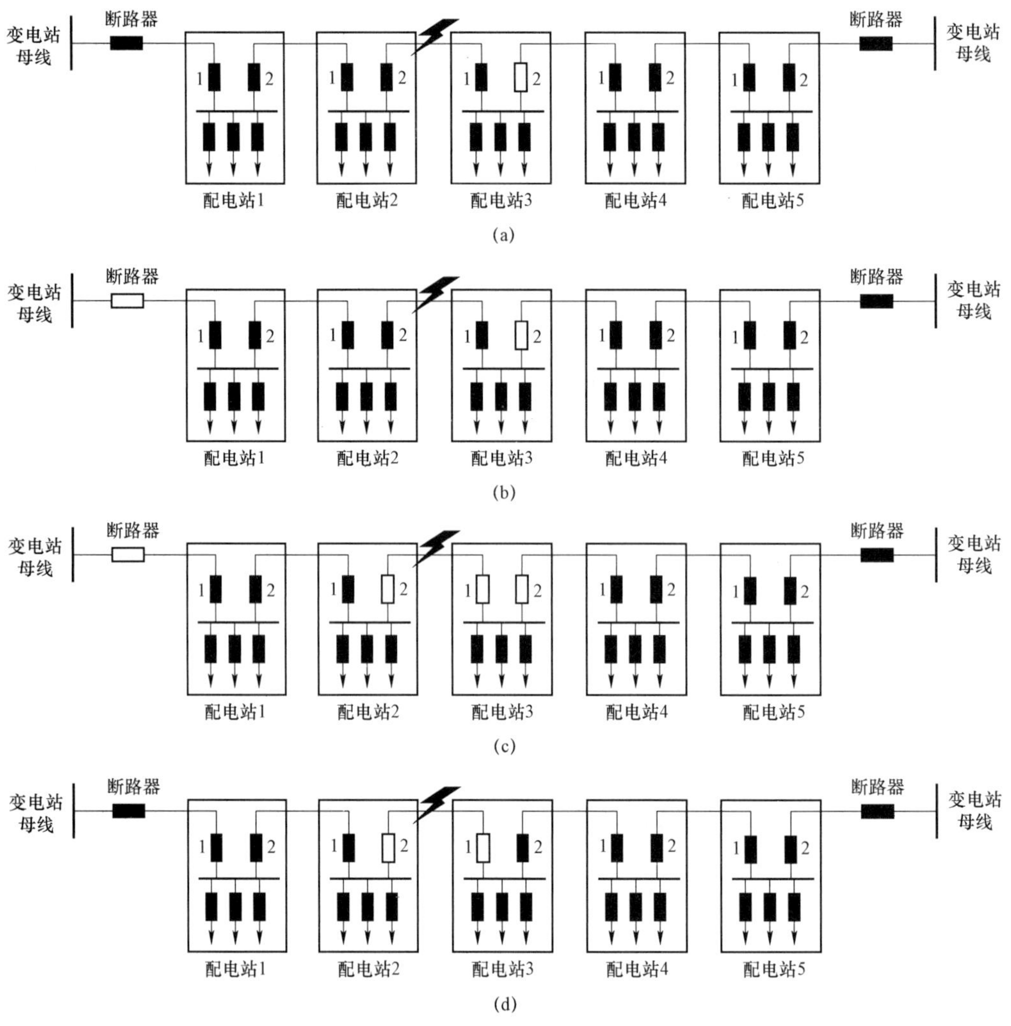

图 1-32　智能分布式馈线自动化故障处理过程

（a）配电站 2 的 2 号开关与配电站 3 的 1 号开关之间的线路发生故障；（b）变电站 1 出口断路器跳闸；（c）配电站 2 的 2 号开关分闸，配电站 3 的 1 号开关分闸；（d）合上配电站 3 的 2 号开关和变电站 1 出口断路器

■ 闭合的断路器或负荷开关　□ 断开的断路器或负荷开关

当线路发生接地故障时，变电站接地告警装置告警，若未安装具备接地故障检测功能的配电终端，通过人工或遥控方式逐一试拉出线开关进行选线，然后再通过人工或遥控方式试拉分段开关进行选段。如果配电线路已安装有具备接地故障检测功能的配电终端，则配电主站系统在收到变电站接地告警信息和配电终端的接地故障信息后，做出故障区间定位判断。

（2）故障区域隔离。故障区域隔离有两种操作方案，手动或自动。

1）半自动隔离：主站提示馈线故障区段、拟操作的开关名称，由人工确认后，发令手动遥控将故障点两侧的开关分闸，并闭锁合闸回路。

2）自动隔离：主站自动下发故障点两侧开关的 FTU/DTU 进行分闸操作并闭锁，在两侧开关完成分闸并闭锁后 FTU/DTU 上报主站。

（3）非故障区域恢复供电。主站在确认故障点两侧开关被隔离后，执行恢复供电的操作。恢复供电操作也分为半自动和自动两种。

1）由人工手动或由主站自动向变电站出线开关发出合闸信息，恢复对故障点上游非故障区段的供电。

2）对故障点下游非故障区段的恢复供电操作，若只有一个单一的恢复方案，则由人工手动或主站自动向联络开发发出合闸命令，恢复故障点下游非故障区段的供电。

3）对故障点下游非故障区段的恢复供电，若存在两个及以上恢复方案，主站提出推荐方案，由人工选择执行。

从以上分析可以可看，3 种馈线自动化模式的故障处理过程都需要变电站出口断路器保护与重合闸的参与，也就是说只有保护与馈线自动化之间的配合才能完成故障的快速处理。

1.3.4 配电网新形态下继电保护技术面临的挑战

目前配电网主要呈现分布式电源高度渗透、储能大量接入、电力电子设备广泛接入的形态，随着直流配电网的发展，未来可能会呈现出含多换流器的交直流混合形态，具体有如下特征：

（1）交流侧短路电流受电力电子器件的调控。由于电力电子器件的脆弱性，换流器通常采用限流措施，其交流侧提供的短路电流受限，一般不超过换流器额定电流的 1.5 倍。

（2）直流侧短路电流上升速度快。由于直流系统的低惯性和弱阻尼特性，直流配电网短路电流未被控制之前上升速度快。

（3）电流方向不确定。由于分布式电源、储能装置的接入，短路电流将双向流动。

（4）拓扑结构灵活多变。为了供电的灵活性和可靠性，直流线路之间、交流线路之间以及直流和交流线路之间会互联，从而实现负荷的随时转供，因此，拓扑结构具有灵活多变的特征。

逆变型电源提供的短路电流受限将降低交流配电网过电流保护的灵敏度。直流配电网故障后短路电流快速增大对保护的速动性提出了更高的要求，而传统高压直流线路的保护直接应用于柔性直流配电网时无法满足快速性的要求。短路电流的双向流动以及拓扑结构的灵活多变导致现有单端量保护无法配合，如果采用差动或纵联保护，不仅有经济性问题，且存在配电网拓扑结构灵活多变带来的配合关系不确定问题。对以上问题的总结见表 1－8。

表 1－8　　现有继电保护存在问题的总结

对象特征	故障特征	继电保护存在的问题
电力电子器件脆弱	交流短路电流受限	过电流保护灵敏度低
直流系统低惯性、弱阻尼	直流短路电流上升快	单端量保护配合导致速动性低
分布式电源等多源供电	短路电流双向流动	单端量保护配合困难
分支线路多、拓扑结构灵活多变	—	单端量保护配合困难，基于通信的保护较难实现

1.3.5 保护的发展趋势

为了适应配电网结构、电源特性的变化，同时随着相关技术的发展，继电保护也迎来了巨大发展机遇，未来配电网保护将具备如下特点：

（1）能够适应随机波动的分布式电源接入和灵活多变的交直流配电网拓扑结构。继电保护的对象是一次系统，随着一次系统的发展变化，传统保护原理与方案已经难以适应。在此背景下，随着广大科技工作者的共同努力，继电保护面临的挑战一定会被攻克，将来的继电保护将能够适应配电网一次系统的发展以及拓扑结构灵活多变的特征。

（2）配置更加完善，性能更加优异。根据对继电保护的要求，未来配电网保护的可靠性、选择性以及快速性还会大幅度提升。我国配电网保护配置还相对简单，经常造成故障波及范围扩大，导致供电可靠性降低，即使当前配置馈线自动化的系统，其故障处理一般都需要变电站出口断路器首先无选择性的越级跳闸，然后通过相应的故障处理策略完成故障定位、隔离以及非故障区域的供电。随着通信技术在配电网的广泛应用、高性能开关的普及，配电网的保护一定会在保证选择性的前提下快速性大大提高，从而提高供电可靠性。此外，减小故障停电范围还取决于完善的保护配置方案，合理的配置方案可以避免越级跳闸，从而提升保护性能，未来保护的配置方案将更加完善。

（3）注重面向人身安全的保护功能。随着社会、经济等的发展，人们对触电伤亡事故也空前重视。近年来一些中压配电网触电事故通过社交媒体广泛传播，受到了社会的极大关注，供电部门也承受了巨大的舆论压力，如何最大限度地降低配电网人身触电事故，将是今后中低压配电网保护的重要研究内容之一。

（4）控制与保护一体化发展趋势。现有的保护主要基于电网对故障的响应特征，属于被动检测。纵观技术发展历程，与被动检测技术相对，也出现了主动注入技术，如 1994 年提出的“S 注入法”用于配电网单相接地故障选线与定位。随着分布式电源、直流配/微电网、储能装置的发展和应用，电力电子装备在配电网中的渗透率越来越高。电力电子器件本身具备高可控性，无需主动注入的附加装置，在换流阀通流能力允许的范围内，通过设计附加控制策略，使得电力电子装备在故障时注入常规故障暂态下含量较少或没有的特征信号，保护判据门槛值由此变低，进而提高保护的灵敏度，在故障后发出探测信号提高重合和重启成功率，实现控制与保护的协同配合。此外，一二次融合技术的发展，馈线自动化和保护也呈现融合趋势，这也是控制与保护融合的一种体现。

根据以上趋势，未来围绕配电网继电保护研究的关键技术主要包括以下 8 个方面：

（1）基于通信的双端/广域保护技术。单端量保护需要整定，这导致供电公司运行部门的工作量巨大，同时定值整定不合理可能会造成比较严重的后果。基于通信的双端/广域保护则可以避免保护整定的烦琐工作，同时有效保证了保护的选择性和快速性。但配电网的分支线较多，且拓扑结构多变，如何实现双端/多端保护是一个挑战，因为本质上双端/多端信息本质是本地信息与远端信息配合实现的，当拓扑结构发生变化后，保护上下游的关系也会发生变化，如何适应这种变化是一个挑战。同时，双端/多端信息的同步也是一个相对棘手的问题。

（2）具有快速动作能力的单端量边界保护技术。安装于线路两端的边界元件对区外故障暂态信号有抑制作用而对区内故障暂态信号无影响，基于该特征可以实现仅利用单端电气量的边界保护。目前高压输电线路、直流输电线路上边界保护研究较多，所利用的边界元件主要包括阻波器、LCC－HVDC 输电系统中的平波电抗器、直流滤波器、两/三电平 VSC 输电系统中的直流滤波电容以及 MMC 型直流输电系统中的限流电抗器。配电网中并没有天然的边界元件，此种背景下要充分利用边界保护无需通信和上下级保护的配合即可实现保护线路全长的优点，就需要研究适用于配电网的边界元件，并根据配电网的特点构造边界保护判据。

（3）单相接地弧光故障主动熄弧与高阻故障识别技术。配点网接地故障电弧电流小，具有瞬时性、持续性等复杂特征，故障检测和保护非常困难，易产生间歇性弧光过电压，危及人身设备安全，甚至引发变电站爆燃、电缆沟起火等危险事故，导致大面积长时间停电事故，严重影响电网运行安全和供电可靠性。根据实际运行情况，消弧线圈无法 100%熄灭接地故障电弧，目前已有众多学者提出了故障时通过中性点安装的电力电子装置实现故障熄弧，除此之外，还有通过强制故障相电压为零的主动措施，该类方法除了主动熄灭电弧的优点外，还会对中压配电网人身触电防护起到一定作用。除了弧光接地故障外，其他高阻故障因为电流小也存在检测难的问题，如果故障点长期存在，同样会造成火灾、触电伤亡等事故，解决高阻故障的检测问题也是亟待攻克的关键技术之一。

（4）配电网故障测距技术。当故障发生后如果可以准确知道故障点位置，对故障点的查找和快速恢复供电具有重要意义，但配电网由于分支线众多，传统的行波测距和解析法测距技术都存在适应性问题，如果采用多端测距，目前配电网的数据同步误差较大，测距结果不可信，如何克服以上问题，实现配电网故障的准确测距是今后需要解决的关键问题之一。

（5）主动探测式保护技术。充分利用配电网中电力电子器件的高可靠性，在故障暂态和稳态阶段通过注入探测信号实现故障识别，可以有效提高保护的灵敏度；在故障后通过注入探测式信号进行永久性故障的识别，最终实现自适应重合闸，对提升供电可靠性具有重要意义。实际在配电网中发展主动探测式保护要比在输电网中更有意义，这是因为配电网中小电流接地系统的单相接地、线路长度短导致的相间耦合弱等问题对故障识别和永久性故障判别都是一个挑战。针对主动探测式保护，探测信号的选择依据、换流器对应的注入信号的控制方法以及注入后网络的相应特性都需要持续深入研究。

（6）自适应重合闸技术。不区分永久性与瞬时性故障的自动重合闸重合于永久性故障时会导致二次停电，会对系统造成二次冲击、断路器需要开断两次短路电流，同时故障点上游的负荷会经历二次停电，如果在重合前能够区分永久性与瞬时性故障，保证永久性故障不重合，则可避免以上问题。同时一般认为电缆发生故障都是永久性故障，重合闸不会投入，但根据实际统计电缆上也存在很大比例的瞬时性故障，如果能够可靠区分电缆线路的永久性和瞬时性故障，则可大大提高供电可靠性。

（7）直流微/配电网的保护技术。直流微/配电网有助于分布式电源、储能等装置的广泛接入，可有效减少电能变化等级，对提高供电可靠性也具有重要意义。目前直流微/配电网已进入示范应用阶段，保护的原理与配置方案还不够完善，对其保护的研究也势在必行。

（8）人工智能技术在配电网故障检测中的应用技术。分布式能源大规模接入、电力电子装置的广泛应用，使得配电网故障的复杂性、随机性、非线性大大增强。人工智能技术具有强非线性拟合能力和特征表达能力，能从复杂多变且多影响因素耦合作用下的故障数据中提炼出有利于准确诊断的信息，所以将人工智能技术应用于故障检测将有利于配电网故障的快速准确处理。

参考文献

[1] 盛万兴，吴鸣，季宇，等. 分布式可再生能源发电集群并网消纳关键技术及工程实践 [J]. 中国电机工程学报，2019，39（08）：2175－2186+1.

[2] 韩民晓. 直流微电网设计与实现 [R]. 北京：中国配电技术高峰论坛，2018.

[3] 李霞林，郭力，黄迪，等. 直流配电网运行控制关键技术研究综述 [J]. 高电压技术，2019，45（10）：3039－3049.

[4] ZHANG L，LIANG J，TANG W，et al. Converting AC Distribution Lines to DC to Increase Transfer Capacities and DG Penetration [J]. IEEE Transactions on Smart Grid，2019，10（2）：1477－1487.

[5] 宋强，赵彪，刘文华，等. 智能直流配电网研究综述 [J]. 中国电机工程学报，2013，33（25）：9－19.

[6] ALEX H，MARIESA L C，GERALD T H，et al. The future renewable electric energy delivery and management system：the energy internet [J]. Proceedings of the IEEE，2011，99（1）：133－148.

[7] BARAN M E，MAHAJAN N R. DC distribution for industrial systems：opportunities and challenges [J]. IEEE Transactions on Industry Applications，2003，39（6）：1596－1601.

[8] 傅守强，高杨，陈翔宇，等. 基于柔性变电站的交直流配电网技术研究与工程实践 [J]. 电力建设，2018，39（05）：46－55.

[9] 熊雄，季宇，李蕊，等. 直流配用电系统关键技术及应用示范综述 [J]. 中国电机工程学报，2018，38（23）：6802－6813+7115.

[10] 李岩. 柔性直流配电网典型系统架构研究 [R]. 北京：中国电机工程学会学术建设发布会，2016.

[11] 马钊，周孝信，尚宇炜，等. 未来配电系统形态及发展趋势 [J]. 中国电机工程学报，2015，35（6）：1289－1298.

[12] 彭克，张聪，陈羽，等. 多换流器并联的交直流配电网潮流计算方法 [J]. 电力自动化设备，2018，38（9）：129－134.

[13] 孙充勃. 含多种直流环节的智能配电网快速仿真与模拟关键技术研究 [D]. 天津：天津大学，2015.

[14] 盛万兴，李蕊，李跃，等. 直流配电电压等级序列与典型网络架构初探 [J]. 中国电机工程学报，2016，36（13）：3391－3403.

[15] 王伟. 低压配电网常见故障及处理［M］. 北京：中国电力出版社，2017.
[16] YANG J，FLETCHER J E，O' REILLY J. Multiterminal DC wind farm collection grid internal fault analysis and protection design. IEEE Transactions on Power Delivery，2010. 25（4）：2308－2318.
[17] 贾科，冯涛，赵其娟，等. 基于单端暂态电流和差比的柔性直流配电系统断线保护［J］. 电力系统自动化，2019，43（08）：150－161.
[18] 宋晓梅，李道洋，行登江，等. 光伏直流升压汇集系统断线故障特性分析［J］. 全球能源互联网，2019，2（04）：416－424.
[19] 刘健，张志华. 配电网故障自动处理［M］. 北京：中国电力出版社，2020.
[20] 王茂成，吕永丽，邹洪英，等. 10 kV 绝缘导线雷击断线机理分析和防治措施［J］. 高电压技术，2007，33（1）：102－105.
[21] 李天友，郭峰. 低压配电的触电保护技术及其发展［J］. 供用电，2019，36（12）：2－8.
[22] 徐丙垠，李天友，薛永端. 配电网触电保护与中性点接地方式［J］. 供用电，2017，34（05）：21－26.
[23] 常仲学，宋国兵，张维. 配电网单相断线故障的负序电压电流特征分析及区段定位［J］. 电网技术，2020，44（08）：3065－3074.
[24] 杨庆，孙尚鹏，司马文霞，等. 面向智能电网的先进电压电流传感方法研究进展［J］. 高电压技术，2019，45（02）：349－367.
[25] 樊占峰，宋国兵，陈玉，等. 输电线路光差动保护初探［J］. 电力系统自动化，2016，40（23）：131－135+162.
[26] 丁晨. 面向智能配用电网的异构通信网络优化选择研究［D］. 武汉：华中科技大学，2016.
[27] 宋国兵，王婷，张保会，等. 利用电力电子装置的探测式故障识别技术分析与展望［J］. 电力系统自动化，2020，44（20）：173－183.
[28] 曾祥君，王媛媛，李健，等. 基于配电网柔性接地控制的故障消弧与馈线保护新原理［J］. 中国电机工程学报，2012，32（16）：137－143.
[29] 郭谋发，游建章，张伟骏，等. 基于三相级联 H 桥变流器的配电网接地故障分相柔性消弧方法［J］. 电工技术学报，2016，31（17）：11－22.
[30] 刘健，芮骏，张志华，等. 智能接地配电系统［J］. 电力系统保护与控制，2018，46（08）：130－134.
[31] 和敬涵，罗国敏，程梦晓，等. 新一代人工智能在电力系统故障分析及定位中的研究综述［J］. 中国电机工程学报，2020，40（17）：5506－5516.

第 2 章 中压交流配电网相间短路故障保护

本章介绍交流配电网相间短路故障保护技术及其应用。配电网相间短路故障主要采用电流保护，短路电流计算与分析是相间短路故障保护的基础。本章在介绍短路电流和分布式电源短路电流计算方法的基础上，给出配电网短路电流的特点和分布式电源对配电网短路电流的影响分析。配电网相间短路故障电流保护包括三段式电流保护、反时限过电流保护和方向电流保护等。在配电线路较短或运行方式变化较大的应用场景中，电流保护的灵敏度无法满足要求，可以引入电压保护元件，采用电压电流联锁速断保护、电流闭锁电压速断保护解决这一问题。对于闭环运行的配电环网线路和高渗透率的有源配电网，常规的电流保护或电压保护难以满足保护可靠性、选择性和速动性的要求，采用纵联保护可以在保证动作绝对选择性的前提下，快速切除故障。配电网重合闸技术介绍了自动重合闸及其与保护的配合方式、脉冲重合闸技术、分布式电源对配电网重合闸的影响及对策。配电网备自投技术介绍了备自投的工作原理、基本原则以及配电网备自投的配置与整定。随着分布式电源的迅速发展，对分布式电源并网保护提出了新的要求，本章简要介绍了分布式电源并网点的相间短路保护配置，孤岛运行检测技术以及反孤岛保护的配置和应用。

2.1 配电网相间短路电流分析

交流配电网相间短路故障保护主要采用电流保护，短路电流计算与特点分析是配电网短路保护配置整定的基础。配电网短路电流的特点与线路结构有关，配电网的线路结构主要有辐射式和环网两类，由于大部分环网采用开环运行方式（正常运行时联络开关断开），其短路电流特点与辐射式线路相同，因此，本章给出辐射式配电线路的短路电流计算方法与特点分析。随着分布式能源的大量接入，由分布式能源提供的短路电流将使配电线路的电流分布特征发生变化，并影响配电网短路故障保护的配置整定，本章简要给出分布式电源短路电流的计算方法和含分布式电源的配电线路短路电流分析。

2.1.1 辐射式配电线路短路电流分析

1. 辐射式配电线路短路电流近似计算

电力线路短路电流的精确计算公式复杂，计算难度大。由于配电线路较短，三相参数较为平衡，线路上负荷分散并且相对较小，线路分布电容及其并联补偿电容器影响不大，因此，对于大多数辐射式配电线路在短路电流计算时，可假定线路三相参数对称并忽略负荷、线路分布电容及其并联补偿电容器的影响，采用近似计算公式计算。近似计算公式比较简单，便于手工计算，对于研究分析配电网保护与故障检测问题来说比较实用。实际的配电线路中个别农村中压配电线路较长，忽略负荷影响获得的短路电流计算结果可能存在较大误差，但是对于大多数配电线路（长度小于 10km），短路电流的计算误差是可以接受的。多电源由对端电源供电的短路电流计算与单端电源基本类似，同样可以通过该近似计算公式计算。

（1）三相短路电流近似计算。配电线路三相短路电流有效值的近似计算公式为

$$I_{\mathrm{k}}^{(3)}=\frac{cU_{\mathrm{N}}}{\left|Z_{\mathrm{s1}}+Z_{\mathrm{L1}}+R_{\mathrm{k}}\right|} \tag{2-1}$$

式中：U_N 为系统额定电压；c 为电压系数，其取值可参考 GB/T 15544.1—2013《三相交流系统短路电流计算　第 1 部分：电流计算》；cU_N 为系统等效电压源电压；Z_{s1} 为高压系统的等效正序阻抗；Z_{L1} 为故障线路（变电站母线到故障点之间的线路）的正序阻抗；R_k 为故障电阻。

三相短路电流包括稳态短路电流和暂态短路电流。由于暂态短路电流中存在非周期分量（衰减的直流分量，时间常数在 20ms 左右），使暂态三相短路电流有效值大于稳态有效值。三相短路电流的最大瞬时值称为冲击电流。三相短路冲击电流与短路相角及电网时间常数有关，短路相角越小，时间常数越大，冲击电流幅值越高，最大可达到稳态短路电流有效值的 2.8 倍。

（2）两相短路电流近似计算。配电线路两相短路电流有效值近似计算公式为

$$I_{\mathrm{k}}^{(2)}=\frac{\sqrt{3}cU_{\mathrm{N}}}{\left|2(Z_{\mathrm{s1}}+Z_{\mathrm{L1}})+R_{\mathrm{k}}\right|} \tag{2-2}$$

如果故障电阻为零，则有

$$I_{\mathrm{k}}^{(2)}=\frac{\sqrt{3}}{2}I_{\mathrm{k}}^{(3)}\approx 0.87I_{\mathrm{k}}^{(3)} \tag{2-3}$$

即两相金属性短路电流的有效值是三相金属性短路电流的 0.87 倍。

（3）两相接地短路电流近似计算。小电阻接地配电网发生两相接地短路时，两个故障相的短路电流相等，其有效值计算公式为

$$I_{\mathrm{k}}^{(1,1)}=\left|\frac{\sqrt{3}(Z_0+3R_{\mathrm{k}}-aZ_1)cU_{\mathrm{N}}}{Z_1(Z_1+2Z_0+6R_{\mathrm{k}})}\right| \tag{2-4}$$

式中：$Z_1=Z_{s1}+Z_{L1}$，$Z_0=Z_{s0}+Z_{L0}$，$Z_{s0}=3R_n+Z_{t0}$，其中，Z_{s0} 为变电站中压母线后系统的零序阻抗；Z_{L0} 为故障线路的零序阻抗；R_n 为变压器中性点接地电阻；Z_{t0} 为变压器零序阻抗；$a=e^{j120}$ 为运算因子。

两相接地短路时故障点接地电流有效值为

$$I_{\mathrm{kg}}^{(1,1)}=\frac{3cU_{\mathrm{N}}}{\left|Z_1+2Z_0+6R_{\mathrm{k}}\right|} \tag{2-5}$$

小电流接地配电网发生两相接地短路时，如果接地短路在同一条线路不同地点，则两个接地点之间的一段线路只有单相电流流过，不存在与其他相导体的耦合，因此可以把两个接地点之间的线路作为一个类似于接地电阻的附加阻抗处理，其数值大于这段线路的自阻抗 Z_{kj}（正序、负序与零序阻抗的平均值），短路电流的计算公式为

$$I_k^{(1,1)}=\frac{\sqrt{3}cU_N}{\left|2(Z_{s1}+Z_{L1})+Z_{kj}+R_k\right|} \tag{2-6}$$

式中：Z_{L1} 为母线到第一个接地点之间的正序阻抗；R_k 为两个接地点接地电阻之和。

在不同线路上不同地点发生两相接地短路时，短路电流的计算公式为

$$I_k^{(1,1)}=\frac{\sqrt{3}cU_N}{\left|2Z_{s1}+Z_{sk1}+Z_{sk2}+R_k\right|} \tag{2-7}$$

式中：Z_{sk1} 为母线到第一个接地点之间的自阻抗；Z_{sk2} 为母线到第二个接地点之间的自阻抗。

如果接地点所在的两条线路是同杆架设的，则需要考虑两个故障相之间的耦合，式（2－7）改写为

$$I_k^{(1,1)}=\frac{\sqrt{3}cU_N}{\left|2Z_{s1}+Z_{sk1}+Z_{sk2}+2Z_m+R_k\right|} \tag{2-8}$$

式中：Z_m 为两个故障相之间的互阻抗。

2. 辐射式配电线路短路电流的特点

以 10kV 架空配电网典型的 LJ185 铝导线为例，其阻抗为 $Z=0.17+\mathrm{j}\,0.33$（Ω/km），假设 110/10kV 变压器容量为 50MVA，变压器的短路电压百分比为 15.5%，主变压器内部感抗为 0.31Ω，将电压系数 c 选为 1.1，忽略变压器绕组电阻及其背后系统阻抗的影响，近似计算出单台变压器供电（系统感抗为 0.43Ω）与两台变压器并列供电（系统感抗为 0.22Ω）时，配电线路上不同距离处发生三相短路时最大短路电流的变化曲线如图 2－1 所示。

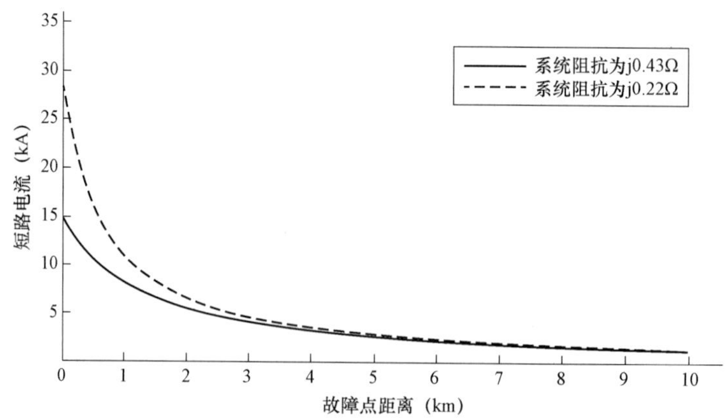

图 2－1　配电线路三相短路电流随故障距离的变化曲线

根据实际配电网的参数，参考图 2－1 的计算结果，可以得到以下几点配电线路短路电流变化规律：

（1）因为系统阻抗较小，大致等于 1km 线路的阻抗值，短路电流幅值与故障距离基本成反比关系。

（2）近距离故障时，短路电流受系统感抗的影响大。出口短路电流的大小与系统感抗成反比。

（3）近距离故障时，短路电流随着故障距离的增加急剧下降，一般来说故障距离在 1km 时，短路电流下降 50%左右。以上述单台变压器供电情况为例，出口短路电流为 14.8kA，1km 短路电流下降为 8.2kA，下降了 45%。

（4）远距离故障时，短路电流随距离的变化比较平缓。以上述单台变压器供电的情况为例，6km 处短路电流为 2.4kA，8km 处短路电流下降到 1.8kA，10km 处短路电流下降到 1.6kA。故障距离从 6km 增加到 8km 时，短路电流下降了 25%；从 8km 增加到 10km 时，短路电流仅下降了 11%。

（5）远距离故障时，同一故障距离而系统感抗不同时的短路电流相差不大。如上述算例，5km 处故障，系统阻抗为 0.43Ω 时短路电流为 2.8kA，系统阻抗为 0.22Ω 时短路电流为 3.1kA，仅相差 0.3kA。

2.1.2 含分布式电源线路短路电流分析

1. 分布式电源短路电流计算

按照分布式电源（DG）与电网的接口方式，分布式电源分为同步发电机、笼型异步发电机（SCIG）、双馈异步发电机（DFIG）和变流器型电源。由于不同发电机和变流器输出特性的差异导致其提供短路电流的特性也不相同。

（1）同步发电机短路电流。同步发电机的转子速度必须与并网点的电压同步转速相同，发出的有功功率受控于原动机的调节器，而发出的无功功率受控于发电机励磁水平。当配电网发生三相短路故障时，同步发电机将提供故障电流，起始短路电流可达发电机额定电流的数倍以上，然后逐渐衰减到稳态短路电流。同步发电机短路电流按照时间顺序分为次暂态、暂态和稳态三个阶段，空载条件下机端发生短路时，短路全电流可用式（2－9）表示

$$i_{(t)}=\sqrt{2}U_{\mathrm{N}}\left[\left(\frac{1}{x''_{\mathrm{d}}}-\frac{1}{x'_{\mathrm{d}}}\right)\mathrm{e}^{-\frac{t}{T''_{\mathrm{d}}}}+\left(\frac{1}{x'_{\mathrm{d}}}-\frac{1}{x_{\mathrm{d}}}\right)\mathrm{e}^{-\frac{t}{T'_{\mathrm{d}}}}+\frac{1}{x_{\mathrm{d}}}\right]\cos(\omega t+\varphi)-\sqrt{2}\frac{U_N}{x''_{\mathrm{d}}}\cos(\varphi)\mathrm{e}^{-\frac{t}{T_{\mathrm{a}}}} \qquad (2-9)$$

式中：U_{N} 为发电机额定相电压；x''_{d}、x'_{d} 和 x_{d} 分别为发电机的次暂态电抗、暂态电抗和稳态电抗；T''_{d} 和 T'_{d} 分别为发电机的次暂态时间常数和暂态时间常数；T_{a} 为发电机非周期分量时间常数；φ为短路时发电机的定子电压相角。

在并网点发生短路时，同步发电机输出的起始短路电流最大可达额定电流的 7 倍左右。如果短路点距离 DG 安装点较远，考虑到线路阻抗和非理想金属性短路，实际短路电流会小很多。

（2）笼型异步发电机短路电流。笼型异步发电机发电时，其转子转速必须略高于所连电网的同步转速，否则会从电网吸收功率。笼型异步发电机发出的有功功率受控于原

动机调节器，但它始终从电网吸收必要的无功功率。在配电网发生短路故障时，由于笼型异步发电机失去了建立旋转磁场所必需的无功功率，它不会向电网提供稳态故障电流。但是，受剩磁的作用，笼型异步发电机在配电系统故障初期将向电网提供暂态冲击电流。空载条件下机端发生短路时，笼型异步发电机的短路全电流可用式（2－10）表示

$$i_{(t)} = \sqrt{2}\frac{U_N}{x_s''}\left[\cos(\varphi)e^{-\frac{t}{T_s''}} - (1-\sigma)\cos(\omega t+\varphi)e^{-\frac{t}{T_r''}}\right] \tag{2-10}$$

式中：U_N 为发电机额定相电压；x_s'' 为发电机次暂态电抗；T_s'' 和 T_r'' 分别为发电机定子和转子的次暂态时间常数；σ 为发电机总漏磁系数；φ 为短路时发电机的定子电压相角。

在并网点发生短路时，笼型异步发电机提供的短路冲击电流约为电机额定电流的 5～7 倍，此后经过约 3～10 个周波逐渐衰减到零。

（3）双馈异步发电机短路电流。双馈异步发电机与笼型异步发电机不同，它采用绕线式转子，定子绕组直接接入电网，转子绕组通过双 PWM 变频器接入电网，定子绕组和转子绕组都可以与电网交换功率。此外，通过双 PWM 变频器，还可以实现双馈异步发电机的无功功率控制。

配电网发生短路时，双馈异步发电机会产生数倍于额定电流的起始故障电流，然后逐渐衰减，起始电流的大小与故障位置有关。若在短路期间，双馈异步发电机的转子功率控制器仍维持有效，则双馈异步发电机会提供持续的短路电流，但其值会限制在略高于负荷电流。若并网点电压突然跌落，会在定子绕组中造成很大的冲击电流，也会由于定子与转子之间的电磁耦合而导致转子侧过电流。为防止转子侧过流毁坏变流器，常在电机转子侧安装 Crowbar 电路。当电压跌落时，通过 Crowbar 将双馈异步发电机的转子绕组短路，起到保护变流器的作用。

（4）变流器型电源短路电流。分布式发电或储能装置通过变流器并网的电源称为变流器型电源。通常，燃料电池、光伏电池、直驱式风力发电、微型燃气轮机和电磁储能装置等通过变流器并网。由于变流器的快速限流控制特性，当配电网发生短路时，变流器型 DG 将提供持续性的短路电流，但其值将限制在略高于额定电流。

根据 DG 低电压穿越的要求，在电网故障引起的低电压期间，需要变流器型 DG 输出一定的无功电流以支撑电网电压，无功电流分量的大小由式（2－11）决定

$$I_{q.V} = \begin{cases} 0, & U \geqslant 0.9U_N \\ k_V\left(1-\dfrac{U}{U_N}\right)I_N, & U < 0.9U_N \end{cases} \tag{2-11}$$

式中：k_V 为 DG 输出无功电流的电压调节系数；I_N 为 DG 的额定电流；U_N 为 DG 接入点电网的额定电压；U 为 DG 接入点电网的实际电压。

根据式（2－11）可以看到，随着接入点电压的降低，$I_{q.V}$ 会逐渐增加，若电压下降

过大则可能导致变流器型 DG 输出电流超过限值。变流器都具有限流保护的能力，输出电流的幅值 I_{lim} 通常不超过 $k_{\text{OC}}I_{\text{N}}$，$k_{\text{OC}}$ 为变流器的短时过电流系数，通常 $k_{\text{OC}}=1.1\sim1.5$。因此，还应该满足式（2－12）和式（2－13）的关系。

$$I_{\text{lim}}=k_{\text{OC}}I_{\text{N}} \tag{2-12}$$

$$I_{\text{q}}=\begin{cases}I_{\text{q.V}}, & I_{\text{q.V}}\leqslant I_{\text{lim}}\\ I_{\text{lim}}, & I_{\text{q.V}}>I_{\text{lim}}\end{cases} \tag{2-13}$$

在首先满足变流器型 DG 无功电流的要求下，限流后允许输出的最大有功电流为

$$I_{\text{p.lim}}=\sqrt{I_{\text{lim}}^2-I_{\text{q}}^2} \tag{2-14}$$

于是，变流器型 DG 可输出的有功电流分量应满足

$$I_{\text{p}}=\begin{cases}I_{\text{p.ref}}, & I_{\text{p.ref}}\leqslant I_{\text{p.lim}}\\ I_{\text{p.lim}}, & I_{\text{p.ref}}>I_{\text{p.lim}}\end{cases} \tag{2-15}$$

式中：$I_{\text{p.ref}}$ 为变流器型 DG 在正常控制下得到的应输出有功电流值。

虽然中压电网的短路类型有三相对称短路和两相不对称短路，但变流器型 DG 目前均为三相对称电流控制，即变流器型 DG 的短路计算模型始终是三相对称的。

2. 含分布式电源配电线路短路电流特点

分布式电源的大量接入、高度渗透，使配电网变成一个功率双向流动的有源网络。同样的，含分布式电源的配电线路，其故障电流也是双向流动的，短路电流的分布特点有很大的变化，给配电网继电保护（简称配电网保护）带来一系列亟待解决的问题。

（1）故障点短路电流。含分布式电源的配电线路故障点的短路电流包括系统提供的短路电流与分布式电源提供的短路电流两部分。由于分布式电源提供的短路电流将抬高并网点电压，导致系统提供的短路电流减少，不过，故障点电流总体是增加的，具体增加的数值与故障点的位置、分布式电源的类型及其接入位置等因素有关。同步发电机与异步发电机提供的短路电流大小与发电机到故障点的距离有关，而逆变器具有恒流源性质，提供的短路电流取决于控制策略，基本上不受故障点位置的影响。考虑极端情况，如果靠近母线处（变电站线路出口）发生三相金属性短路，这时系统提供的短路电流与没有分布式电源接入时相等，短路电流的增加值是所有分布式电源的短路电流之和；假设故障时所有分布式电源提供的短路电流都达到其最大值而且与系统提供的短路电流同相位，这时故障点短路电流的增加值达到最大值，是配电网中所有分布式电源最大短路电流的代数和。

（2）故障点上游短路电流。故障点上游（故障点到母线之间的线路）检测到的短路电流受故障线路外的分布式电源以及故障点上游分布式电源的影响。如图 2－2 所示，故障线路外的分布式电源 DER1 向故障线路故障点注入短路电流，使故障点上游检测到的短路电流增加。短路电流的增加值与故障线路外的分布式电源短路电流、系统阻抗以及故障点到母线的距离有关。在靠近母线处故障时，可以认为故障线路外分布式电源提供的短路电流全部流入故障线路；在故障点距离母线比较远时，故障线路外分布式电源

的短路电流大部分流入系统中，故障点上游短路电流变化量很小。

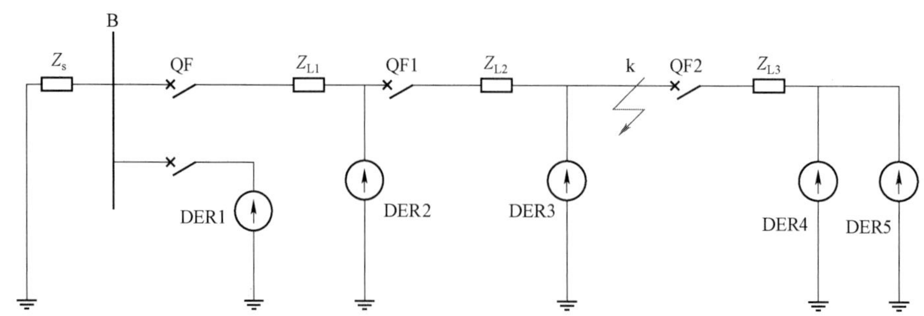

图 2－2　含分布式电源线路短路电流分布示意图

故障点上游的分布式电源可以分为两部分，保护安装处上游的分布式电源以及保护安装处下游的分布式电源。图 2－2 中，保护安装处 QF1 上游的分布式电源 DER2 对保护安装处短路电流的影响与故障线路外的分布式电源类似。保护安装处下游的分布式电源 DER3 则会使保护安装处短路电流减少。逆变器类分布式电源具有恒流源性质，短路电流减少值与接入的逆变器的短路电流成正比，并且与系统阻抗以及故障点的位置有关。并网点越靠近保护安装点，故障点距离并网点越远，短路电流的变化量越大。旋转发电机类分布式电源具有电压源性质，假设发电机与系统等效电压源电压相等，发电机接入后，短路电流的减少值与发电机的位置有关，以变电站出口断路器 QF 处为例，在发电机并网点位于故障回路阻抗中点时，发电机对出口短路电流的影响最大，出口短路电流最小。在极端情况下（线路末端故障、发电机接在回路阻抗中点），出口短路电流出现最小值，减少的最大值是发电机出口短路电流的 0.25 倍。发电机出口最大短路电流是其额定电流的 8 倍，则出口短路电流减少的最大值是发电机额定电流的 2 倍。

实际配电网中，故障线路外分布式电源的容量可达数十兆伏安，近距离故障时，变电站出口短路电流的增加值可达数千安培，有可能使出口短路电流超过出口断路器的额定遮断电流。一条配电线路上接入的分布式电源可能接近线路的额定容量，线路末端故障时，由其造成的出口短路电流的减少值可能达到上千安培，使出口短路电流较没有分布式电源接入时明显减少，可能对线路出口保护的动作灵敏度带来严重影响。

（3）故障点下游短路电流。有源配电网线路发生故障时，故障点下游分布式电源向故障点注入短路电流，使故障点下游线路也有短路电流流过，这是其区别传统配电网的重要特征。图 2－2 中，故障点下游分布式电源 DER4、DER5 提供的短路电流全部流入故障点，因此，流过故障点下游线路任一点的短路电流等于该点至末端所有分布式电源注入的短路电流之和。故障点下游线路上任一点短路电流的最大值是该点下游所有分布式电源短路电流最大值的代数和。

理论上，配电线路中接入的分布式电源容量最大可能达到线路额定容量，如果接入的分布式电源是旋转发电机，在线路故障时分布式电源提供的短路电流最大可能达到线路额定电流的 8 倍，假如分布式电源全部接在故障点下游，则故障点下游短路电流最大可能达到线路额定电流的 8 倍，在数千安培的水平上。在线路距离比较长时，故障点下游短路电流可能接近甚至大于故障点上游系统提供的短路电流。

配电网正常运行时，分布式电源注入的电流会使线路电压幅值发生偏移，如果引起的电压偏移量过大，会给配电网的电压调整带来困难，造成电压不合格，因此，一些国家对分布式电源并网引起的电压偏移量予以限制，接入点距离母线越远，允许接入的分布式电源的容量越小。这意味着，实际配电线路中某一点下游接入的分布式电源的容量是受电压偏移量指标限制的，在该点发生故障时，下游分布式电源提供的短路电流也是有限的，并且在一定的电压偏移量限值下，故障点下游短路电流不会超过上游系统提供的短路电流。

（4）非故障线路短路电流。非故障线路上的短路电流与上述故障点下游线路短路电流类似，相邻线路故障时本线路上的分布式电源向故障点注入反向短路电流，保护安装处短路电流是本线路上保护安装处下游所有分布式电源提供的短路电流之和，最大值是保护安装处下游所有分布式电源短路电流最大值的代数和。实际配电线路中，相邻线路故障时流过本线路出口断路器的反向短路电流最大可达上千安培。

3. 分布式电源对短路保护的影响与对策

分布式电源的接入，使配电网的故障电流发生变化，对常规的配电网电流保护与熔断器保护产生影响。根据是否会影响保护的正确动作以及需要采取的克服其影响的技术措施，一般将分布式电源对配电网保护的影响程度分为三级。Ⅲ级影响指分布式电源提供的短路电流较小，对保护动作的可靠性与选择性无实质性影响，不需要对现有保护的配置与整定做任何调整。Ⅱ级影响指分布式电源提供的短路电流较大，对保护的性能有一定影响，出现保护拒动和（或）误动的情况，但可以通过调整现有保护的定值予以解决。Ⅰ级影响指分布式电源提供的短路电流很大，对保护的动作性能有严重影响，造成保护拒动和（或）误动的情况，而且无法通过调整现有保护的定值予以解决，必须加装新的保护，例如纵联保护装置。

针对一个具体的有源配电网，要准确地评估分布式电源对配电网保护的影响程度，需要依据实际的电源与网络参数，使用计算机进行故障计算，这是一项费时的复杂工作。实际工程中，可根据线路参数以及分布式电源的最大短路电流，估计极端情况下分布式电源对保护出口短路电流影响的最大值或最小值，进而对分布式电源对配电网保护的影响做大致的评估。

如果接入的分布式电源都是逆变器，则本线路故障时出口短路电流的减少值与相邻线路故障时反向短路电流都不会超过线路额定电流的 2 倍，对保护基本没有影响（Ⅲ级）或有一定影响（Ⅱ级）。如果接入的分布式电源都是旋转发电机，则在本线路故障时对保护的影响仍然属于Ⅲ级或Ⅱ级，而在相邻线路故障时，反向短路电流极端最大值达到线路额定电流的 8 倍，对保护的影响可能达到Ⅰ级。

由于上述简化评估方法仅考虑了极端情况，当结论是Ⅰ级影响时，则需要计算实际的短路电流，以准确评估分布式电源对配电网保护的影响，有针对性制定解决方案。如果得到的结论是Ⅱ级影响（有一定影响），则需要根据影响程度决定是否通过计算短路电流进行准确的评估。在分布式电源影响不大、可以很容易地通过调整保护定值予以克服时，则没必要再通过计算短路电流进行准确的评估。

2.2 相间短路故障电流保护

交流配电网相间短路故障保护主要采用电流保护，相间短路故障电流保护包括三段式电流保护和反时限过电流保护。一些长距离放射式配电线路的末端短路，相间短路电流可能与负荷电流相差不大，可以为电流保护引入电压元件作为闭锁条件提高保护的灵敏性。对于双侧电源供电的线路（如采用闭环运行方式的配电线路），可采用方向电流保护实现相间短路保护的选择性。

2.2.1 三段式电流保护

1. 三段式电流保护基本原理

三段式电流保护包括瞬时电流速断保护、限时电流速断保护以及定时限过电流保护，通常分别称为Ⅰ段、Ⅱ段及Ⅲ段保护，三种电流保护区别在于按照不同原则来整定启动电流和动作时限。

（1）瞬时电流速断保护。瞬时电流速断保护，简称电流速断保护或电流Ⅰ段保护，在检测到电流超过整定值时立即动作发出跳闸命令。瞬时电流速断保护动作时间为电流继电器及出口中间继电器固有动作时间，在10～40ms之间，有利于缩短故障引起的电压暂降持续时间。如图2－3所示，瞬时电流速断保护电流定值的整定原则是躲过本线路末端的最大短路电流，即保护1的整定应保证在线路末端k点发生短路时不动作，一般取1.2～1.3的可靠系数，因此不能保护线路全长。

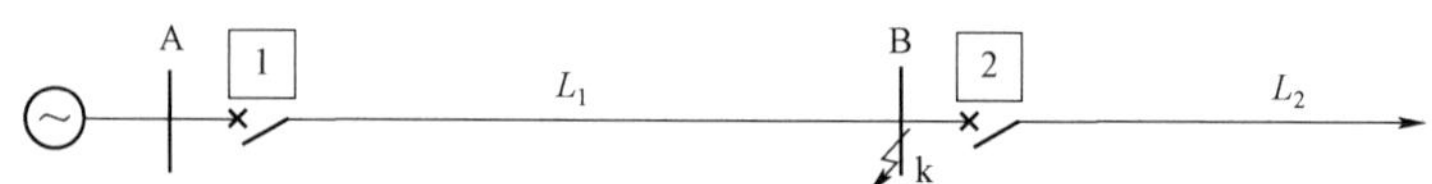

图2－3　电流速断保护的工作原理图

（2）限时电流速断保护。限时电流速断保护，简称电流Ⅱ段保护，主要用于切除被保护线路上瞬时电流速断保护区以外的故障。为了保证动作的选择性，本线路的限时电流速断保护的动作电流与动作时间均必须跟相邻下一级线路的瞬时电流速断保护配合。如图2－4所示，保护1的整定应保证L_1线路末端发生短路故障时具备足够的灵敏性，灵敏系数一般要求1.3～1.5。限时电流速断保护克服了瞬时电流速断保护不能保护线路全长的缺点，同时也在下一级瞬时电流速断保护拒动时起到后备保护作用。

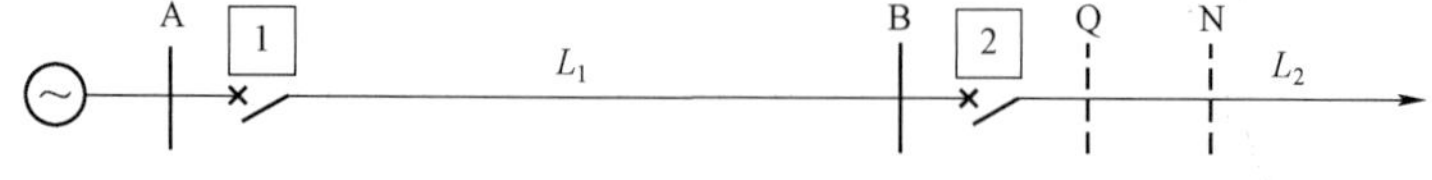

图2－4　限时电流速断保护的工作原理图

（3）定时限过电流保护。定时限过电流保护，简称电流Ⅲ段保护，其作用是作为本线路主保护的近后备保护，并作为下一级相邻线路的远后备保护，不仅能保护本线路全长，而且也能保护相邻下一级线路全长。如图 2－5 所示，由于定时限过电流保护延伸到下一级线路的全长，为保证选择性，对于单侧电源辐射式线路，动作时限应按阶梯性原则选择。

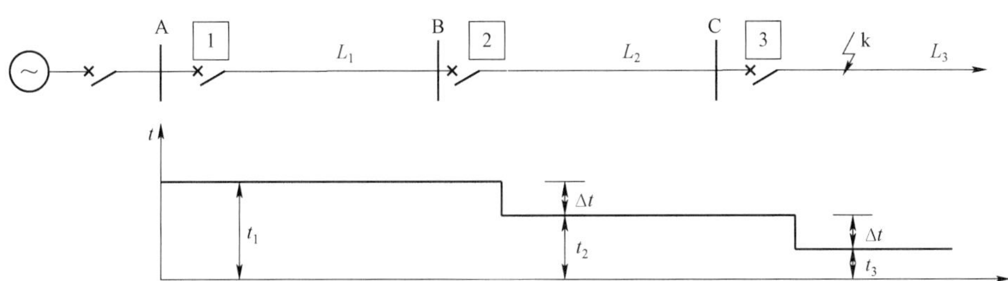

图 2－5　单侧电源辐射式配电线路的过电流保护动作时限选择示意图

一些情况下，如长距离放射式配电线路的末端短路，相间短路电流可能与负荷电流相差不大。在这种情况下，电流保护难以满足灵敏度的要求。电流保护用于分布式电源的保护时也有类似问题。如果同步发电机不具备强励能力，其短路电流幅值可能小于其额定电流；逆变器类型分布式电源的短路电流一般也不会大于额定电流的 1.5 倍。

为电流保护引入低电压保护元件作为闭锁元件，可以解决这个问题。正常运行时，配电网电压基本为额定值，即使过电流元件动作，由于低电压元件的闭锁，保护也不会发出跳闸命令。采用电压元件作为闭锁条件，可以降低过电流保护的动作定值，按躲过正常工作负荷电流 I_N 整定，从而提高了保护灵敏度。

2. 配电网三段式电流保护的配置

国内配电网线路以辐射式或环式结构为主，环式线路一般采用开环运行方式，负荷沿线路分布。其中架空线路一般在主干线路配置分段开关（或中间断路器），大分支线路首端配置分支开关，公用配电变压器或用户产权分界点配置分界开关。电缆线路在开关站进线或出线，环网柜出线等位置配置断路器。配电网中一般采用三段式电流保护和熔断器保护作为短路故障的主要保护方法，三段式电流保护的配置与配电网具体线路结构、负荷特点以及故障处理策略有关，主要有以下 3 种情况：

（1）二级保护配置。二级保护配置是目前最常用的配电网三段式电流保护的配置方案。第一级是变电站线路出口保护，配置三段保护或两段保护，配置两段保护时一种方案是配置Ⅰ段和Ⅲ段，另一种是退出Ⅰ段保护，配置Ⅱ段和Ⅲ段保护。第二级保护是公用配电变压器或用户产权分界点保护，容量较小的配电变压器采用跌落式熔断开关，容量较大的采用断路器保护，一般配置Ⅰ段和Ⅲ段保护。部分配电网架空线路将变电站出口保护和分支线路首端保护作为二级保护，在电缆线路中将变电站出口保护和直接连接公用变压器或用户的环网柜出线开关保护作为二级保护。

二级保护配置简单，整定维护方便，但是难以兼顾保护动作的选择性和速动性。此外，城市配电网中往往主干线路较短，分支线路众多，分支线路和用户侧故障占绝大多数（部分城市线路超过 90%），因此二级保护配置方式无法满足减少主干线路停电的要求，对供电可靠性影响较大。

（2）三级保护配置。三级保护配置是目前适用性较强的配电网电流保护配置方案。第一级是变电站线路出口保护。架空线路中第二级保护是分支线路首端保护，电缆线路中第二级保护是环网柜出线开关保护。第三级是公用配电变压器或用户产权分界点保护。第一级和第三级保护的配置与第二级保护配置类似，分支线路首端或环网柜出线开关保护一般配置Ⅱ段和Ⅲ段保护。对于农村或城郊配电网中线路较长，T 接用户较多的架空线路，也可以取消分支线路首端保护，用线路分段开关作为第二级保护，形成三级保护的配置模式。

三级保护配置方案在合理整定的基础上，能够实现用户故障不出门（由分界开关隔离），分支故障不影响主干线路（由分支首端开关隔离），减小故障停电范围，提高供电可靠性。

（3）四级保护配置。四级保护配置是指变电站线路出口断路器、架空主干线路分段开关、分支线路首端分支开关、公用配电变压器或用户产权分界点分界开关配置四级电流保护。由于电缆线路供电半径通常较小，主干线路较短，一般不配置四级保护。个别包含开关站的电缆线路在开关站的进线或出线配置一级保护，可能形成四级或更多级保护，但是由于线路辐射半径小，整定配合较为困难。

四级保护配置方案能够最大程度上实现保护动作的选择性，但是对于保护动作定值和动作时限的整定要求更加复杂。通过动作时限级差配合实现保护动作选择性时，保护动作延时会较长，可以采用永磁开关或磁控开关等动作延时较小的新型开关，降低动作时限级差的时间来解决。

3. 配电网三段式电流保护的整定

对于配电网架空线路，三段式电流保护整定主要是指变电站线路出口断路器保护、主干线路分段开关保护、分支线路首端开关保护、分界开关保护的整定。电缆线路中，环网柜出线开关可以看作分支开关，除部分地区电缆线路重合闸的配置与架空线路不同外，电流保护的整定基本类似，以下均以架空线路各级开关描述。

（1）变电站线路出口断路器保护。变电站线路出口断路器一般配置三段保护，一次重合闸。电流Ⅰ段保护的目的是及时切除近端短路故障，防止较大的短路电流冲击损坏主变压器，同时避免仅依靠Ⅱ段保护切除近端故障导致的电压暂降时间过长问题。在满足以上目的的前提下，应尽量提高Ⅰ段保护定值，缩小保护范围，为Ⅱ段保护实现选择性跳闸提供条件。实际工程中，Ⅰ段保护可以整定为母线出口处三相短路电流的50%。

电流Ⅱ段保护宜保护线路全长，电流定值的整定原则宜躲过线路冷启动电流以及下级配电变压器二次最大短路电流，实际工程中，可将Ⅱ段保护的电流定值统一选为 3kA。需要与线路分段开关配合时可按式（2－16）整定，其中 d 为下级分段开关安装处与母线之间的距离，单位是 m。电流Ⅱ段保护的动作时限可选为 0.4～0.6s，以与下游保护配合，提高保护动作的选择性。

$$I_{\text{set.1}}^{\text{II}}=\frac{13}{d}\times1000 \tag{2-16}$$

电流Ⅲ段保护应保证上级变压器复压闭锁过电流保护的配合要求，可按其定值除以 1.1～1.2 的配合系数整定。应保证本保护范围末端发生金属性短路故障时有不低于 1.3 倍的灵敏度。实际工程中，可将Ⅲ段保护的电流定值统一选为 1.2kA。电流Ⅲ段保护的动作时限需要与下级保护和上级变压器二次侧断路器保护配合，时间级差可选为 0.2～0.3s。对于可能出现过负荷的电缆线路可配置过负荷保护，保护定值按躲过 1.2 倍最大负荷电流整定，若保护动作于跳闸，动作时限可选为 15～20s。

变电站出口断路器保护配置一次重合闸，重合到故障上加速跳闸，重合闸延时时间可选为 1s。当电流Ⅰ段保护区内存在分支线路或用户时，可以投入二次重合闸，在Ⅰ段保护区内的分支线路或用户侧发生故障时，通过二次重合恢复主干线路的供电。

（2）主干线路分段开关保护。对于农村、城郊配电网中主干线路较长或线路 T 接用户较多的架空线路，可以在主干线路配置分段开关并配置保护。长线路分段开关保护可以防止分段开关下游线路故障造成全线停电，同时解决线路出口断路器保护在长线路末端故障时灵敏度不满足要求的问题。T 接用户较多的架空线路可以通过分段开关保护与线路出口断路器保护定值和动作时限的配合，实现保护的选择性。

分段开关可以配置两段式电流保护与一次重合闸。电流Ⅱ段保护定值整定原则可按躲过下游冷启动电流和下级配电变压器二次最大短路电流。需要与上下游分段开关配合时，也可根据下级分段开关与母线之间的距离按式（2-16）整定，电流Ⅱ段保护动作时限可采用 0.4s。电流Ⅲ段保护定值整定原则可按保护安装处下游 2.5～4 倍负荷电流整定。实际工程中，也可按照与变电站出口断路器距离的由近及远以 30%的比例依次递减整定。电流Ⅲ段保护动作时限可采用 0.6s。

分段开关重合闸延时可选为 1s，重合到故障上加速跳闸。在分段开关无法通过定值和动作时间级差实现配合时，也可以采用得电延时合闸的方式恢复上游非故障区段供电，减少停电范围。

（3）分支首端开关保护。分支开关保护可以有效防止分支线路故障造成越级跳闸。配置两段式电流保护，一次重合闸，重合到故障上后加速跳闸。

电流Ⅱ段保护定值应保证分支开关出口发生故障时能够切除故障，可按出口发生金属性短路故障时有 1.3～1.5 倍的灵敏度整定。实际工程中，可选为上游保护Ⅱ段保护电流定值的 0.9 倍。电流Ⅱ段保护动作时限比上游动作时限低一个时间级差，统一选为 0.2s。

电流Ⅲ段保护可按照躲过分支线路冷启动电流的原则整定，应保证上游定时过电流保护的配合要求，也可按其定值除以 1.1～1.2 的配合系数整定。应保证本保护范围末端发生金属性短路故障时有不低于 1.3 的灵敏度。实际工程中，可统一选择为 400A。Ⅲ段保护动作时限比上游保护Ⅲ段保护动作时限低一个时间级差（0.2s）。

配置一次重合闸，防止分支线路瞬时性故障引起长时间停电。动作时限为 1s。

（4）分界开关保护。分界开关保护防止用户系统内故障造成越级跳闸。配置两段式电流保护、一次重合闸，重合到故障上加速跳闸。

配置电流Ⅰ段保护，应保证分界开关出口发生故障时能够切除故障，可按出口发生金属性短路故障时有1.3～1.5的灵敏度整定。实际工程中，电流定值可选为分支开关Ⅱ段保护电流定值的0.9倍。电流Ⅰ段保护也可以配置一个时间级差以与配电变压器的保护配合，防止用户侧故障时分界开关越级跳闸。

电流Ⅲ段保护动作时限比分支开关Ⅲ段保护动作时限低一个时间级差。实际工程中，可选为0.2～1s。应保证上游定时过电流保护的配合要求，可按其定值除以1.1～1.2的配合系数整定。应躲过最大负荷电流，可按1.8～2.5倍所带全部变压器额定电流整定。实际工程中，电流定值可按照躲过用户冷启动电流的原则整定。

配置一次重合闸，防止用户系统发生瞬时性故障时造成用户长时间停电。动作时限选为1s。

典型的配电网三级保护配置如图2－6所示，变电站出口Ⅰ段保护切除近端短路故障，防止较大的短路电流冲击损坏主变压器，同时避免仅依靠Ⅱ段保护切除近端故障导致的电压暂降时间过长问题。虚线内为变电站出口Ⅰ段保护区。Ⅰ段保护区外分支线路与用户侧故障时，由分支开关、分界开关或用户侧保护动作切除故障。分段开关下游故障时，由分段开关保护动作切除故障。实际运行过程中，主干线路故障出口断路器会越级跳闸，如k1处发生永久性故障，Q2与QF电流Ⅱ段保护同时动作，QF越级跳闸。这种情况下，QF首先重合闸，Q2在检测到来电后合闸，Q2由于合闸到故障上加速跳闸，Q2与QF之间线路恢复供电。

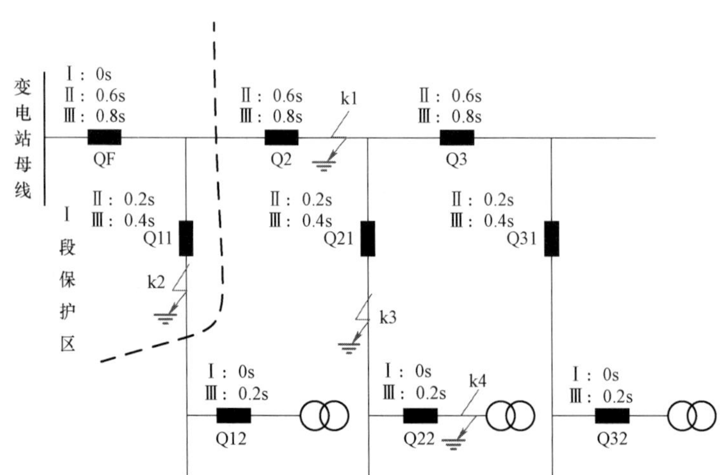

图2－6　典型的配电网三级保护配置

■ 闭合断路器或负荷开关

如果Ⅰ段保护区内分支线路出现永久性故障，可以通过出口断路器保护二次重合闸恢复主干线路供电。如图2－6中k2处发生永久性故障，QF与Q11跳闸，然后进行第一次重合闸，重合到故障上后再次跳闸，Q11不再重合，QF进行第二次重合闸，恢复主干线路的供电。如果出口断路器无法配置二次重合闸，也可以取消Ⅰ段保护区内分支开关和分界开关的重合闸，在分支或用户故障时，恢复主干线路供电。

2.2.2　反时限过电流保护

1. 反时限过电流保护基本原理

反时限过电流保护是保护的动作时间与保护输入电流大小有关的一种保护。电流越大，动作时间越短；电流越小，动作时间越长。反时限过电流保护能够很好地防止冷启动电流引起的误动，并可在保证选择性的情况下，使靠近电源侧的保护具有较快的动作速度。其动作特性与导体的发热特性相匹配，特别适合用作配电变压器、电动机等电气设备的热保护。

反时限过电流保护的动作特性如图 2－7 所示。在电流大于启动定值 I_S 时，保护启动，其动作时间与电流成反比关系。在电流大于 I_D 时，保护以固定的时间 t_D 动作，呈限时特性。I_D 是限时动作电流的下限值，一般设定为启动电流定值的 20 倍（即 $20I_S$）；t_D 是保护的最小动作时限，即电流为 I_D 时的反时限过电流保护动作时间。

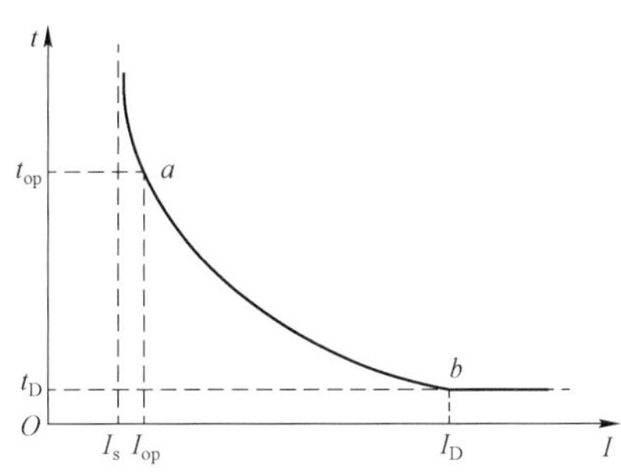

图 2－7　反时限过电流保护动作特性

IEC 60255－151—2009《测量继电器和保护设备　第 151 部分：过/欠电流保护的功能要求》标准规定的反时限过电流保护的动作特性 $t(I)$ 表达式为

$$t(I)=K_{TMS}\times\left[\frac{k}{\left(\frac{I}{I_S}\right)^{\alpha}-1}+c\right] \tag{2-17}$$

式中：k、c、α为决定曲线特性的常数，k 和 c 的单位是 s，α无量纲；K_{TMS} 为时间整定系数，用来调整保护的动作时限。IEC 60255－151—2009《测量继电器和保护设备　第 151 部分：过/欠电流保护的功能要求》给出了几种类型的反时限特性曲线，应用时可根据保护应用现场的具体要求选择一种所需要的特性曲线类型，根据特性曲线确定参数 k、c 与 α 的值。

当电流等于启动电流定值 I_s 时，保护的动作时间为无穷大，其物理意义可理解为保护不动作。因此，IEC 60255－151—2009《测量继电器和保护设备　第 151 部分：过/欠电流保护的功能要求》标准定义了一个保证保护动作的最小电流 I_{op}，称为最小动作电流定值；对应的动作时间 t_{op} 称为最小动作电流动作时限。

反时限过电流保护在美国、英国等国被大量地用作配电线路的主保护，由于其整定配置比较复杂等原因，在中国配电网中应用的不多，人们对其的了解远不如三段式电流保护，对其应用的研究也不够。实际上，反时限过电流保护用于配电线路保护时，有利于与下游分支线路保护、配电变压器熔断器保护、电动机的熔断器保护进行配合。

2. 配电网反时限过电流保护的配置与整定

反时限过电流保护应用时，首先根据保护的应用场合选择所需要的特性曲线类型，确定参数 k、c 与 α 的值，然后根据上下级保护动作时限配合的需要，选择时间整定系数 K_{TMS}。

对于安装在末端线路的反时限过电流保护来说，将其最小动作时限 t_D 设定为保护的固有动作时间 t_0，根据反时限过电流保护动作特性表达式可得到时间整定系数 K_{TMS} 的计算公式为

$$K_{TMS}=\frac{t_0}{\dfrac{k}{\left(\dfrac{I_D}{I_S}\right)^{\alpha}-1}+c} \tag{2-18}$$

对于上游线路的反时限过电流保护来说，时间整定系数 K_{TMS} 的选择原则是在下一级线路首端发生短路且短路电流最大时，动作时间比下一级保护大一个时间级差 Δt（不小于 0.3s）。设下一级线路出口最大短路电流为 $I_{k.n.max}$，在此电流的作用下，下一级保护的动作时间为 t_n，本级保护的动作时限应整定为 $t_n+\Delta t$，由此得到本级保护的时间整定系数 K'_{TMS} 的计算公式为

$$K'_{TMS}=\frac{t_n+\Delta t}{\dfrac{k}{\left(\dfrac{I_{k.n.max}}{I_S}\right)^{\alpha}-1}+c} \tag{2-19}$$

实际系统中，反时限过电流保护除与下一级反时限过电流保护配合外，还可能与下一级瞬时电流速断保护或熔断器保护配合。

反时限过电流保护启动电流定值整定原则与定时限过电流保护一致，即躲过线路的最大负荷电流。要求灵敏系数在本线路末端故障时不小于 1.5，在下一级相邻线路末端故障时灵敏度系数一般不小于 1.2。上下级反时限过电流保护的启动电流定值应相互配合，上一级保护的启动电流定值应是下一级保护的 1.1～1.2 倍。

2.2.3 方向电流保护

1. 方向电流保护基本原理

对于双侧电源供电的线路（如采用闭环运行方式的配电线路），仅靠电流保护无法保证相间短路保护的选择性，需要增加故障方向判别元件，构成方向电流保护。

如图 2－8 所示的配电线路，当 k1 点短路时，对 N 侧电源来说，如果保证保护的选择性，要求保护 4 动作时间大于保护 3 的动作时间；而 k2 点故障时，对于 M 侧电源来说，却要求保护 4 的动作时间小于保护 3 的动作时间。这两种要求显然是矛盾的。如果给电流保护加装一个短路电流方向闭锁元件，并将动作方向规定为短路电流由母线流向线路，即可解决上述矛盾。因为 k1 点短路时，保护 4 不动作，保护 3 与保护 5 配合即可；而 k2 点短路时，保护 3 不动作，保护 2 与保护 4 配合即可。

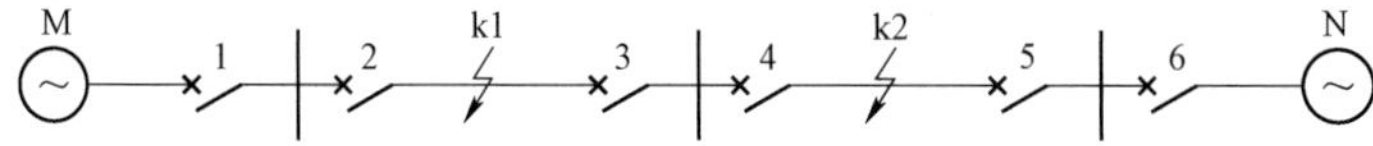

图 2－8　方向电流保护说明图

方向电流保护的方向元件可以采用功率方向继电器（元件）或故障分量方向元件。功率方向继电器（元件）通过判别短路功率的流向确定故障方向。在保护正方向发生故障时，短路功率由母线流向线路，继电器动作；而在反方向发生故障时，短路功率由线路流向母线，继电器不动作，起反向闭锁作用。检测每相电压与电流之间的相位关系，就可以判别功率方向（极性）。传统的继电保护，采用感应型继电器或集成电路相位比较器作为短路功率方向检测元件，现代微机保护则通过软件计算电压、电流之间的相位，判断短路功率方向。

2. 功率方向继电器

反映相间短路的功率方向继电器一般采用 90° 接线方式，即继电器接入一相电流与另外两相电压差（线电压）。通过计算输入电压、电流的夹角 φ_m 确定故障方向，功率方向继电器动作特性方程为

$$\varphi_L - 195^\circ < \varphi_m < \varphi_L - 15^\circ \tag{2-20}$$

式中：φ_L 为线路阻抗角（一般为 60° ～90° 之间）。该动作方程可以确保继电器在正方向短路时动作，而在反方向短路时不动作。其动作特性如图 2－9 所示。

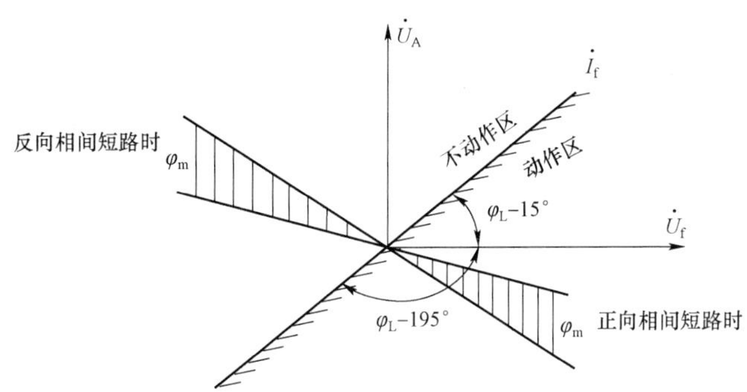

图 2－9　90° 接线方向继电器动作特性

功率方向继电器除三相短路外，电压输入量均有较大的幅值，动作灵敏度都很高。在正方向出口处发生三相短路故障时，输入电压数值接近于零或很小，使继电器不能动作，称为电压死区。在微机保护中，可以利用其数据存储与处理能力，使用记忆电压法，解决功率方向继电器的电压死区问题。所谓记忆电压法，是在发生出口三相短路后，保护利用储存的故障前一个周波的电压，推算出输入电压的相位，与输入电流相位进行比较，判断故障方向。

另外一种消除电压死区的方法是利用故障分量检测故障方向，因为故障分量只在故障时出现，利用其构成保护，可以克服负荷电流的影响，提高保护的灵敏度，也无电压死区问题。

故障分量中包含工频故障分量与暂态故障分量，二者都可用作保护的测量量。由于工频量的采集、处理与分析都比较方便，目前应用的故障分量保护一般基于工频故障分量实现。实际应用时，采用对称分量法分解出保护安装处正序故障分量电压和电流，其

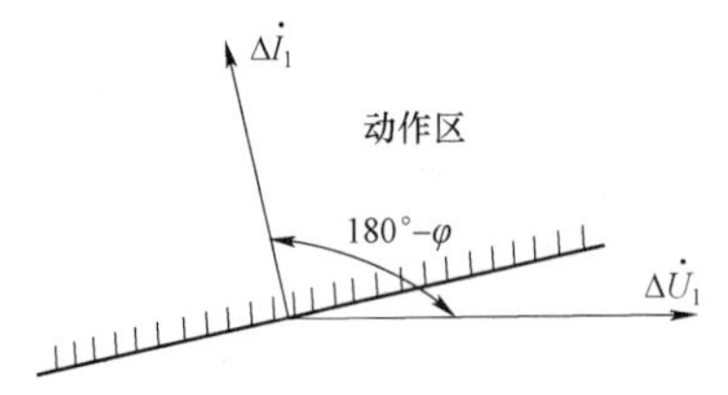

图 2-10　正序故障分量方向元件动作特性

正方向短路的动作方程为

$$270° - \varphi > \arg\left(\frac{\Delta\dot{U}_1}{\Delta\dot{I}_1}\right) > 90° - \varphi \qquad (2-21)$$

式中：φ 即为保护安装处背后系统的正序等效阻抗的阻抗角，正序故障分量方向元件动作特性如图 2-10 所示，其最灵敏动作角为 $180° - \varphi$。

2.3　相间短路故障电压保护

电力线路发生相间短路故障时，相间电压（线电压）也会发生显著变化，可以利用电压的变化配置短路故障电压保护。由于配电线路开关一般不具备电压采集条件，过去配电线路中电压保护应用较少。配电网一二次成套开关的推广应用，给电压保护提供了条件。在配电线路较短或运行方式变化较大的应用场景，电流保护的灵敏度无法满足要求，引入电压保护元件能够有效解决这一问题，同时有效简化保护配置和运维工作。

2.3.1　电压电流联锁速断保护

1. 电压电流联锁速断保护基本原理

当线路首末端短路电流相差不大以及运行方式变化比较大时，电流速断保护的保护区与灵敏度无法满足要求，可以引入电压速断保护，将电压速断保护元件与电流速断保护元件串联使用，也称为电压电流联锁速断保护。电压电流联锁速断保护具有灵敏度高、保护区稳定的优点。

在系统经常出现的运行方式下，电压和电流元件具有相同的保护范围。以图 2-11（a）所示配电线路为例说明。设系统等效电源电压为 U_S，系统经常出现的运行方式下的系统阻抗为 Z_S，设线路全长的阻抗值为 Z_L，将电压电流联锁速断保护区设定为线路全长的 80%，母线到保护区末端的线路阻抗值 $Z_1 = 0.8Z_L$，电流速断保护元件的动作电流定值为

$$I_{set} = \frac{U_S}{Z_L + Z_S} \qquad (2-22)$$

根据式（2-22），当系统运行方式发生变化时，电流保护的保护范围将发生变化。当两种运行方式的变化较大时，保护区范围变化也较大，仅采用电流元件难以保证保护区的稳定性。

接入线路的线电压作为电压保护元件与电流保护元件串联构成电压电流联锁速断保护，电压保护元件的动作电压定值为

$$U_{set} = \sqrt{3} I_{set} Z_L \qquad (2-23)$$

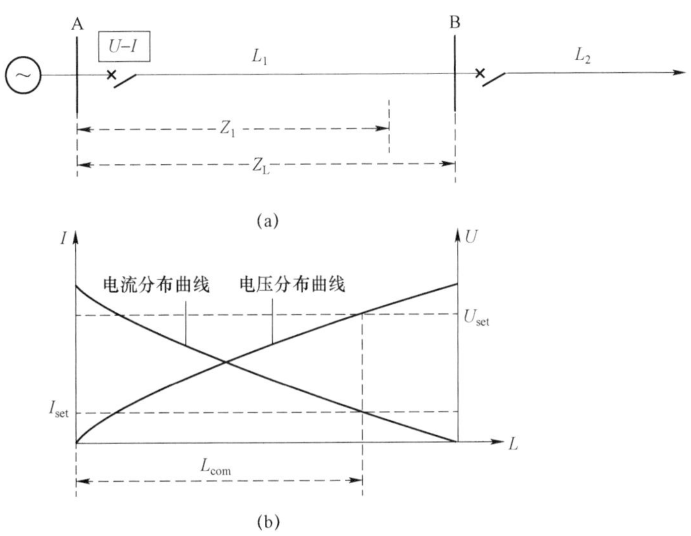

图 2－11 电流电压联锁速断保护工作原理示意图

（a）网络接线；（b）电压和电流的分布特征

图 2－11（b）给出了在系统经常出现的运行方式下发生短路故障时，电压和电流的分布曲线，根据电压速断元件与电流速断元件的整定值，电压电流联锁速断保护的保护区为 L_{com}。在系统的最大运行方式下，电源阻抗呈最小值，下一级线路出口短路时，电流电压联锁速断保护的电流速断元件可能误动，但母线 A 电压的残压较高，电压速断元件不会动作，整套保护不会误动，从而保证了选择性。在系统的最小运行方式下，电源阻抗呈最大值，下一级线路出口短路时，电流电压联锁速断保护的电压速断元件可能误动，但电流速断元件不会动作，同样能够保证选择性。

2. 配电网电压电流联锁速断保护的配置与整定

在变电站线路出口保护中配置电压电流联锁速断保护代替瞬时电流速断保护，可实现缩短变电站线路出口瞬时速断保护区的目的。电压电流联锁速断保护在不同运行方式下，出口 I 段保护区稳定，配置与整定简单，并且不会在电压或电流单个保护元件失效时误动，特别适合应用于首末端短路电流相差不大，且运行方式变化比较大的配电网保护。

配电线路上同一点发生三相短路与两相短路时，母线残余电压相同，计算公式为

$$U_R = \frac{X_L E_{PP}}{X_S + X_L} \tag{2-24}$$

式中：E_{PP} 为系统相间电压；X_L 为线路阻抗；X_S 为变压器内阻抗。

设变电站主变压器短路电压比为 10.5%，容量分别为 20MVA、31.5kVA 与 50kVA 时，其等效电抗分别约为 0.5、0.33Ω 与 0.21Ω，设配电线路阻抗为 0.3Ω/km，则主变压器不同故障距离下的母线残压（二次值）见表 2－1。

表 2-1　　主变压器不同故障距离下的母线残压（二次值）　　V

主变压器容量（MVA）	距离										
	0m	100m	200m	300m	400m	500m	600m	700m	800m	900m	1000m
20	0	6	10	15	19	23	26	30	32	35	38
31.5	0	8	15	21	26	31	35	39	42	45	47
50	0	13	22	30	36	41	46	50	53	56	59

由表 2-1 所见，得到主变压器不同电压速断定值（二次值）对应的最大保护区见表 2-2。

表 2-2　　主变压器不同电压速断定值（二次值）对应的最大保护区　　m

主变压器容量（MVA）	定值				
	20V	25V	30V	35V	40V
20	400	550	700	900	1000
31.5	250	350	450	600	700
50	150	250	300	350	450

2.3.2　电流闭锁电压速断保护

1. 电流闭锁电压速断保护基本原理

对于主干线路 T 接用户较多的配电网线路，安装分支开关和分界开关难度较大，需要由主干线路分段开关选择性切除故障，缩小停电范围。主干线路分段开关采用三段式电流保护时，通过电流定值配合实现保护的选择性较为困难，不同位置的电流保护定值整定难度大。此外，联络线路因供电方向改变时需要改变定值，运维管理相对较复杂，不适用于运维能力相对薄弱的地区。

配电网发生相间短路故障时，故障点上游各开关检测的电压随着远离故障点而升高，各开关可以采用统一的电压判据实现短路故障保护，就近隔离故障点。如图 2-12 所示，短路故障发生时，根据开关距离故障点位置的不同，电压也不同。

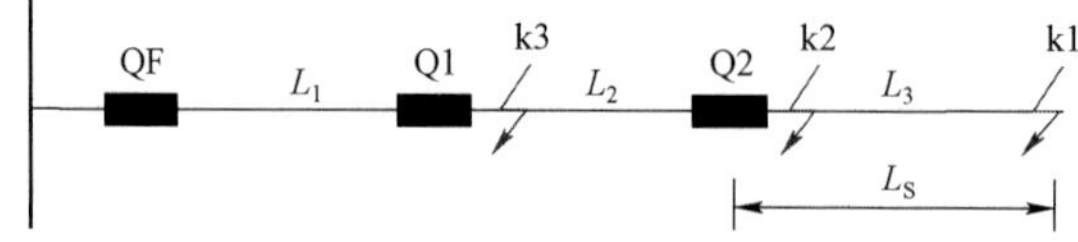

图 2-12　电缆线路网络保护动作示意图

■ 闭合断路器或负荷开关

线路末端 k1 处发生短路故障时，开关 Q2 检测的电压由式（2-25）所得。

$$U_{Q2}=\frac{X_{L3}E_{PP}}{X_S+X_{L1}+X_{L2}+X_{L3}} \tag{2-25}$$

式中：E_{PP} 为系统相间电压；X_L 为各段线路阻抗；X_S 为变压器内阻抗。

相对于线路阻抗，变压器内阻抗较小可以忽略。当线路上各分段开关之间距离大致相等时，线路分段开关上的电压与额定电压之比基本上等于故障点到分段开关距离和故障点到母线距离之比。

为了防止电压保护误动，可以采用过电流元件作为电压速断保护的闭锁条件，电流元件不满足条件时闭锁电压速断保护跳闸动作。采用电流闭锁电压速断保护方案，可有效实现主干线路分段开关保护的选择性，同时简化保护配置和运维工作。

2. 配电网电流闭锁电压速断保护配置与整定

变电站出线断路器保护退出电流Ⅰ段保护，保留电流Ⅱ段和Ⅲ段保护，配置电流闭锁瞬时电压速断（Ⅰ段）保护，缩短保护区。线路分段开关、分支开关配置电流闭锁瞬时电压速断（Ⅰ段）保护、电流闭锁限时电压速断（Ⅱ段）保护。通过出线断路器、线路分段开关、分支开关上的电压实现保护动作选择性，减少停电范围。线路分界开关可仍保留原过电流保护的配置，切除用户侧故障。电缆线路与架空线路整体方案类似，采用电流闭锁电压保护实现有选择的保护动作，同时避免了由于线路太短，过电流保护定值不好配合的问题。以图 2－12 所示的三分段线路为例，说明电流闭锁电压速断保护的配置与整定。

（1）变电站出线断路器保护。变电站出线断路器保护退出电流Ⅰ段保护，配置电流闭锁瞬时电压速断（Ⅰ段）保护，保证 10kV 系统母线近端故障时瞬时切除故障。以 110kV 变电站为例，一般主变压器阻抗 0.2～0.4Ω，10kV 线路阻抗约 0.3Ω/km。电压定值可按 55V（二次）整定，保护区在 1.5km 左右。

保留变电站出线断路器Ⅱ段过电流和Ⅲ段过电流保护，其中Ⅱ段过电流保护作为线路第一个线段中Ⅰ段保护区外的主保护，Ⅲ段过电流保护作为整条线路的后备保护。定值整定不变。

配置一次重合闸和后加速跳闸功能，重合闸动作时限可设置为 1s，用于瞬时性故障恢复供电和越级跳闸时上游非故障区段线路恢复供电。

（2）线路分段开关保护。线路分段开关配置电流闭锁瞬时电压速断（Ⅰ段）保护、电流闭锁限时电压速断（Ⅱ段）保护。电流元件整定值按Ⅲ段过电流保护的原则整定，躲过最大负荷电流。检测到 TV 断线时（电压小于定值、电流非零值但没有过电流）闭锁保护。

Ⅰ段电压定值按大于线路末端故障时末级分段开关感受到的最大电压整定，保证末级分段开关在线路末端动作时可靠跳闸。Ⅱ段电压定值按Ⅰ段电压定值的 2 倍且不大于 85V 整定。配置来电后一次重合闸，动作时限可设置为 1s。

图 2－12 所示的三等分线路，忽略主变压器阻抗，线路末端 k1 处短路时，最后一个分段开关 Q2 感受到的最大电压为 33V（二次），电压Ⅰ段保护定值可选为 36V，Ⅱ段电压定值选为 72V。

Q2 下游故障时，Q2 感受的电压不大于 33V，Q2 电压Ⅰ段动作切除故障。

Q2 出口 k2 处短路时，Q1 感受到的电压约为 50V，Q1 电压Ⅰ段不会误动。

Q1 电压Ⅰ段的保护区约为区段长度的 75%，Ⅰ段区外故障由电压Ⅱ段保护切除。

Q1 出口 k3 处故障时，出线断路器 QF 感受到的电压一般不会低于 66V，QF 电压

Ⅰ段保护不会误动。

（3）线路分支开关保护。线路分支开关以及分支线路上的分段开关均配置电流闭锁电压瞬时速断（Ⅰ段）保护、电流闭锁限时电压速断（Ⅱ段）保护。检测到 TV 断线时（电压小于定值、电流非零值但没有过电流）闭锁保护。

其配置与整定方式与主干线路分段开关原则一致。电流元件整定值按Ⅲ段过电流保护的原则整定，躲过最大负荷电流。Ⅰ段电压定值按大于被保护分支线路末端故障时末级开关感受到的最大电压整定，保证末级开关在线路末端动作时可靠跳闸。Ⅱ段电压定值按Ⅰ段电压定值的 2 倍且不大于 85V 整定。配置来电后一次重合闸，动作时限可设置为 1s。

（4）线路分界开关保护。线路分界开关仍保留原过电流保护的配置，切除用户侧故障。

2.4 相间短路故障纵联保护

电流保护和电压保护都是反应保护安装处测量电流、电压的保护，将其用于电力线路保护时，受运行方式变化和测量误差等因素的影响，无法做到无延时地快速切除故障线路上所有点的短路故障，对于接有电压暂降敏感用电负荷的场合将导致母线电压暂降时间长而影响用电设备正常工作。一些特殊情况下，如闭环运行的配电环网线路和高渗透率的有源配电网，常规的电流保护或电压保护也难以满足保护可靠性、选择性和速动性的要求。相间短路故障采用纵联保护可以在保证动作绝对选择性的前提下，快速切除故障。传统的纵联保护技术一般采用光纤通信，成本较高，施工难度大。5G 通信的快速发展，为纵联保护在配电网的应用提供了有利条件。

2.4.1 分布式电流保护

1. 分布式电流保护基本原理

电流保护难以兼顾保护动作的选择性与速动性，原因是仅利用当地的电流测量信息，上下级保护装置之间通过电流定值与动作时限实现配合。而采用分布式电流保护，上下级保护装置之间交换故障检测信息，可判断故障是否在保护区内，实现有选择性地快速动作，解决传统电流保护因多级保护配合带来的动作延时长的问题。

配电线路分布式电流保护系统由安装在线路的出口断路器、主干线路分段开关、分支线路断路器（统称为线路断路器）与配电变压器断路器上的分布式电流保护装置（本节以下简称保护）以及用于保护装置交换故障检测信息的点对点对等通信网络构成。如图 2-13 所示辐射式配电线路分布式电流保护系统（为便于叙述，假设该配电线路中只有 4 台配电变压器），其中包括线路出口断路器保护 P1、主干线路分段开关保护 P3 和 P5、分支线路断路器保护 P4 与配电变压器断路器保护 P2 共 5 套保护。

根据保护的安装位置，分布式电流保护系统中的保护可分为末端保护与上级保护。末端保护包括变压器断路器保护以及其下游没有断路器保护的分支线路与主干线路断路器保护，在其下游出现短路故障时直接动作于跳闸。上级保护是位于末端保护上游的保护，在检测到短路电流后启动，等待一个固定的动作延时，在此期间，如果接收到任何一个下游保护启动的信息，则闭锁保护；否则在达到动作时限后判断出故障在其相邻的下游保护区内，发出跳闸命令。以图 2-13 所示辐射式线路分布式电流保护系统为例，P2、P4 与 P5 是末端保护，P1、P3 是上级保护。令保护的动作时限为 0.15s，在线路上不同位置故障时，保护的动作情况如下：

（1）主干线路上 k1 处故障。P1 检测到短路电流启动，而其他保护不启动。P1 接收不到下级保护启动的信息，在启动后延时 0.15s 动作于跳闸。

（2）主干线上 k2 处故障。P1、P3 启动。P1 在 0.15s 内接收到 P3 启动的信号，闭锁保护。P3 在 0.15s 内接收不到下级保护启动的信号，动作于跳闸。

（3）QF5 下游 k3 处故障。P5 启动，直接动作于跳闸。P1 与 P3 启动，P1 在 0.15s 内接收到 P3 的启动信号，判断为发生了区外故障；P3 在 0.15s 内接收到 P5 的启动信号判断为发生了区外故障，从而避免了越级跳闸。

（4）配电变压器 T1（k4 处）故障，P2 直接动作于跳闸。P1 启动，在 0.15s 内接收到 P2 的启动信号，判断为发生了区外故障。

（5）配电变压器 T2（k5 处）故障，其熔断器保护 FU2 动作切除故障（熔断器熔断时间小于 0.1s）。保护 P1、P3、P4 启动，在 0.1s 内检测到短路电流消失，3 个保护均返回，不会出现越级跳闸的现象。

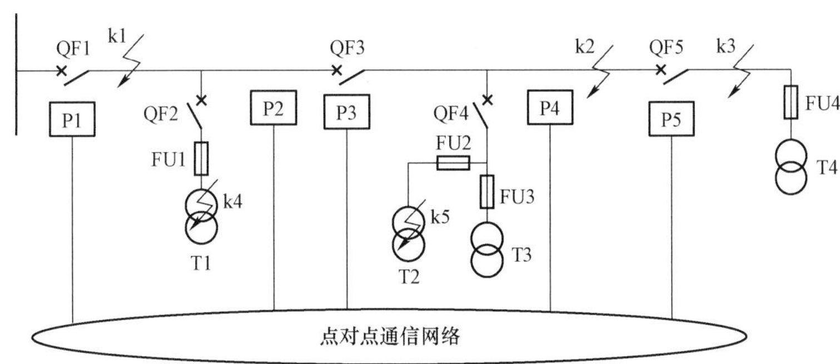

图 2-13　辐射式线路分布式电流保护系统

分布式电流保护配置电流Ⅱ段保护作为主保护。电流Ⅱ段保护的电流定值按躲过冷启动电流整定，选为 6 倍的保护安装处的最大负荷电流。要确保下一级保护的电流定值不大于上一级保护的 0.9 倍，以使上下级保护之间可靠地配合。电流Ⅱ段保护的动作时限选为 0.15s，以与保护区内的配电变压器或分支线路的熔断器保护配合。

为简化系统构成、减少投资，可仅在线路出口断路器、主干线路分段开关上安装分布式电流保护装置，配电变压器、分支线路仍然采用常规的断路器或熔断器保护。这种情况下，分布式电流Ⅱ段保护动作时限宜选为 0.3s，以避免其在配电变压器或分支线路故障时越级动作。

此外，线路断路器还要配置电流Ⅲ段保护作为后备保护，电流定值按 2 倍的最大负荷电流整定；动作时限有高、低两套定值，低时限定值按躲过冷启动电流的持续时间整定，一般选为 1s；高时限定值按常规的阶梯式原则整定。在线路上发生故障时，上级保护按照与电流Ⅱ段保护类似的方法与下级保护通信，如判断出故障在其保护区内，在短路电流持续时间达到低动作时限时动作。在通信网络故障、保护之间不能正常通信时，高时限电流Ⅲ段保护按照阶梯式时限动作于跳闸。

可见，由于上下级保护之间是通过交换故障检测信息判断故障是否在保护区内，分布式电流保护可以保证在 0.15s（或 0.3s）内切除大短路电流故障。

2. 分布式电流保护关键技术

（1）网络拓扑自动识别技术。配电网保护装置完成分布式控制任务，除了获取来自相关保护装置的测控信息外，还要知道其控制域内的配电网络实时拓扑结构，称为应用拓扑。

保护装置可以采用以下 3 种方式获取应用拓扑：

第一种是从主站获取其控制域网络的静态拓扑信息，通过动态获取开关的实时状态信息建立应用拓扑。

第二种是为其配置其控制域网络的静态拓扑信息，通过动态获取控制域内开关的实时状态信息建立应用拓扑。

第三种是为其配置其所监控的站点及其周围的局部网络静态拓扑信息以及相邻保护装置的通信地址信息，决策终端通过依次（逐级）查询其他保护装置存储的局部网络静态拓扑信息，建立（拼出）其控制作用域内网络的静态拓扑信息，然后根据控制域内开关的实时状态信息建立应用拓扑。

上述第一种方式依赖主站下发终端控制域网络静态拓扑信息，没有自举性，不能做到分布式控制系统的自治。第二种方式需要为每一个保护装置人工配置其控制域网络静态拓扑信息，配置工作量大。第三种方式只需要为保护装置配置局部网络静态拓扑信息，决策终端根据具体的控制应用建立所需的网络拓扑信息，具有配置工作量小、灵活性好的优点。

分布式控制任务控制域内的配电网络可以划分为若干个由相关保护装置所在的站点及其周围的配电设备、线路区段构成的局部配电网络，称为保护装置局部网络。站点指配电网中由配电线路连接起来的单个配电设备或多个配电设备构成的组合配电设施，包括柱上开关、环网柜、开关站、配电变压器、配电所（室）等；配电线路出口断路器所在的 HV/MV 变电站也被看成一个站点。在实际工程中一个站点由一个保护装置或多个保护装置构成的集成自动化系统所监控。以下假定当一个站点被监控时，只安装一个保护装置。安装保护装置的站点称为保护装置站点。

保护装置网络指配电网中以保护装置站点为节点，忽略保护装置站点之间没有纳入监控范围的站点、分支线路与配电设备所形成的网络。

将配电网的拓扑结构用 CIM 模型来描述，保护装置局部网络的划分方法为：如果保护装置站点一侧只有一个保护装置与其相邻，则选择其与相邻保护装置站点之间的任意一个连接节点（connectivity node）作为两个保护装置局部网络之间的边界；如果保护装置站点一侧有多个保护装置与其相邻，则将其局部网络的边界选为最近的保护装置网络拓扑节点所在的连接节点。

保护装置通过逐级查询的方式自动识别控制域内网络静态拓扑的信息，包括：局部网络静态拓扑信息，指保护装置局部网络内配电设备与线路段的静态连接关系；相邻保护装置信息，包括相邻保护装置的名称、通信地址以及两个保护装置局部网络边界的连接节点。其中，两个保护装置局部网络边界连接节点的信息用于描述相邻保护装置站点相对于当地保护装置的位置关系。

配电网在运行过程中，往往会安装新的保护装置或一次设备，移出现有的保护装置或一次设备，或者变更网络的接线方式。在这种情况下，需要根据变化后的配电网网络拓扑以及保护装置安装情况，更新相关保护装置配置的拓扑查询信息。

新的保护装置加入或保护装置的拓扑查询信息变更后，需要主动向其他终端发出新的保护装置注册或拓扑查询信息变更的消息，以便其他终端更新其所存储的控制域网络静态拓扑信息。

在为保护装置配置了拓扑查询信息后，进行分布式控制决策的保护装置通过逐级查询控制域内其他保护装置，获取所需的静态网络拓扑关系，具体步骤为：

1）首先查询其中一侧的相邻终端，获取其局部网络信息以及下一级（层）相邻终端的名称与通信地址；

2）然后查询所有的下一级相邻终端，获取其局部网络信息以及再下一级相邻终端的名称与通信地址；

3）重复上述步骤，直至查询到控制域边界，例如线路末端开关、变电站母线；

4）完成一侧的所有相邻终端的查询后，再查询其他侧的相邻终端，直至获取控制域内所有保护装置的局部网络拓扑信息，决策终端根据这些局部网络拓扑信息，构建（拼）出控制域网络静态拓扑关系。

（2）下级保护信号的利用方式。根据对下级保护信息的利用情况，分布式电流保护有闭锁型与允许型两种实现方式。

对于辐射式线路，闭锁型分布式电流保护的上级保护在动作时限内接收到下级保护的启动信号后闭锁保护，否则在短路电流持续时间达到动作时限后动作。如图 2－13 所示系统中，主干线路上 k2 点故障时，P1 与 P3 启动，P3 接收不到下级保护 P4 或 P5 的启动信号动作，而 P1 接收到 P3 启动的信号闭锁保护。

从原理上讲，上级保护既可利用所有下游保护的启动信息闭锁，也可只利用相邻的下级保护的启动信息。利用所有下游保护的启动信息，可以避免下级相邻保护失灵时无法判断故障点是否在保护区内的问题，但需要为保护装置配置所有下游保护的名称。简单起见，实际工程中可只利用下级相邻保护的启动信息实现，下级相邻保护的名称在对保护装置进行配置时写入，以图 2－13 所示系统中保护 P1 为例，可以仅利用相邻的下级保护 P2 与 P3 的启动信号作为闭锁信号。

闭锁型分布式电流保护实现起来简单，动作时间比较确定，不足之处是在通信线路与下级保护装置故障时，上级保护会因接收不到闭锁保护而误动。在正常运行时，保护装置应实时监测通信网络以及下级保护是否正常，在发现通信网络或下级保护故障时，自动退出分布闭锁式电流保护功能。

对于辐射式线路，允许型分布式电流保护中的上级保护启动后主动与相邻的下级保护通信，查询下级保护的启动情况，只有在确认下级保护未启动后，才判断为故障在本保护区内，进而发出跳闸命令。下级保护发出的未启动的信号，实际上是允许上级保护动作的信号，因此，称为允许式保护方式。仍以图 2－13 所示的保护系统为例，主干线路上 k2 处故障时，P1、P3 启动，P1 将接收到 P3 的启动信号闭锁。P3 接收到两个相邻的下级保护 P4、P5 都未启动的信号，判断为故障在其保护区内，在短路电流持续时间达到动作时限后动作。

由于是接收到相邻的下级保护未启动的信号后才动作，因此，允许式电流保护不会因通信通道或下一级保护失效误动。考虑到配电网通信网络的故障率较高，从保证保护动作的可靠性考虑，实际工程中，应优先考虑使用允许式保护。

对于带有联络电源的环式线路来说，保护之间的上下游关系会随着供电电源的不同而改变，例如图 2－13 所示配电线路中，假如 QF1 断开，线路由 QF5 右侧电源供电，则保护 P3、P4 就成为 P5 的下级。如果采用上述辐射式线路上分布式电流保护，在供电电源切换时，就需要为保护重新配置下级保护信息。因为线路的运行方式可能经常变化，采用人工方式在当地或通过主站进行配置工作量大，且容易出错。可由主站识别实时线路拓扑结构，并根据拓扑结构的变化自动对保护进行配置，也可由保护装置采用逐级查询的方式，自动识别线路拓扑结构的变化并改变保护的配置。

为避免在环式线路供电电源改变时重新配置保护的上下级关系，除线路出口保护外，上级保护需与两侧相邻的保护通信，闭锁型分布式电流保护的闭锁条件改为接收到双侧相邻保护的启动信号闭锁；而允许型分布式电流保护的动作条件为其中一侧所有的相邻保护均未启动。

以允许型分布式电流保护为例，图 2－14 所示分布式电流保护系统中，假设 QF5 是联络开关，正常运行时处于分位。保护 P1 的动作条件与辐射式线路保护相同，保护 P3、P5 与 P6 动作条件为有一侧的相邻保护均没有启动。主干线路上 k1 处故障，P1 动作过程与辐射式线路相同。k2 处故障，P1 与 P3 启动，P1 接收到相邻保护 P3 的启动信号闭锁，P3 接收到相邻保护 P1 的启动信号，但相邻保护 P4 与 P5 发来的均是保护未启动的信号，因此 P3 动作于跳闸。

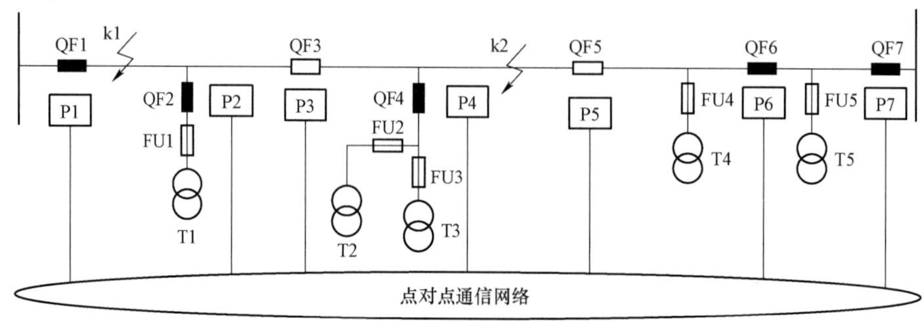

图 2－14　环式线路分布式电流保护系统

■ 闭合的断路器或负荷开关；□ 断开的断路器或负荷开关

当运行方式改变时，如 QF5 处于合位但 QF3 处于分位（如图 2－15 所示）。k1 点故障时，P1 动作过程与前面介绍的情况类似。k2 处故障时，P5、P6、P7 启动，P7 将接收到 P6 的启动信号闭锁，P6 接收到两侧相邻 P5 与 P7 的启动信号也闭锁，P5 接收到右侧的相邻保护 P6 的启动信号，但 P5 左侧的相邻保护 P3 与 P4 发来的均是保护未启动的信号，因此 P5 动作于跳闸。

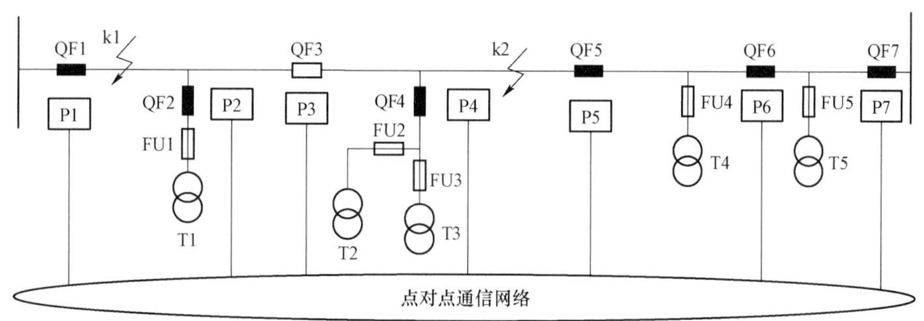

图 2－15　运行方式改变后的环式线路

■ 闭合的断路器或负荷开关；□ 断开的断路器或负荷开关

2.4.2　电流差动保护

1. 电流差动保护基本原理

纵联电流差动保护，简称电流差动保护，利用被保护线路两端电流波形或电流相量之间的特征差异构成保护。

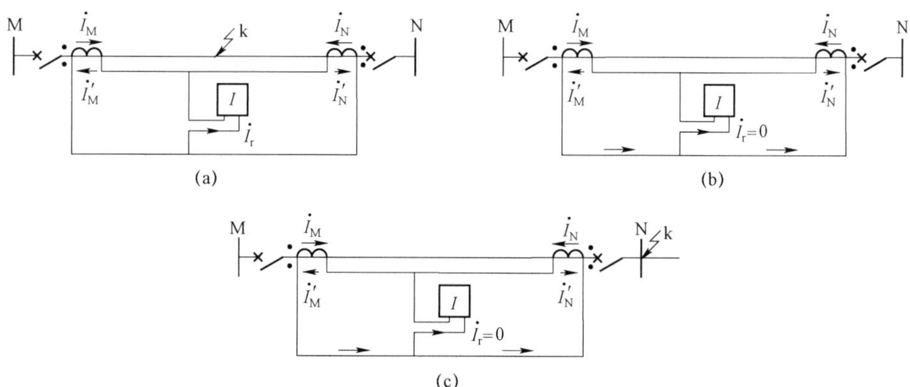

图 2－16　纵联电流差动保护原理示意图

（a）区内故障；（b）正常运行；（c）区外故障

如图 2－16 所示线路，两端的电流互感器通过导引线连接起来，电流差动继电器跨接在回路中间。设线路两端一次侧相电流为 $\dot{I}_{\mathrm{M}}$ 和 $\dot{I}_{\mathrm{N}}$，电流互感器二次侧电流为 $\dot{I}'_{\mathrm{M}}$ 和 $\dot{I}'_{\mathrm{N}}$，装设于线路两端的电流互感器型号相同，变比为 n_{A}，电流的参考方向是由保护安装点指向线路。忽略线路分布式电容电流、负荷电流和分布式电源电流的影响，流入差动继

电器的电流 $\dot{I}_{\mathrm{r}}$ 为

$$\dot{I}_{\mathrm{r}}=\dot{I}'_{\mathrm{M}}+\dot{I}'_{\mathrm{N}}=\frac{1}{n_{\mathrm{A}}}(\dot{I}_{\mathrm{M}}+\dot{I}_{\mathrm{N}}) \tag{2-26}$$

在系统正常运行或被保护线路外部短路时，实际上是同一个电流从线路一端流入，另一端流出，即具有穿越特性特征，流入差动继电器的电流为零，继电器不动作；而在保护范围之内短路时，无论是双侧电源供电还是单侧电源供电，两侧电流相量之和就是流入短路点的总电流，即

$$\dot{I}_{\mathrm{M}}+\dot{I}_{\mathrm{N}}=\dot{I}_{\mathrm{k}} \tag{2-27}$$

而流入差动继电器的电流是归算到二次侧的电流，即

$$\dot{I}_{\mathrm{r}}=\frac{\dot{I}_{\mathrm{k}}}{n_{\mathrm{A}}} \tag{2-28}$$

可见，流过差动继电器的电流在被保护线路内部短路时与系统正常运行以及外部发生短路时相比，具有明显的差异，保护具有绝对的选择性，因此，纵联电流差动保护被称为最理想的保护方式。

实际的电力线路存在分布电容，在配电线路中接有负荷电流和分布式电源，此外还有互感器误差等因素的影响，因此，在线路正常运行或外部短路时，两端电流之和并不为零。纵联电流差动保护的动作判据为

$$|\dot{I}_{\mathrm{r}}|>I_{\mathrm{set}} \tag{2-29}$$

式中：I_{set} 为整定值，其整定原则是躲过正常运行或外部短路时流过差动继电器的最大不平衡电流。

为提高内部故障时保护的灵敏度，通常引入线路两端电流差 $\left|\dot{I}'_{\mathrm{M}}-\dot{I}'_{\mathrm{N}}\right|$ 作为制动电流，保护纵联电流差动保护的动作方程变为

$$\left|\dot{I}'_{\mathrm{M}}+\dot{I}'_{\mathrm{N}}\right|-K\left|\dot{I}'_{\mathrm{M}}-\dot{I}'_{\mathrm{N}}\right|>I_{\mathrm{th}} \tag{2-30}$$

式中：K 为制动系数，在 0～1 之间选择；I_{th} 为动作门槛值。

在正常运行与外部故障时，制动电流幅值是线路上电流的二倍（忽略互感器变换误差），制动作用增强；而在内部短路时，制动电流幅值非常小，制动作用减弱；因此，引入制动电流使得保护在内部故障时更容易动作，而在外部故障时可靠不动作。

纵联电流差动保护需要利用通信通道将一侧的电流信号传送到另一侧进行比较。配电网中使用的纵联电流差动保护通信通道主要有导引线与光纤两种形式。导引线纵联电流差动保护，简称导引线差动保护，是使用导引线作为两端保护通信通道的电流差动保护。导引线按相布置，且使用导引线将继电器动作信号送到线路的另一端，主要用于变压器、发电机和母线的保护。在线路中实际应用的导引线差动保护采用电流综合器将三相电流合成单相电流，减少所需导引线的根数，并且在线路的两端均装设有差动继电器，故不需要传送跳闸脉冲的导引线。随着光纤通信在电力系统的广泛应用，现在生产的纵联电流差动保护一般都使用光纤构成的通信通道，简称光纤差动保护。装设于线路两侧母线处的微机保护装置，将三相电流互感器的二次电流转换为包含幅值和相位信息的相

量，通过光纤通道送到对侧进行比较。与导引线差动保护相比，光纤通道不再传送模拟量信号，因此具有动作灵敏、抗干扰能力强的优点。光纤差动保护比较的是线路两端电流相量之间的差异，因此，要求两端保护装置能够在同一时刻进行采样，即实现采样的同步。具体有检测通道传输延时与接受同步时钟信号两种采样同步方法。

2. 分布式电流差动保护

常规的电流差动保护，需要为每一个线路区段安装一对（两套）保护装置，且使用专用的导引线或通信通道，构成复杂、投资大。而采用分布式电流差动保护，相邻保护装置之间通过交换、处理线路区段两侧的故障电流信息识别故障区段，可以简化保护系统的构成，减少保护成本。

闭式环网中的分布式电流差动保护采用分相电流相量差动方法，其保护判据为非故障区段两侧短路电流幅值相同，相位相反（电流参考方向由断路器指向线路），相量差动电流大于门槛值；而故障区段两侧短路电流相位相同，相量差动电流为零。如图 2－17 所示闭式环网中，设 k 点发生永久故障，各保护装置在检测到短路电流后立即与相邻保护交换短路电流测量信息。QF12 处保护 P11 与 QF21 处保护 P21 检测到的短路电流相量相同，差动电流等于零，判断出故障在 QF12 与 QF21 之间区段上，控制 QF12 与 QF21 跳闸切除故障。其他各区段两侧保护检测到的短路电流相位相反，差动电流大于门槛值判为健全区段，保护不动作。

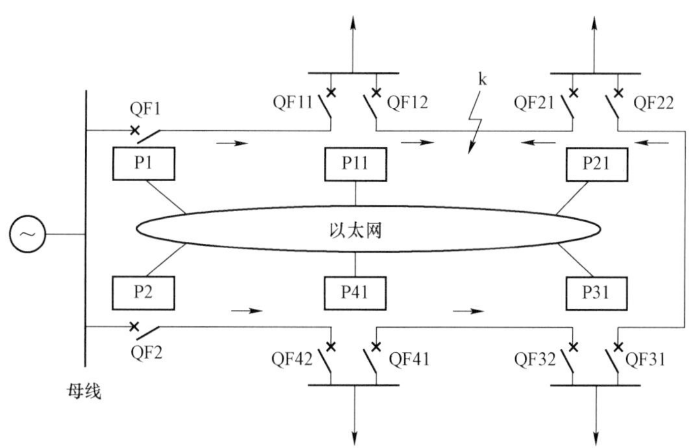

图 2－17　闭式环网广域电流差动保护系统

有源配电网中的分布式电流差动保护需要考虑分布式电源短路电流的影响，在保护区内分布式电源短路电流比较大（大于 1.5 倍的线路额定电流）时，相量电流差动无法可靠的区分保护区内和区外的故障，可以在并网开关处安装端部电流差动保护装置，将较大的分布式电源排除在线路保护区之外，也可以采用端部电流相位比较保护，即通过端部电流的相位判断故障是否在保护区内。

在安装了分布式电流差动保护系统的有源配电网中，有的被保护线路区段只有两个端部断路器，本端断路器处的保护装置将本地测量到的故障电流与对端装置送来的对端故障电流相比较，即可判断是否发生了区内故障；而有的线路区段是以多个断路器为边界的多端线路区段，本端保护装置需要将本地测量到的故障电流与其他所有端部故障电流相比较后，才能判断出故障是否在区内。实际配电网中，为减少投资，可有选择性的在一些关键的分段开关处部署保护装置。对于分支线路和负荷点采用断路器的，可将其作为线路区段的一个端部对待，也可以不纳入差动保护系统中，这种情况下，差动保护需要增加一动作时限（如 0.25s），以与这些断路器保护配合。

对于单电源供电的配电线路来说，不论是故障区段还是非故障区段，都会出现只有一端保护启动或检测到故障电流的情况，无法根据两端或多端故障电流测量结果判断是否发生了区内故障。这种被保护区段只有一端保护启动的情况，属于弱馈问题。弱馈问题的解决方案是保护已启动一端的保护装置与线路出口保护装置通信，获取线路出口断路器（电源开关）处故障电流相量测量结果，将该端故障电流的相位与出口故障电流相比较，判断本区段是否为故障区段。

分布式电流差动保护通过以太网而不是专用通道交换信息。而所有的保护装置同时使用一个以太网交换保护信息而且还要同时传输实时监控信息，因此人们会担心保护信息的传输速度与可靠性没有保证，进而影响保护性能。理论分析与实际测试结果表明，采用专门的技术措施，保护装置能够通过以太网在 10ms 以内将保护信息传输到目的装置，保证保护在 100ms 内可靠动作。分布式电流差动保护测量短路电流相量（幅值与相位）需要解决测量（采样）同步问题。简单起见，一般是利用故障信号实现短路电流相量测量的同步。

3. 配电网电流差动保护的配置与整定

采用相量电流差动保护时，为防止电流相量差动保护在区外故障时误动，差动电流动作定值应按躲过保护区内分布式电源提供的最大短路电流整定。

一般来说，在配电线路故障时，系统短路电流大于 3 倍的线路额定电流，如果保护区内分布式电源短路电流小于 1.5 倍的线路额定电流（在线路上仅接入逆变器类分布式电源时，这一条件总是满足的），按照上述整定原则，电流相量差动保护能够可靠地区分区内外故障。

考虑极端情况，保护区内分布式电源是旋转发电机而且容量接近线路额定容量，这样在外部故障时差动电流可能达到线路额定电流的 8 倍。而保护区距离变电站比较远时，区内故障时系统提供的短路电流比较小，可能只有线路额定电流的 3 倍，并且保护区下游没有接入分布式电源或分布式电源的容量很小。这样，就会出现区外故障时差动电流反而大于区内故障时的情况，无法根据差动电流的幅值判断故障是否在保护区内。

采用相位比较式差动保护时，保护装置在检测到相电流超过门槛值时启动，启动电流门槛值按躲过最大负荷电流整定，简单起见，可选为 1.5 倍的线路额定电流。

4. 电流差动保护关键技术

（1）利用故障信号的电流相量测量同步方法。数字式电流差动保护要求两侧保护装置之间同步测量故障电流相量。由于分布式电流差动保护装置之间通过以太网交换信息，数据传输时间存在不确定性，采用常规的差动保护测量通道传输延迟的同步方法难以保证时间同步精度。采用接收全球定位系统（如 GPS、北斗系统）授时信号的同步时钟（或模块）给保护装置对时则存在增加成本与安装空间问题，且在授时系统故障时会因失去同步信号造成保护功能不正常。

配电线路距离很短，可以忽略故障电流传播时间，认为线路上所有保护装置同时感受到故障电流，以保护装置检测到故障电流出现的时刻作为相量测量的时间参考点，即可实现两侧保护装置相量测量的同步。这种同步方法不需要增加硬件，具有易于实施、可靠性高的优点。

故障电流出现时刻的检测，可以通过判断电流突变量是否超过门槛值来实现。

电流（相电流）突变量的计算公式为

$$\Delta i = i - i(t-T) \tag{2-31}$$

式中：i 为当前电流瞬时值；T 是工频周期；$i(t-T)$ 是一个周期前电流瞬时值。

在正常运行时，负荷电流幅值恒定或变化缓慢，前后两个周期的值基本相等，突变量接近为零。而当故障电流出现时，对于故障后第一个周期内的瞬时值来说，前一个周期的瞬时值是负荷电流瞬时值，因而式（2－31）计算出的突变量是短路电流中的故障分量瞬时值。

故障电流出现时刻检测的判据为电流故障分量绝对值 $|\Delta i|$ 大于或等于门槛值 ε，即

$$\left|\Delta I_{\mathrm{m}} \sin(\omega t + \varphi) - \Delta I_{\mathrm{m}} \sin\varphi \mathrm{e}^{-\frac{t}{\tau}}\right| \geqslant \varepsilon \tag{2-32}$$

式中：ΔI_{m} 为电流故障分量中周期分量的幅值；φ 为电流故障分量中周期分量故障时刻初相角；τ 为故障回路的衰减时间常数。假设 $t=0$ 时发生故障，在 t_{d} 时刻电流故障分量绝对值 $|\Delta i|$ 等于门槛值 ε，则 t_{d} 就是故障时刻检测误差。可见，t_{d} 大小与故障电流幅值、故障初始相角、故障回路时间常数以及门槛值的大小有关。

配电网故障回路的衰减时间常数 τ 一般在 10ms 左右；门槛值设为额定电流的 10%，即 $\rho=10\%$；考虑较不利的情况，故障电流幅值是额定电流的 2 倍，则故障时刻检测误差 t_{d} 与故障初始相角 φ 的关系如图 2－18 所示。可见，当 $\varphi=0$ 时，t_{d} 最大，达 6.6ms（17 个采样点）；而当 $\varphi=\pm 90^{\circ}$ 时，t_{d} 最小，为 0.39ms（1 个采样点）。

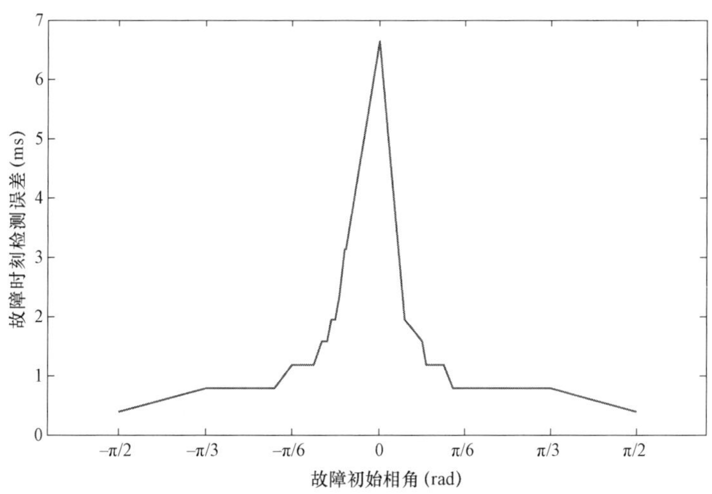

图 2－18　故障时刻检测误差与故障初始相角的关系

由此得出，对于频率为50Hz的交流电力系统来说，每1ms引起的相位测量误差为18°。根据上面的分析，故障电流时刻检测最大误差为6.6ms，故障电流相位测量最大误差为118.8°，显然比较大。实际配电网中，故障电流的幅值一般不小于额定电流的4倍，而且绝大部分（90%以上）故障的初始相角大于30°，故障时刻的检测误差要远小于上面的最大误差。

设配电网发生故障时，线路区段M、N两侧的故障电流相量为$\dot{I}_M$与$\dot{I}_N$，考虑故障时刻检测误差后，线路区段两侧保护计算出的故障电流相量分别为

$$\begin{cases}\dot{I}_M = I_M e^{j(\varphi+\alpha_M)} \\ \dot{I}_N = I_N e^{j(\varphi+\alpha_N)}\end{cases} \tag{2-33}$$

式中：α_M与α_N分别为线路区段两侧保护故障时刻检测误差引起的相量相位测量误差。可见，电流相量差动值大小取决于两侧相位测量误差α_M与α_N的差值。实际系统中，检测到故障电流的时刻总是滞后于实际故障发生时刻，α_M与α_N都是正值。因为非故障区段的两端位于故障点的同一侧，两端故障电流的幅值差别不会太大，电流相位检测误差α_M与α_N接近，由此引起的差动电流的计算误差也比较小，不会导致保护误动。对于故障区段来说，两端故障电流幅值差别很大，差动电流计算误差不会对差动电流结果产生太大影响，不会造成保护拒动。

（2）实时测控数据快速传输技术。保护装置具有分布式控制功能，需要解决实时测控数据在保护装置间的快速传输问题。在采用IEC 61850标准的数字化变电站中，开关状态、闭锁信号和跳闸命令等实时快速报文信息采用面向通用对象的变电站事件（generic object oriented substation event，GOOSE）传输机制，要求传输延时不大于4ms，以满足输变电系统保护快速动作（动作时间几毫秒到数十毫秒之间）的要求。配电网保护控制应用对响应速度的要求相对要低，一般不小于100ms。即便对动作速度要求比较高的电流Ⅰ段（瞬时速断）保护，也要人为地引入40ms以上的动作延时，以躲过避雷器放电电流的影响，保护的实际动作时间大于60ms。因此，如果相关站点保护装置之间实时测控数据的传输延时不大于10ms，就能够满足配电网分布式控制应用的要求。

在数字化变电站中，一般使用专用光纤局部网，采用GOOSE over MAC，即不经过网络层与传输层，将GOOSE报文编码后直接映射到MAC（媒体访问控制子层）的传输方式。这种传输方式的优点是速度快，传输延时小于4ms，但是其配置是基于MAC地址的，实施过程较复杂，且报文仅能在局部网中传输，不能跨过路由器。

在配电网自动化系统或广域测控系统里，为减少投资、提高通信系统的利用率，实时控制数据是和其他运行监控数据（如“三遥”数据）一起在通信介质中混合传输，而且还可能跨过路由器在不同的局域网间传输，适合采用GOOSE机制传输实时报文（简称GOOSE over UDP）的传输方式，即采用UDP协议（用户数据报协议）传输GOOSE报文。UDP是TCP/IP协议栈中的无连接的传输层协议，由于不需要建立连接，因而具有资源消耗小、处理速度快的优点。根据服务等级（class of service，CoS）和区分服务（type of service，ToS）分别设置报文在MAC层与IP层传输的优先级，将GOOSE报文设置为高优先级，可使GOOSE报文优先通过交换机和路由器，保证实时控制数据的快

速传输。

UDP 协议不提供可靠的传输服务，需要采用 GOOSE 重发机制来保证报文传输的可靠性。如果重发报文次数过多，就会造成网络通信负荷过重，采用与数字化变电站类似的做法，通过报文重发和重发时间间隔逐渐增大的机制来避免这一问题。

为了保证配电网分布式控制快速报文在数据混合传输网络中的快速可靠传输，可利用支持虚拟局部网（virtual local area network，VLAN）优先级的交换机，在 MAC 层 VLAN 的优先级字段与 IP 层 ToS 字段将 GOOSE 报文设为高优先级。

支持 VLAN 优先级的交换机的 MAC 报文帧的格式见表 2－3，其中 VLAN 中的标记字段中有 3 位用来设置报文的优先级。IP 数据包的格式见表 2－4，其中有 8 位的“区分服务”（TS）字段，用于设置 IP 数据包传输的优先级，这个值通常由上层应用程序指定。目前，由于实施起来比较复杂以及出于为不同用户提供公平服务的考虑，ToS 在实际互联网中很少投入使用。根据智能配电网应用的特点，将映射到 UDP 协议的 GOOSE 报文设为高优先级，其他采用 TCP 协议传输的报文设为低优先级，能够保证对实时性要求高的报文优先传输。

表 2－3　　MAC 报文帧的格式

目的 MAC 地址	源 MAC 地址	VLAN 中的标记	类型	数据	帧校验序列
6 字节	6 字节	4 字节	2 字节	46～1500 字节	4 字节

表 2－4　　IP 数据包的格式

版本	首部长度	区分服务	总长度	标示	标志	片偏移	生存时间	协议	首部校验和	源地址	目的地址	可选字段	填充	数据部分
4 位	4 位	8 位	16 位	16 位	3 位	13 位	8 位	8 位	16 位	32 位	32 位	—	—	—

GOOSE 报文的传输需解决信息安全问题。IEC 61850 90－5《IEC 61850 在同步相量传输中的应用》也是采用 GOOSE over UDP 的方式传输实时同步相量测量数据，其中提出了基于 IEC 62351 的 GOOSE over UDP 信息安全解决方案，适合在现场智能电子设备（IED）中实现，也可以用于解决智能配电网应用中 GOOSE 报文传输的安全问题。

实时测控数据传输的通信介质可以采用光纤和无线通信，传统的无线通信由于通信延时较大，无法满足纵联保护测控数据的实时性，近年来，以 5G 为代表的最新一代的无线通信技术快速发展，为配电网纵联保护技术的应用提供了新的发展思路。5G 网络提供的超可靠低时延业务（ultra-reliable and low-latency communication，URLLC）具有高带宽、低时延等优点，再借助新型软件算法消除传输时延和抖动的影响，为配电网的双端以及多端差动保护的有效应用提供了基础。

2.4.3　纵联方向保护

1. 纵联方向保护基本原理

纵联方向比较保护（简称纵联方向保护）利用被保护线路在内部与外部短路时两端

短路电流方向（功率方向）之间关系的不同构成保护。在被保护线路内部故障时，两端保护装置测量到的短路电流方向相同；而在外部故障时，两端保护装置测量到的短路电流方向相反。据此，可以判断故障是否在被保护线路上。

在线路上发生相间短路故障时，纵联方向保护利用被保护线路两端相间短路功率的方向，判断故障是否在保护区内。在中性点直接接地或采用小电阻接地方式的配电网中，则利用的是被保护线路两端零序电流的方向，以提高接地故障保护的灵敏度。

为克服负荷电流的影响，纵联方向保护一般是在检测到相电流或零序电流超过门槛值时启动，相电流与零序电流启动门槛值的整定方法分别与定时限过电流保护与定时限零序过电流保护相同。

纵联方向保护只需将本侧的电流方向传至对侧，两端保护装置的采样不需要同步，保护的构成比较简单。由于是以电流方向作为保护信息，需要测量三相电压，而为了节省投资、减少设备占用的空间，配电线路开关只是配备一个相间电压互感器，不具备测量三相电压的条件，因此，配电网纵联方向保护的应用受到限制。

配电线路一般采用单电源放射性供电的运行方式，虽然线路上接有分布式电源，但是分布式电源提供的短路电流比较小，不足以使短路点下游保护装置可靠地启动。因此，纵联方向保护用于配电网存在弱馈问题。解决问题的办法：当保护装置确认对端保护装置因短路电流小没有启动时，判断为短路点在被保护线路上，在跳开本地断路器的同时向对端保护装置发出远方跳闸命令。

由于不需要借助通道实现采样同步，纵联方向保护对通信通道的要求相对较低，除采用与纵联差动保护类似的导引线、点对点光纤通道外，还可使用无线通道、以太网等。

纵联方向保护可以克服分布式电源短路电流的影响，解决有源配电网的保护问题。为减少投资，可采用分布式方向比较保护，其构成与分布式电流差动保护系统类似，区别在于保护装置测量端部故障电流的方向。纵联方向保护工作原理简单、明确，可靠性高，不足之处是需要安装电压测量装置，以测量故障电流的方向。

2. 配电网纵联方向保护启动处理

对于具有两个端部的保护区来说，保护的启动以及测量到的故障线路方向有以下几种情况：

（1）保护都不启动。这种情况出现在单电源供电线路中，故障点在保护区上游，保护区内以及下游分布式电源提供的短路电流很小。

（2）只有一端保护启动。这种情况出现在单电源供电线路中。区内故障时保护区下游分布式电源提供的短路电流小，故障点下游一端保护没有启动。当故障点在保护区上游时，远离故障点的一端流过的是保护区下游分布式电源提供的短路电流，而靠近故障点的一端流过的是区内以及保护区下游分布式电源提供的短路电流之和，如果保护区下游分布式电源的短路电流小于保护启动门槛值，但与区内分布式电源短路电流之和大于保护启动门槛值，也会出现只有靠近故障点一端保护启动的情况。

（3）两端保护都启动，区内故障时两端电流方向相同，区外故障时两端电流方向相反。双电源供电线路中，区内故障时，系统短路电流从两个端部流向故障点，两端保护都启动，测量到的故障电流方向相同；区外故障时，一侧系统的短路电流流过保护区，两端保护都启动，测量到的故障电流方向相反。在单电源供电线路中，如果故障点在保护区下游，短路电流流过保护区，两端保护都会启动，测量到的短路电流方向相反；如果故障点在保护区上游，保护区下游分布式电源提供的短路电流比较大，两端的保护都会启动，分布式电源短路电流通过两个端部流向故障点，两端保护测量到的故障电流方向相反；在保护区内发生故障时，如果保护下游分布式电源提供的短路电流比较大，两端保护都会启动，分布式电源短路电流经过下游端部流向故障点，两端测量到的短路电流方向相反。

如果被保护线路区段拥有多个端部保护，则也会出现端部保护都不启动、只有一端保护启动以及有两个或两个以上的保护启动的情况。如果有两个或两个以上的保护启动，区内故障时，启动的保护测量到的短路电流方向相同，都是由保护安装处指向线路；区外故障时，至少有一对保护测量到的短路电流方向相反。

两端或多端线路区段的保护只有一端启动时，无法根据保护测量到的短路电流方向判断故障是否在区内。对于单电源供电线路中末级开关处的保护来说，也无法判断故障是否在其下游保护区内。

根据上面的分析，得到纵联方向保护的判据为：

（1）被保护区段有两端或两端以上的保护启动时，如果有一对端部保护测量到的短路电流方向相反，则判为故障在区外；如果启动的保护测量到的短路电流方向相同，则判为故障在区内。

（2）被保护区段只有一端保护启动时，将保护测量到的短路电流方向与出口断路器保护测到的短路电流方向比较，如果方向相同，判为故障在区内，否则判为区外。

2.5　重合闸与备自投技术

配电网直接面向用户，承担着从输电网接受电力向各级用户供给和配送电能的重要任务，对供电可靠性有巨大影响。配电网故障率高，瞬时性故障占绝大多数，配电网重合闸的应用可以极大地减少用户停电。根据配电网接线方式和负荷情况配置相应的备自投方案，可以保障电网经济、安全运行，提高供电可靠性。

2.5.1　重合闸技术

1. 自动重合闸作用

在架空配电线路的故障中，由于雷击引起的绝缘子表面闪络、大风引起的线路对树枝放电和碰线、鸟害等瞬时性故障占故障总数的比例很大，当故障线路被断开后，故障点的绝缘强度会自动恢复，故障将自动消除，这时若能将断路器自动重合就可以重新恢复供电。电缆线路中瞬时性故障相对要少一些，但仍然有一定的比例。此外，由于配电线路相对较短，采用三段式电流保护时无法实现定值的完全配合，容易出现上级开关越级跳闸的情况，此时通过自动重合也可以减少停电范围。因此，配电网装设自动重合闸装置可极大地提高其供电可靠性，减少停电损失。

配电线路装设自动重合闸装置后，主要有以下作用：

（1）提高供电可靠性，减少线路停电次数，对于单侧电源的单回路尤为显著。为保证重合成功，在断路器跳闸后，经 1s 左右的延时后再进行重合，以使故障点充分熄弧，绝缘恢复到正常状态，确保重合成功。根据运行资料的统计，60%～90%的线路故障能够重合成功。

（2）纠正配电线路开关误跳闸，恢复线路正常供电。配电线路各种开关结构差异大，设备数量多，运维能力相对不足，存在断路器本身由于操动机构不良或继电保护误动作而引起的误跳闸，通过自动重合闸能够起到纠正作用。

（3）在保护无法实现选择性时，恢复越级跳闸区段。对于电流保护定值配合困难出现的上级开关越级跳闸的情况，实现上游越级跳闸线路区段的恢复供电，减少停电范围。

（4）与线路上分段开关配合，实现就地控制方式的馈线自动化，完成故障区段的自动隔离。

2. 自动重合闸工作原理

自动重合闸是当断路器因故障跳闸后，根据需要再次使断路器自动投入。其工作原理是当线路上发生故障时，首先由继电保护装置将断路器断开，然后启动自动重合闸，经过预定的延时后发出合闸命令，断路器重新合闸。若故障为瞬时性的，则合闸成功，线路恢复供电；若故障为永久性的，则继电保护再次将断路器跳开，自动重合闸不再动作。

自动重合闸装置的工作模式可以分为单相重合闸和三相重合闸，35kV 及以下供电线路大都采用三相重合闸装置。线路正常运行时，自动重合闸应投入。当断路器因继电保护装置动作跳闸时，自动重合闸应动作；当运行人员手动分闸或遥控分闸时，重合闸不应动作；当运行人员手动合闸于故障、随即由保护装置将断路器断开时，重合闸也不应动作。重合闸的动作次数应符合预先的规定（如一次重合闸只应动作一次）。重合闸的动作时限应能整定，应大于故障点灭弧并使周围介质恢复绝缘强度所需时间和断路器及操动机构恢复原状、准备好再次动作的时间，宜大于 0.5s，通常设定为 1～3s。自动重合闸动作后，应能自动复归，为下一次动作做好准备。

自动重合闸应能和保护装置配合，使保护装置在自动重合闸前加速动作或在自动重合闸后加速动作。

（1）重合闸前加速保护方式。在重合闸前加速保护方式中，自动重合闸装置（auto-reclosure device，ARD）仅装在最靠近电源的一段线路上，如图 2－19 所示，设线路 l_1、l_2、l_3 上均装设有定时限过电流保护，其动作时限按阶梯原则配合。无论哪段线路上发生故障，均由最接近电源端的线路保护装置 P1 无延时无选择地切除故障，然后 P1

图 2－19　重合闸前加速保护

自动重合闸将断路器重合一次。若属于瞬时性故障，则重合成功；若属于永久性故障，则再次由线路上各段的保护装置有选择地切除故障，同时自动重合闸闭锁。

前加速保护方式只需要一套自动重合闸装置，简单经济，动作迅速，能够避免瞬时性故障发展为永久性故障。但是，若故障是永久性的，会对系统造成二次冲击，再次切除故障的时间也会延长。前加速保护方式主要用于 35kV 及以下的由主变电站引出的直配线路。

（2）重合闸后加速保护方式。在重合闸后加速保护方式中，线路的每一段保护都配置有三相一次自动重合闸装置，如图 2－20 所示。当某段被保护线路发生故障时，首先由保护装置有选择地将故障线路切除，随即相应的重合闸装置自动重合一次。若属于瞬时性故障，则重合成功；若属于永久性故障，则保护装置加速动作，无时限地再次断开断路器，同时自动重合闸闭锁。

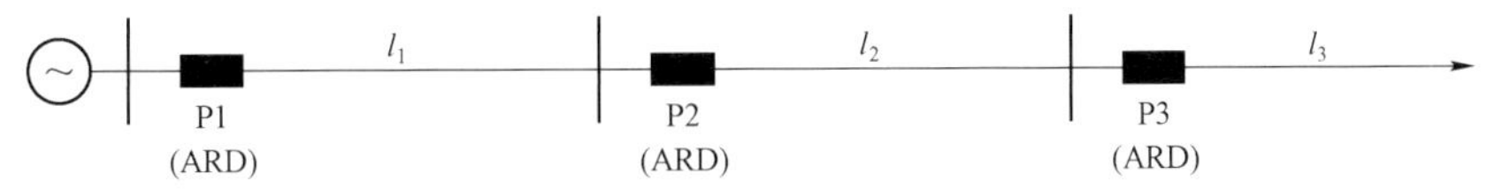

图 2－20　重合闸后加速保护

3. 脉冲重合闸技术

常规的重合闸当重合到永久故障上时，系统会产生比较大的短路电流，对配电网造成再一次的冲击。重合闸引起的电压暂降，给母线上敏感负荷也会带来不良影响。脉冲重合闸技术可以较好地解决这一问题。

常规的重合闸可能在任意的电压相角合闸。当在电压过零时合闸，短路电流中的非周期分量最大，短路电流的最大值可能达到稳态短路电流有效值的 2.6 倍（假设线路感抗 X 与电阻 R 比为 17）；而在电压峰值时合闸，短路电流的最大值只有稳态短路电流有效值的 1.4 倍。脉冲重合闸技术采用特殊设计的开关，可以控制其合闸相角，保证在电压接近峰值时重新给故障线路充电，因此可以显著地减少短路电流幅值，减轻对系统的冲击。脉冲重合闸的另一项关键技术是快速检测故障并在电流第一次过零时切除故障，将短路电流的持续时间控制在半个周波内，基本上消除了短路电流的危害。

图 2－21 给出了采用脉冲重合闸时短路电流与电源电压（假设电源电压不受影响）

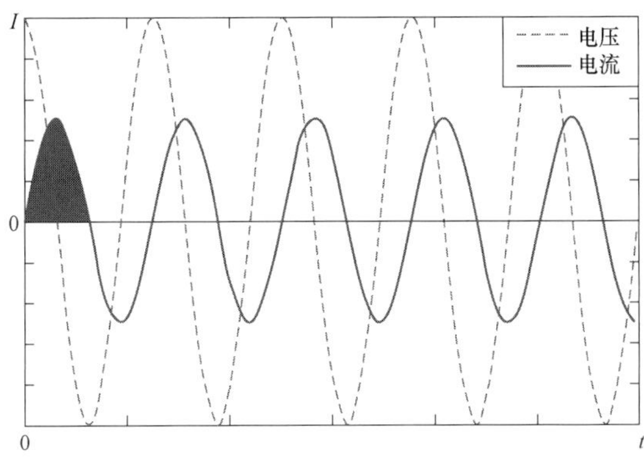

图 2－21　脉冲重合闸电压与短路电流波形图

波形。断路器在电压峰值时合闸，在短路电流第一次过零时跳开。图中电流波形中的阴影部分是重合到故障上时产生的短路电流，仅是一个宽度约半个周期的单向脉冲，因此将这种技术称为脉冲重合闸技术。

图 2－22 给出了常规的重合闸与脉冲重合闸产生的短路电流的对比情况。可见常规重合闸的短路电流幅值大且持续时间长，而脉冲重合闸的短路电流幅值小，持续时间不到半个周波。

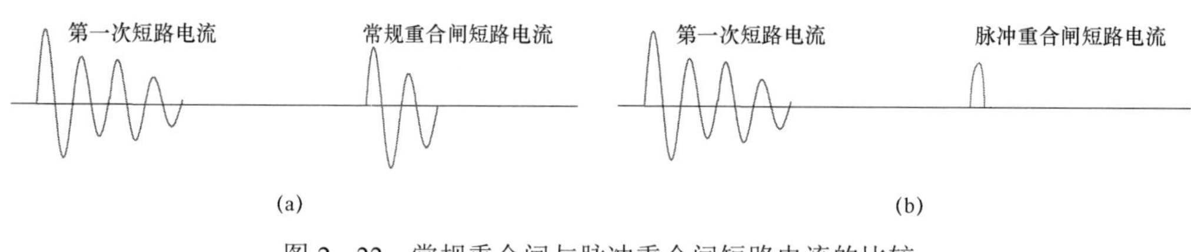

图 2－22　常规重合闸与脉冲重合闸短路电流的比较

（a）常规重合闸短路电流；（b）脉冲重合闸短路电流

4. 分布式电源对自动重合闸的影响与对策

在常规的无源架空配电线路或架空与电缆混合线路中，如果故障性质是瞬时性的，当变电站的断路器动作跳闸后，就没有电源继续对故障点供电，在等待一段时间后，故障电弧熄灭，断路器重合闸恢复对线路的供电。而在有源配电网中，断路器跳闸后，分布式电源可能继续给故障点供电，将影响故障电弧的熄灭，降低重合闸的成功率，如果重合闸时，分布式电源仍然没有脱离，将可能因不同期合闸，在分布式电源中产生冲击电流，给其带来危害。

为了避免上述情况，分布式电源需要通过外部故障保护或防孤岛保护实现配电网发生故障时分布式电源的脱网。由于逆变器类分布式电源提供的短路电流较小，分布式电源外部故障保护无法可靠动作，大部分场景均需要通过防孤岛保护实现分布式电源脱网。为了确保重合闸时防孤岛保护已成功动作，一种措施是加装反应线路电压的电压元件，在线路带电时闭锁重合闸，即检无压重合闸，但是该方法不适用于变电站出线等无法获取线路侧电压的场合；另一个措施是通过重合闸与反孤岛保护的动作时限配合，例如重合闸时限比反孤岛保护的动作时间大一个时间级差（如 0.5s）。

GB/T 33593—2017《分布式电源并网技术要求》对分布式电源在电网电压异常时的响应特性作出了明确要求：

（1）当 $U \leqslant 0.5$（标幺值）时，$t \leqslant 0.2$s。

（2）当 0.5（标幺值）$< U \leqslant 0.85$（标幺值）时，$t \leqslant 2.0$s。

（3）当电网失压时，防孤岛保护动作时间 $t \leqslant 2.0$s，且要求其与重合闸或自动装置动作时间相配合。

其中，U 为当前电网电压；t 为分布式电源脱网时间。

随着分布式电源的大量接入，在电网发生系统扰动而导致电压和频率变化时，上述孤岛保护配置可能造成分布式电源脱网，对电网系统带来新的冲击，甚至影响电网的稳定运行。因此，防孤岛保护一般还要求具备低压或低频的穿越能力。GB/T 33593—2017

《分布式电源并网技术要求》建议的分布式电源低电压穿越特性曲线如图 2－23 所示，当并网点电压在图中轮廓线以上时 DG 应不脱网，否则 DG 可以切出。从图 2－23 中可以看出，只要电压持续低于 0.85（标幺值）超出 1.8s 时，DG 就可以切出。

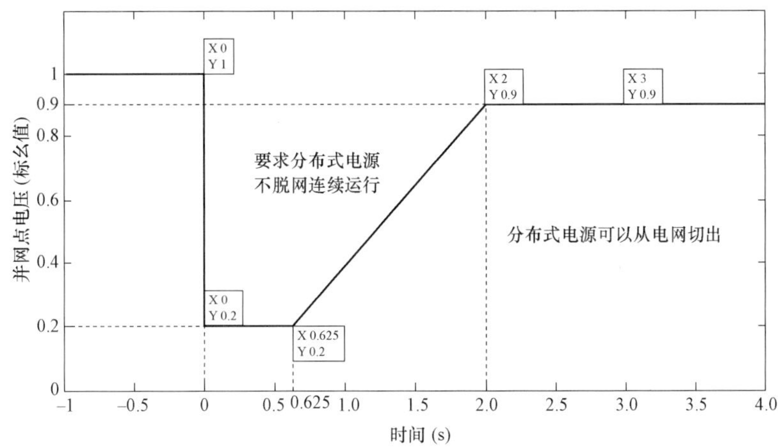

图 2－23 分布式电源低电压穿越特性的要求

此外，IEEE 1547—2018《IEEE Standard for Interconnecting Distributed Resources with Electric Power Systems》中，对防孤岛保护的动作时间给出了更宽的要求，以实现电网电压、频率扰动时的分布式电源的穿越能力，其中电压保护动作时限最长达 1000s，频率保护除在低于 57Hz 或大于 62Hz（额定频率为 60Hz 的系统）时瞬时动作外，动作时限不小于 300s。

从国内外标准来看，在高比例分布式电源接入的配电网中，孤岛保护必须考虑系统扰动的穿越要求，倘若重合闸仍通过动作时限与防孤岛保护配合，会由于重合闸时间过长而造成供电可靠性的下降。对于该要求，可以采用检无压重合闸解决防孤岛保护穿越能力与供电可靠性的矛盾。对于无法检测线路侧电压的场景，可以采用新型防孤岛保护，如频率变化率保护或主动式防孤岛保护，减少防孤岛保护动作时间，尽量降低对供电可靠性的影响。

2.5.2 备自投技术

1. 备自投工作原理与接线方式

备用电源自动投入装置简称备自投（APD、BZT），在双电源供电系统中，当一路电源因故失压时，备自投能够自动、迅速、准确地把用电负荷切换到备用电源上，保障用户供电不间断，显著提高供电可靠性。

通常，备用电源的接线方式分为明备用接线方式和暗备用接线方式两种，这影响到备自投的配置，如图 2－24 所示。

在明备用方式下，一路是工作电源，另一路是备用电源，只有在工作电源发生故障时备用电源才投入工作。在图 2－24（a）所示的明备用方式中，备自投装设在备用电源进线断路器 QF2 处，正常情况下由工作电源供电，备用电源因断路器 QF2 断开而处于备用状态。当工作电源故障时，备自投动作，断路器 QF1 断开、断路器 QF2 自动闭合，备用电源投入工作。

在暗备用方式下，正常时两路电源都投入工作，互为备用，当一路电源故障时将其原带负荷转移到另一路电源之下。如图 2－24（b）所示，备自投装设在母联断路器 QF3 处，正常情况下母联断路器处于开断位置，两路电源分别向两段母线上的负荷供电，两路电源通过断路器 QF3 互为备用。若Ⅰ段母线因电源 A 故障而失压，则备自投动作，断路器 QF1 断开、断路器 QF3 自动闭合，此时Ⅰ段母线上的负荷改由电源 B 供电。

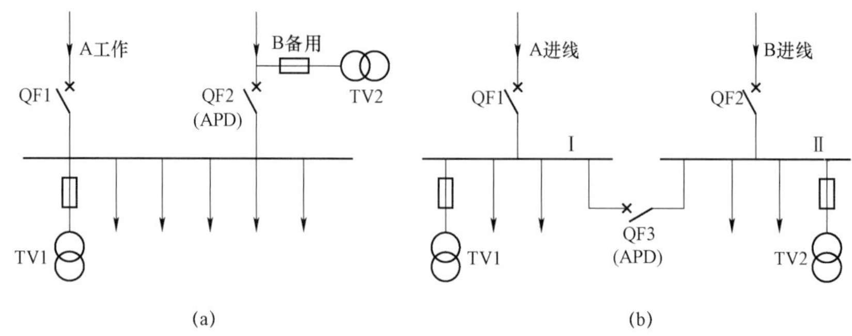

图 2－24　备用电源接线方式与 APD 配置

（a）明备用；（b）暗备用

2. 备自投基本原则

备用电源自动投入装置应遵守以下基本原则：

（1）当工作电源失压时，备自投应将此路电源切除，随即将备用电源投入，以保证不间断地向用户供电。

（2）若因负荷侧故障，导致工作电源被继电保护装置切除，备自投不应动作；备用电源无电时，备自投也不应动作。

（3）工作电源的正常停电操作时备自投不能动作，以防止备用电源投入。

（4）电压互感器的熔丝熔断或其刀开关拉开时，备自投不应误动作。

（5）备自投只应动作一次，以避免将备用电源合闸于永久性故障。

（6）备自投的动作时间应尽量缩短。在采用快速开关的情况下，10kV 备用电源自动投入时间已经可以小于 20ms。

对于具有两条及两条以上供电途径的用户，在主供电源因故障而失去供电能力时，备用电源自动投入控制可以快速切换从而迅速恢复多供电途径用户供电。因此，为对供电可靠性有极高要求的用户或供电区域规划多供电途径和相应的网架结构（如双射网、对射网、双环网等）并配置备用电源自动投入控制是一种行之有效的策略。

3. 开关站母联断路器备自投配置与整定

备自投装置的动作判据为当检测到一侧母线失压且超过整定的时限后动作。备自投装置动作时限主要为了躲过进线故障时上级变电站线路出口断路器重合闸（在配置了重合闸时）的时间以及上级变电站备自投动作时限，比二者中的最大值大一个时间级差。

如果进线的上级断路器不采用重合闸，开关站备自投装置动作时限按躲过上级变电站备自投装置动作时限整定，如上级备自投装置动作时限为 7s，则开关站备自投装置动作时限设为 8s。中国配电网一般采用一次重合闸且动作时限在 1s 左右，因此，按照与上级变电站备自投装置配合的原则整定开关站备自投装置动作时限，也满足与上级重合闸配合的要求。如果采用两次重合闸，第二次重合闸动作时限可能大于上级备自投装置动作时限，开关站备自投装置动作时限应在最后一次重合闸时间（近似等于两次重合闸动作时限之和）的基础上增加 1s。

为防止重合到母线故障上，母联断路器需要配置电流速断保护，其电流定值要考虑躲过母线恢复供电时产生的冷启动电流与励磁涌流，一般可设为母线上最大负荷电流的 6 倍。

如果开关站采用微机化保护，可通过开关站出线与进线是否有故障电流流过，判断是否存在母线故障。如果检测出母线故障，则闭锁备自投装置，防止重合到故障母线上。如图 2－25 所示开关站，所有出线采用分布式的微机保护，母联断路器 QF 的备自投装置接收出线保护的动作信号以及进线监控装置过电流检测结果。在左侧母线发生故障时，L2、L3、L4、L5 的保护不动作，备自投装置只接收到进线 L1 的监控装置的过电流的信息，因此判定故障在母线上，闭锁备自投装置。

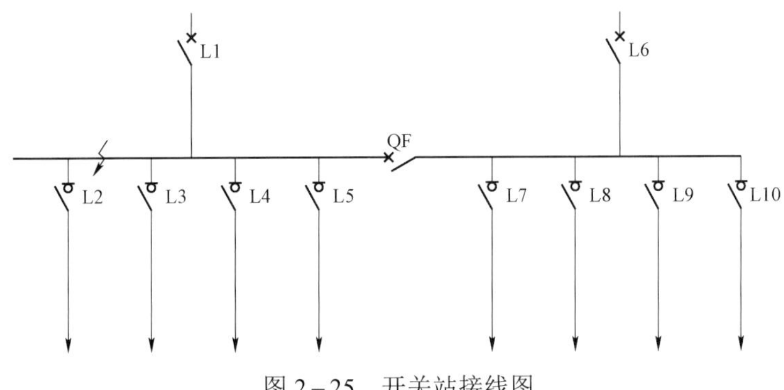

图 2－25　开关站接线图

随着微处理器处理能力的日益强大，国内外均开始研究使用一个集中式的智能装置，实现整个变电站的保护监控功能。由于保护监控功能相对简单，这种集中式保护装置特别适用于开关站与配电所。对于集中式智能装置来说，由于在一台装置里完成信号采集与处理功能，实现母线故障的检测以及备自投装置的闭锁功能就更为方便了。

开关站进线故障，备自投装置成功，故障进线侧母线上用户会遭受 6s 左右的短时停电。开关站出线故障，如果采用配电自动化措施隔离故障线路，该母线上所有用户遭受约 1min 的短时停电。

2.6　分布式电源并网保护

分布式电源并网运行时，需要在分布式电源并网开关以及当地用户系统的总进线开关配置保护。保护应能够反应开关上游公共电网系统发生的故障，防止短路电流损坏分布式电源。同时，也能够反应用户系统或分布式电源内部发生的故障，及时就近切除故障元件，避免上级保护动作使停电范围扩大。在分布式电源或含分布式电源的用户系统失去与大电网的连接而形成非计划孤岛时，应该能够准确检测孤岛运行状态并具备反（防）孤岛保护，断开分布式电源与配电网的连接，消除孤岛运行的危害。

2.6.1 分布式电源相间短路保护

1. 分布式电源并网点保护

分布式电源的并网点一般配置并网开关，在并网开关处需要配置反应开关上游（电网系统侧）故障和开关下游（分布式电源侧）故障的保护，防止短路故障损坏分布式电源。分布式电源保护的配置根据其容量以及分布式电源的类型确定。

发电机容量小于 1MW 的小型分布式发电机一般配置方向电流保护或反时限电流保护。容量较大的发电机除了电流保护以外，还会配置相电流差动保护作为发电机内部故障的主保护。容量大于 5MW 的发电机还可以配置负序电流保护以提高相间保护的灵敏度。

对于开关上游的短路故障，阶段式方向电流保护一般只配置Ⅲ段保护。电流定值按发电机额定电流的 1.2～1.5 倍整定，动作时限比上一级保护的相邻保护增加一个时间级差，以防止在上一级保护区外发生故障时误动。同时，为了使发电机在所接入的线路上发生故障时能够在上一级断路器重合闸之前断开与电网的连接，以防止重合闸对分布式电源的冲击，动作时限要小于上一级断路器的重合闸动作时限。当两个条件无法实现配合时，可适当提高Ⅲ段保护的电流定值，改善发电机保护与上级保护的配合。如图 2－26 所示，发电机 DER1 与 DER3 的外部短路电流Ⅲ段保护动作时限要比上级保护 QF1 的相邻线路 QF2 的保护大一个时间级差。发电机 DER2 的外部短路电流Ⅲ段保护动作时限要比上级保护 QFC 的相邻保护，即线路出口断路器 QF1 的保护、分支线路断路器 QFA 的保护、配电变压器 T 的熔断器保护以及发电机 DER1 与 DER3 的保护大一个时间级差。

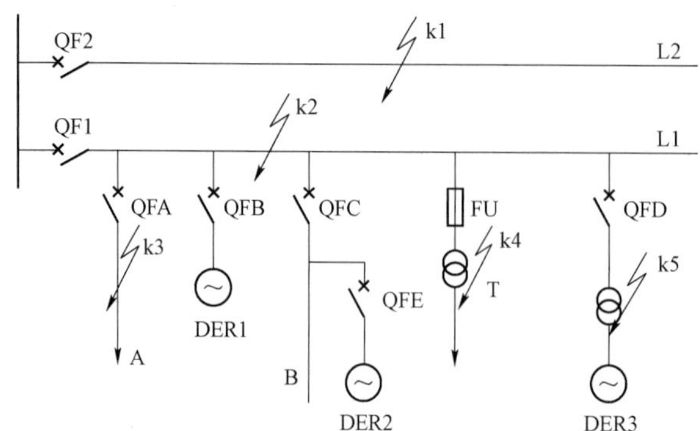

图 2－26 分布式电源外部相间短路Ⅲ段电流定值整定示意图

如果同步发电机没有自动励磁调节装置，其稳态短路电流有可能小于额定输出电流，可以采用低电压闭锁定时限过电流保护。电压元件定值按躲过正常运行时最低电压整定，一般选为 90%的额定电压；电流Ⅲ段保护电流定值按 70%的发电机额定电流整定。对于异步发电机来说，短路电流衰减速度很快，可能在故障后 100～200ms 内就可能衰减到零，在其外部发生故障时，电流保护不动作，需要依靠反孤岛保护动作断开异步发电机与配电网的连接。

如果为发电机配置外部短路反时限过电流保护，一般选择与发电机发热特性相匹配的极端反时限特性。可将启动电流整定为 1.2 倍的额定电流，而时间整定系数的选择原则是在上一级保护出口处故障且发电机提供的短路电流最大时，外部短路反时限过电流保护的动作时限比上一级保护大一个时间级差。

对于并网开关下游的发电机内部相间短路故障，阶段式方向电流保护一般配置Ⅰ段和Ⅲ段保护。电流Ⅰ段保护快速切除内部相间短路保护，以防止上级保护越级动作。电流Ⅰ段保护定值的整定要躲过并网开关处发生相间短路时发电机输出的最大短路电流，以避免其在相邻分支线路、配电变压器或相邻分布式电源短路时误切发电机。发电机提供的短路电流最大不超过 8 倍的发电机额定电流，实际工程中，可将内部短路电流Ⅰ段保护电流定值选为 10 倍的发电机额定电流。为提高保护动作的可靠性，可为其增加 40ms 的动作延时。电流Ⅲ段保护作为下游短路故障的后备保护，电流定值按照发电机额定电流的 1.5～2 倍整定；动作时限比上一级电流Ⅲ段保护小一个时间级差。

如果采用反时限过电流保护作为下游短路故障保护，一般选择与发电机发热特性相匹配的极端反时限特性。可将启动电流整定为 1.2 倍的额定电流，而时间整定系数的选择原则是在并网开关出口故障且短路电流最大时，反时限保护的动作时限为 40ms。

对于逆变器型分布式电源，一般逆变器本身具备完善的短路保护，因此，并网开关一般只配置反应下游相间短路的保护，电流定值按躲过逆变器最大输出电流来整定，可选为 1.5 倍的最大输出电流。增加 40ms 的动作延时，以防止在避雷器放电或外部短路时并网滤波电容的放电电流过大造成保护误动。

2. 公共连接点保护

公共连接点（point of common coupling，PCC）是指用户当地配电系统与电网公司公共电网的连接点。用户当地配电系统一般在公共连接点的用户侧配置当地配电系统并网总开关（用户总进线开关），配置阶段式方向电流保护或反时限保护。

当公共连接点下游没有负荷时，由于各分布式电源并网开关处的保护能够反应上游系统侧的故障，因此，用户总进线开关处可不配置上游短路故障保护。对于用户总进线开关下游的短路故障，配置两段式（Ⅰ段与Ⅲ段）电流保护或反时限过电流保护。电流Ⅰ段保护电流定值的整定要躲过用户总进线开关处发生相间短路时各分布式电源提供的最大短路电流。电流Ⅲ段保护电流定值按躲过正常运行时通过用户总进线开关的最大电流整定，动作时限比各分布式电源并网开关相间短路Ⅲ段保护增加一个时间级差，电流Ⅲ段保护的方向闭锁元件防止在上游相间短路时误动作。在下游所有分布式电源并网开关都具备保护时，为了防止用户总进线开关越级跳闸，可以退出Ⅰ段保护。

如果公共连接点下游同时接有负荷，并且下游配电系统能够以计划孤岛或微网的形式脱离主系统独立运行，则需要在并网开关处配置外部短路保护，在上游系统侧发生相间短路时跳开用户总进线开关，以使下游配电网能够以计划孤岛或微网的形式运行。与分布式电源外部相间短路保护一样，通常配置电流Ⅲ段保护或反时限过电流保护作为用户总进线开关的外部短路保护。保护的整定原则与分布式电源并网开关外部短路保护类似，电流定值躲开正常运行时通过用户总进线开关的最大电流，动作时限比上一级保护的相邻主保护大一个时间级差，同时比上一级断路器重合闸的动作时限小一个时间级差。

2.6.2 配电网孤岛运行及其检测

1. 孤岛运行的危害

孤岛是指配电网与大电网的连接断开后形成的一个由分布式电源供电的配电子系统。孤岛可以分为计划性孤岛和非计划性孤岛。计划性孤岛是指按预先设置的控制策略，有计划地发生的孤岛。而非计划性孤岛则是非计划、不受控的孤岛。非计划性孤岛运行主要有以下危害：

（1）由于孤岛内分布式电源发出的功率与负荷功率难以平衡，供电电压与频率的稳定性得不到保障，给用电设备带来危害。

（2）如果孤岛运行是由配电网保护动作切除故障造成的，分布式电源继续供电会影响故障电弧的熄灭，导致重合闸失败。

（3）系统断路器重合闸或进行恢复送电合闸时，对于同步发电机或异步发电机来说，将可能因为不同期合闸造成冲击电流，危害其安全。

（4）对于中性点有效接地的系统来说，一部分配电网与主系统脱离后，可能会失去接地的中性点，成为非有效接地系统，如果线路继续带电运行，可能会因为出现单相接地等而产生过电压危害。

（5）如果孤岛是因为系统故障或停电检修引起的，其中的设备和线路继续带电，将危害故障处理和检修人员的安全。

因此，需要在分布式电源并网开关或公共连接点的开关处配置反孤岛保护（也称孤岛保护），在配电网出现孤岛运行状态时断开与配电网的连接，以避免出现上述危害。在配电网恢复正常运行状态、电压与频率在合格的范围时，再通过人工操作并网或自动并网。同步发电机并网时要进行同期检测，以防止不同期合闸引起冲击电流。

2. 孤岛运行检测方法

目前，已有的孤岛检测方法基本可以划分成三种，即被动法、主动法和基于通信的远程法。其中，被动法通过监测系统运行参数的改变来判定孤岛是否发生。而主动法是通过不断地向系统加入一定的扰动，当某项运行参数超过允许范围时，则判定此时处于孤岛状态。基于通信的远程法是通过电网与分布式电源之间的联系从而判定孤岛状态。

（1）被动检测方法。常用被动检测法主要有过/欠电压与过/欠频率法、电压频率偏差法、谐波电压检测法和相位突变检测法等。

1）过/欠电压与过/欠频率法。由于电网正常时电压由电网决定，不会出现异常；而在电网断开孤岛运行时，孤岛中的分布式电源有功、无功输出与负载功率之间不平衡，电压的幅值或频率有可能发生波动，通过检测电网的电压与频率，可以识别是否存在孤岛运行的状态。

孤岛运行的电压与分布式电源功率和负荷之间的平衡情况有关，也与分布式电源和负荷的类型有关。一般认为，如果孤岛内负荷功率与分布式电源功率之比在 2:1 以内，则有可能使孤岛稳定运行且使电压与频率维持在一个可以接受的范围内。和电压保护一样，如果孤岛运行时分布式电源的输出功率与负荷功率接近，频率的变化会维持在允许的范围内。在这种情况下，电网断开不会造成电压幅值和频率较大的波动，过/欠电压与过/欠频检测方法失效。

该方法实现简单，不会影响并网时的电能质量，许多主动检测方法最终也是依靠过/欠电压与过/欠频检测实现保护。不足之处在于存在较大的检测盲区。

2）电压频率偏差法。过/欠电压与过/欠频率法主要是检测电压参数和频率参数，当实测值超出阈值范围，确定为孤岛运行状态。分布式电源并网运行时系统的电压和频率也会发生变化，但是电压和频率的变化速度较慢，如果与公共电网断开连接，电压和频率的变化就会变得敏感。为了提高检测的灵敏度，可以根据电压和频率的变化率检测孤岛运行状态，称为电压频率偏差法，也称为电压频率变化率检测法。

3）谐波电压检测法。该方法对电压谐波进行检测，通过检测负荷端的谐波电压总畸变率（THD）进行孤岛运行状态判定。分布式电源正常并网运行时，公共点电压受电网控制，电压谐波较小。而电网断开后，逆变器类电源输出的谐波电流经负载阻抗放大将会产生较大的谐波电压。因此通过检测电压谐波的变化便可以识别出孤岛现象。

该方法实现简单，不影响电能质量，可以检测出大部分的孤岛现象，但是系统中非线性负载的存在也可能使电压谐波发生波动，因此检测阈值难以确定。

4）相位突变检测法。在配电网与主网脱离形成孤岛的瞬间，孤岛内的同步发电机将因为负荷功率的突变使其运行功角（电源电动势与端电压之间的相角）发生变化，进而导致发电机输出的电压相位发生偏移（如图 2－27 所示）。通过检测相位的突变检测孤岛运行运行状态，称为相位突变检测法，又称矢量偏移（vector shift）检测法。该检测方法需要记忆电压突变前的相位，在电压发生突变时，根据新的电压采样值计算相位，将新的电压相位与记忆的电压相位进行比较，进而获得前后两个周波的电压相位差值。

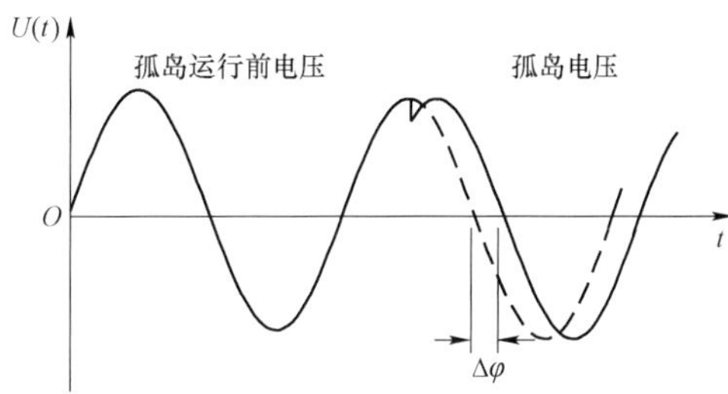

图 2－27　孤岛运行引起电压相位偏移示意图

对于逆变器电源，同样存在由于负荷功率突变导致的电压和电流相位偏移。并网运行时，可利用锁相环获得电网电压相位作为输出电流的参考值；电网断开时，输出电流的给定值由上一周期的锁相结果确定，因此本周期的电流波形将跟随给定保持不变，此时的公共点电压不再受电网控制，而是由输出电流与负载共同决定，当负载的阻抗角不为零时，电压相位将会发生突变。然而，当负载阻抗角为零时，电网断开后的公共点电压仍与电流保持同步，相位不会发生突变，则该方法失效。

该方法简单易于实现，不会影响电能质量，但是相位突变法的检测阈值不易确定，也存在一定的检测盲区。

以上各种方法的可靠性与检测盲区各有不同，具体性能比较见表2－5。

表2－5　　被动检测方法性能比较

被动式检测方法	可靠性	盲区
过/欠电压与过/欠频率法	可靠性低，检测响应时间不定	功率基本平衡
电压频率偏差法	可靠性中等，有大负荷操作启动时会引起电压频率的急剧变化	小
谐波电压检测法	可靠性中等，难以确定谐波畸变率（THD）检测阈值	THD值很小时
相位突变检测法	中等，实现简单，但难以确定检测阈值	本地负荷相位低于相位差阈值时

由表2－5可知，尽管被动式检测方法实现简单，成本低，但可靠性较低，检测过程中难以确定阈值并且存在盲区。

（2）主动检测方法。在分布式电源输出功率与负荷功率基本平衡时，孤岛运行时的电压与频率可能都在允许的范围内，因此，上述基于本地电气量的被动式反孤岛保护总是存在死区，从原理上就无法可靠地实现孤岛检测，而主动式孤岛检测方法可以解决这个问题。目前提出的主动式孤岛检测方法主要有注入信号法以及适用于逆变器的主动扰动法。

1）注入信号法。注入信号法是在并网点注入区别于工频与谐波（如220Hz）的信号，通过检测该信号下系统测量阻抗（注入信号电压与电流的比值）的变化判断是否出现孤岛运行状态。由于大电网阻抗通常比本地负荷阻抗小得多，所以，当配电网正常并网运行时，并网点阻抗很小，而当出现孤岛运行时测量阻抗将大大增加。

实际系统中有多个分布式电源并网点，为防止互相之间产生干扰，应合理分配每个并网点中注入信号的频率。注入信号的频率不宜高于音频，因此同一母线上的线路有很多并网点时，注入信号频率的分配很费时间且可能难以将每一个并网点的频率有效地分开。注入法需要安装信号发生与耦合设备，成本较高。因此，目前这种方法在现场很少使用。

2）逆变器主动扰动法。逆变器主动扰动法的工作原理是逆变器主动地调整其输出电压的幅值与（或）频率，当出现孤岛运行状态时，即使在输出功率与负载功率平衡状态下，也会破坏孤岛的平衡，造成孤岛电压、频率明显变动，使电压、频率保护动作。目前实际应用的主动扰动法主要有自动频率/相位偏移法与电压频率正反馈法。

并网逆变器多采用电流源输出控制模式，使输出电流的相位跟随电网电压的变化。逆变器主动地使其输出电流的频率、相位分别与系统频率、电压相位产生一很小的偏移量。正常情况下，逆变器输出端口的电压由大电网决定，逆变器的主动调整并不会使其频率、相位发生改变。在孤岛运行时，逆变器端口电压是其输出电流在负载上产生的电压，由于逆变器每个周期都主动调整其输出电流，导致其频率与相位产生偏移，直至超出电压与频率继电器的动作定值，达到反孤岛保护的目的。

该方法检测盲区小、易于实现，但会对逆变器输出的电能质量产生影响，适合一些对电能质量要求不高的场合。在接有多台逆变器的系统中，如果都采用该检测方法，频率偏移方向必须一致，否则主动调整的效果可能相互抵消。针对此缺点，该方法可以先判断系统频率变化趋势，然后再施加有效的频率偏移，这样可避免多台并网逆变器采用频率偏移方法时效果相互抵消，进一步加快检测速度。

电压/频率正反馈法的工作原理是应用正反馈控制，加强输出电流频率与（或）幅值的偏移，以使端口电压幅值与频率的偏差进一步增大；在孤岛产生后，端口电压的幅值与频率将在正反馈控制的作用下，很快地超过电压与频率保护的整定值。电压/频率正反馈法在接入多台逆变器的系统中仍然有效，对电能质量的影响也相对较小。其关键是合理地确定反馈增益，使其打破孤岛运行系统的平衡，又不影响并网运行时系统稳定性。

（3）基于通信的远程检测法。基于通信技术的检测方法，该类方法借助于各种通信手段来判断分布式电源是否处于孤岛运行状态，其检测性能一般与分布式电源类型及并网方式无关。常用基于通信的检测方法主要有电力线载波通信方法、开信号传送法和基于数据采集监视与控制系统（supervisory control and data acquisition，SCADA）方法等。

电力线载波通信的方法主要是通过发射器沿电力线从供电变电站发射一个低功率信号，在分布式电源侧的接收器检验此信号是否存在，当电网断开时，信号消失，判断为孤岛运行状态。开信号传送法是一种技术上的变形，以无线通信等传输介质，将变电站出线断路器或馈线开关的状态信号直接与分布式电源系统进行通信。基于数据采集监视与控制系统的方法主要是在 SCADA 系统中引入分布式电源并网开关或公共连接点开关，判定是否存在孤岛运行。具体性能比较见表 2－6。

表 2－6　　通信检测方法性能比较

基于通信的远程检测法	可靠性	盲区
电力线载波通信的方法	可靠性高，不会降低电能质量，成本高且载波通信信号有干扰	无盲区
开信号传送法	可靠性高，需连续载波信号，成本高	盲区很小
基于数据采集监视与控制系统的方法	可靠性高，要求电网间通信联系紧密，成本较高	盲区很小

由表 2－6 可知，基于通信的检测方法普遍可靠性高，无盲区或盲区很小，相应的成本也高且通信信号有可能干扰其他电力线路通信设备的信号等。

2.6.3　配电网反孤岛保护

根据配电网孤岛运行的特征和检测技术，反孤岛保护主要有基于本地电气量的被动式反孤岛保护、通过注入信号或者由逆变器施加扰动的主动式反孤岛保护，以及基于远方通信的反孤岛保护。实际分布式电源并网时应用较多的主要有电压保护、频率保护以及基于通信的远方联跳保护等。

（1）电压保护。电压保护即通过检测孤岛运行时电压的变化实现的反孤岛保护，包括欠电压和过电压保护。欠电压与过电压保护的整定要分别躲过正常运行时允许的电压下限与上限值，动作时限应比上一级保护的动作时限大一个时间级差，以防止上一级保护区外故障时误切分布式电源。

为在分布式电源出口附近发生故障以及在过电压值比较大时快速切除分布式电源，可根据不同的电压偏移选择不同的动作时限，例如 GB/T 33593—2017《分布式电源并网技术要求》就对小型光伏电站的欠电压与过电压保护提出了要求，见表 2－7。

表 2－7　　电压保护整定的要求

并网点电压	动作时限
$U < 50\%U_N$	最大分闸时间不超过 0.2s
$50\%U_N \leqslant U < 85\%U_N$	最大分闸时间不超过 2.0s
$85\%U_N \leqslant U < 110\%U_N$	连续运行
$110\%U_N \leqslant U < 135\%U_N$	最大分闸时间不超过 2.0s
$135\%U_N \leqslant U$	最大分闸时间不超过 0.2s

注　U_N 为分布式电源并网点的电网额定电压。

为了防止上一级保护区外故障时造成反孤岛保护误动，按照与电流Ⅱ段保护动作时限配合的原则，宜将深度欠电压保护的动作时限整定为 0.5s。

随着分布式电源渗透率的提高，为避免分布式电源在系统故障或扰动时大量脱网可能使系统电压崩溃，要求分布式电源具备低电压穿越能力。这种情况下，需要调整欠电压保护的电压定值与动作时限，以满足分布式电源实现低电压穿越的要求。

（2）频率保护。频率保护包括反映频率偏移与频率变化量两类保护。

1）低频率与过频率保护。频率异常分为低频率保护与过频率保护，其整定值要分别躲过正常运行时允许的频率下限与上限，动作时限躲过系统（包括配电网）故障的持续时间，以防止频率测量不准确造成保护误动。实际工程中，频率保护的动作时限可按与电流Ⅱ段保护配合的原则整定，选为 0.6～1s。

为了防止频率保护在系统扰动时误动，分布式电源并网标准规定的频率保护下限与上限与额定值的偏差都比较大，并且要求分布式电源在频率升高时降低有功输出。表 2－8 给出了 GB/T 33593—2017《分布式电源并网技术要求》对频率偏移保护的要求，对分布式电源退出运行的频率下限与上限分别是 48Hz 与 50.5Hz，远远超过了正常运行时允许的频率变化范围。

表 2－8　　频率保护整定的要求

频率范围	要求
低于 48Hz	退出运行
48～49.5Hz	每次频率低于 49.5Hz 时要求至少能运行 10min

续表

频率范围	要求
49.5～50.2Hz	连续运行
50.2～50.5Hz	频率高于 50.2Hz 时，分布式电源根据调度要求降低有功输出
高于 50.5Hz	退出运行

2）频率变化率保护。为提高保护灵敏度，可采用频率变化率 d*f*/d*t* 保护，其频率变化率的整定值在 0.1～10Hz/s 之间，动作时限也是要躲过系统故障的持续时间，一般选为 0.6～1s。

频率变化率保护也存在无法区分系统扰动与孤岛运行引起的频率变化的问题。一般来说，系统扰动引起的频率变化率相对较小，而孤岛运行引起的频率变化率比较大，如果将定值设得大一些，如设为 0.5Hz/s，大部分情况下，可以避免在系统频率变化时误切分布式电源。

（3）基于通信的远方联跳保护。

1）直接远方跳闸保护。直接远方跳闸保护（direct trip transfer，DTT）是通过安装在变电站内的保护装置或配电线路智能终端（smart terminal unit，STU）在检测到变电站出线断路器或线路开关跳闸时，通过通信通道向下游分布式电源并网开关处的智能终端发出命令，跳开并网开关。直接远方跳闸保护需要建设通信设施，如果和配电网自动化系统共享通信通道则可以避免建设专门的通信通道，就可以节省通信投资。

2）分布式远方跳闸保护。直接远方跳闸保护是一种非常可靠的反孤岛保护措施。不过，如果在分布式电源与变电站出口断路器之间还有分段开关时，则需要采用集中控制装置，统一采集处理出口断路器与上游分段开关的动作信息，在上游任何一个开关动作时都发出远方跳闸命令，断开分布式电源。集中控制装置需要额外的投资，且控制响应速度比较慢。

以图 2－28 所示的由 STU 和以太网构成的广域测控系统为例，分布式电源并网处的 STU 是反孤岛保护主控 STU，它保存分布式电源上游出口断路器以及所有线路分段（分支）开关的名称等信息，这些开关处的 STU 在开关跳闸时会在以太网上发布一个开关变位信号，反孤岛保护主控 STU 接收到这些开关的变位信号后，发出断开分布式电源并网开关的命令。

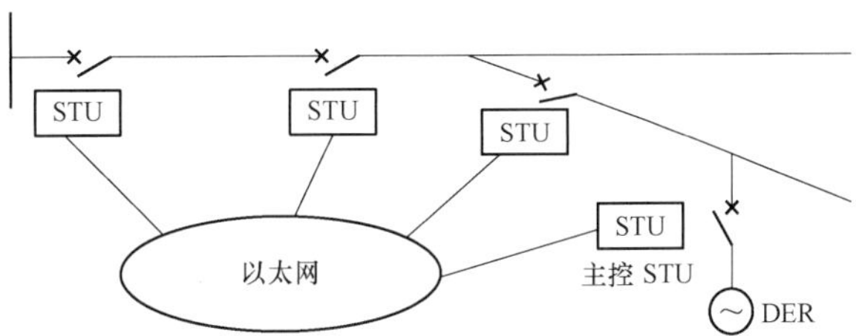

图 2－28　分布式远方跳闸保护系统

2.7 工程案例

2.7.1 短路故障保护处理案例

国网某公司下辖的110kV DL变电站站内采用单母线分段接线，其中Ⅰ段母线和Ⅱ段母线各有9条10kV馈线。变电站站内线路出口断路器配置10kV线路保护装置。18条配电线路中，主干线路保留已投入运行的配电自动化开关，架空支线首端和用户分界处安装成套柱上断路器或对原普通断路器升级，共安装或改造31台一二次成套柱上断路器。

以10kV QJD线为例，在线路上新装4套一二次成套柱上断路器，10kV QJD线线路结构及开关安装位置如图2－29所示。

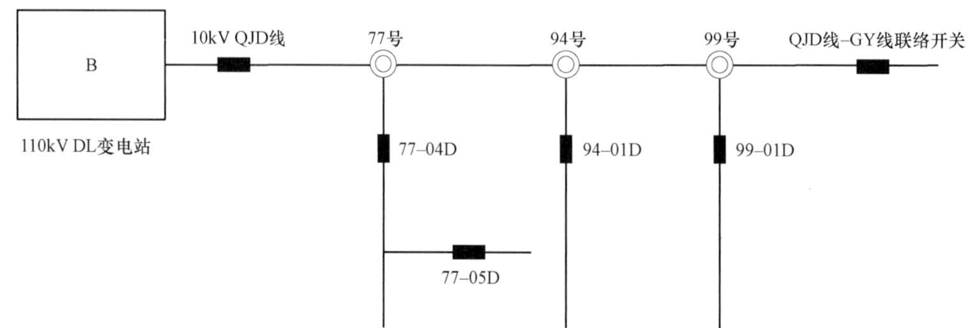

图2－29　10kV QJD线路结构与新装开关位置图

变电站出线断路器及一二次成套断路器配置三段式电流保护，采用提高变电站出线断路器Ⅰ段保护定值，缩小无选择性保护范围，通过变电站出线断路器、分支线路首端断路器、分界断路器三级保护配合的方式，实现短路故障保护。各开关保护整定见表2－9。

表2－9　　线路各开关保护定值

序号	开关	Ⅰ段（A）	延时（s）	Ⅱ段（A）	延时（s）	Ⅲ段（A）	延时（s）
1	10kV出线	5880	0	2400	0.4	840	0.8
2	77－04D			1800	0.2	840	0.6
3	77－05D			1200	0	720	0.4
4	94－01D			1200	0.2	600	0.4
5	99－01D			840	0.2	480	0.4

2019年10月24日8时59分46秒591毫秒，110kV DL站QJD线DLXC支77－04D开关检测到短路故障伴随接地故障，过电流Ⅲ段延时0.6s后跳闸，1s后重合闸，短路故障消失，重合成功。由于本次接地故障仍存在，77－04D开关延时12s后接地故障跳

闸，相关信息上报到供服中心。供服中心运行人员巡查 DLXC 支线，确认 DLXC 支线 77－04D 开关下游 CS 分支线 3～4 号杆之间吊车刮断导线。事故现场如图 2－30 所示，故障点处理后恢复供电。

图 2－30　吊车挂断导线事故现场图

一二次成套柱上断路器详细记录了动作过程及故障波形，终端检测到的故障信息以及保护动作记录如下：

2019/10/24 08:59:46 591　　接地故障启动

2019/10/24 08:59:46 603　　相间短路故障 A 相电流Ⅲ段启动

2019/10/24 08:59:46 603　　相间短路故障 C 相电流Ⅲ段启动

2019/10/24 08:59:47 164　　电流Ⅲ段出口

2019/10/24 08:59:47 204　　开关分位

2019/10/24 08:59:48 231　　重合闸出口

2019/10/24 08:59:48 281　　开关合位

2019/10/24 08:59:48 281　　接地故障启动

2019/10/24 09:00:00 333　　开关分位

配电网保护终端记录到本次短路故障伴随接地故障的波形，短路故障相 A 相与 C 相电流约为 1500A，高于过电流Ⅲ段定值，保护动作正确，就近切除故障点。本次故障录波图如图 2－31 所示。

2020 年 4 月 16 日 10 时 59 分 26 秒 266 毫秒 DL 站 10kV QJD 线 DLXC 支 077－04D 开关检测到 BC 两相短路故障，开关延时 0.2s 分闸，1s 后重合闸成功，线路恢复供电。运行人员带电查线，确认 DLXC 支 077－04D 开关下游 HZY 用户侧故障，用户开关跳闸隔离故障，上游分支开关重合成功恢复了其他用户的供电。

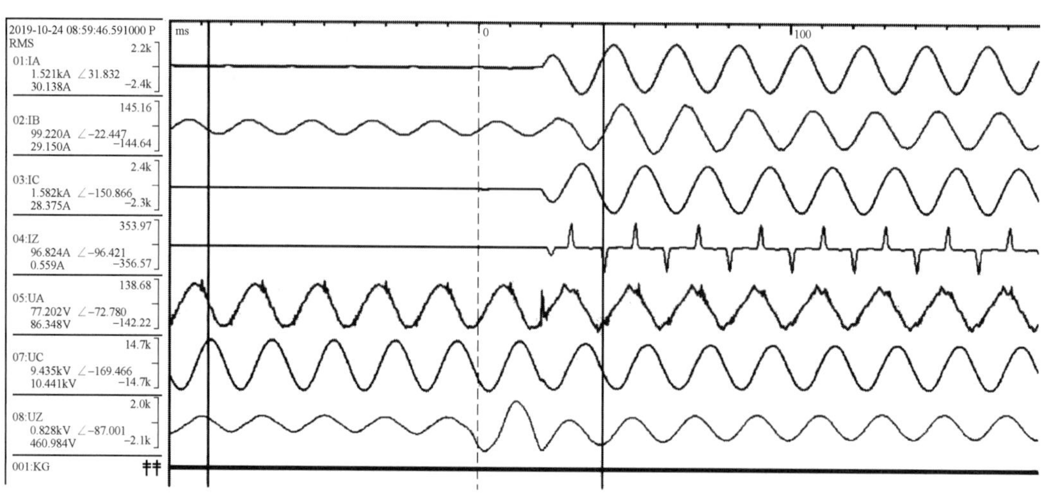

图 2－31　短路故障伴随接地故障录波图

一二次成套设备终端详细记录了动作过程及故障波形，终端检测到的故障信息以及保护动作记录如下：

2020/04/16 10:59:26 266　　相间短路故障 B 相电流Ⅱ段启动

2020/04/16 10:59:26 266　　相间短路故障 C 相电流Ⅱ段启动

2020/04/16 10:59:26 426　　电流Ⅱ段出口

2020/04/16 10:59:26 459　　开关分位

2020/04/16 10:59:27 521　　重合闸出口

2020/04/16 10:59:27 571　　开关合位

终端记录到本次故障的录波，为 B 相、C 相短路故障，短路故障录波图如图 2－32 所示。

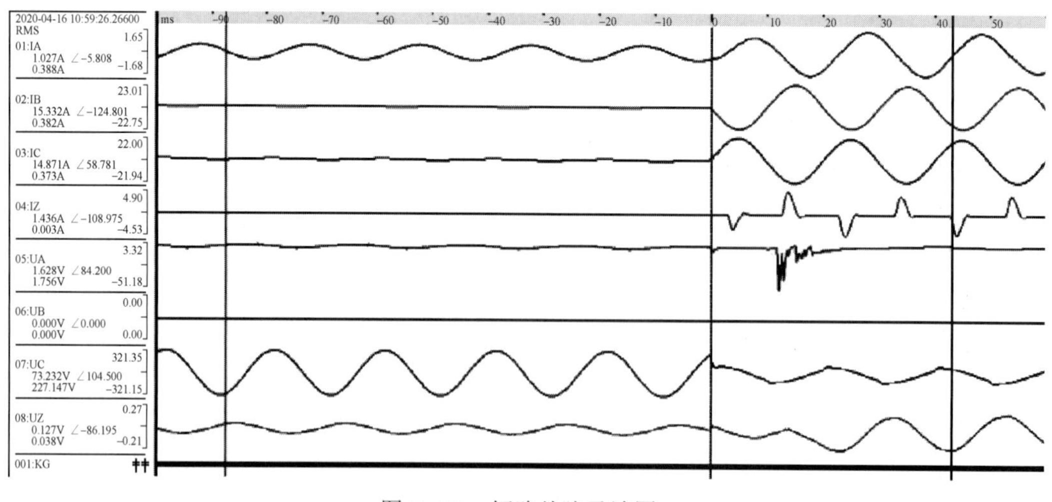

图 2－32　短路故障录波图

本次故障为用户侧短路故障，由于故障电流较大，DLXC 分支开关 077－04D 开关跳闸，保护动作准确、可靠。在用户侧隔离故障后，自动重合成功，恢复了分支线其他用户的供电。

以上短路故障保护处理案例说明，配电网三级保护配合能够实现短路故障保护的选择性，就近切除故障支线线路，避免变电站出线保护动作导致的全线停电，缩小了停电范围。

2.7.2　短路故障重合闸处理案例

南方电网某公司下辖的 110kV YM 变电站 10kV JL 线在主干线路和分支线路安装具备过电流保护和重合闸功能的断路器，通过三段式电流保护与重合闸的配合，有选择地切除主干线路及分支线路故障。线路结构及开关配置如图 2－33 所示。

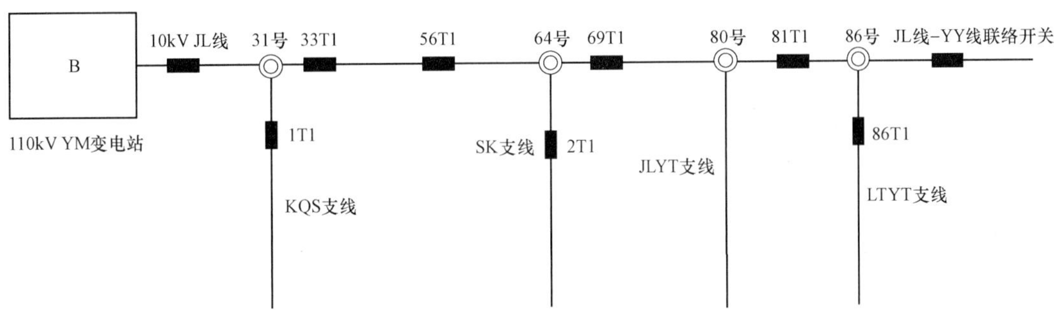

图 2－33　10kV JL 线线路结构与开关配置图

线路各开关配置 Ⅰ 段和 Ⅲ 段保护，主干线路分段开关分组配置一次或二次重合闸，分支开关不配置重合闸。主干上下游各组分段开关保护和分支开关保护通过电流定值配合。各开关保护定值整定配置表见表 2－10。

表 2－10　　各开关保护定值整定配置表

序号	开关编号	Ⅰ 段定值	Ⅲ 段定值	零序过电流	重合闸
1	33T1	1800A，0.15s	816A，0.9s	40A，0.9s	一次重合闸 5s 二次重合闸 30s
2	56T1	1800A，0.15s	816A，0.9s	40A，0.9s	一次重合闸 10s
3	69T1	1500A，0s	720A，0.7s	40A，0.6s	一次重合闸 5s 二次重合闸 30s
4	81T1	1500A，0s	720A，0.7s	40A，0.6s	一次重合闸 10s
5	1T1	200A，0s	80A，0.5s	40A，0.3s	

2021 年 5 月 31 日 17 时，713JL 线 69T1 开关、81T1 开关过电流 Ⅰ 段保护动作，5s 后 69T1 开关重合闸，故障未重现。10s 后 81T1 开关重合闸，故障再次重现，713JL 线 69T1 开关、81T1 开关保护再次动作。此后 69T1 开关二次重合闸，恢复上游区段供电。经运行人员确认，故障点位于 81T1 开关下游，81T1 开关成功隔离下游故障。故障信息

以及保护动作记录如下：

2021/05/31 17:14:20	69T1 开关	过电流Ⅰ段动作
2021/05/31 17:14:20	81T1 开关	过电流Ⅰ段动作
2021/05/31 17:14:25	69T1 开关	一次重合闸
2021/05/31 17:14:30	81T1 开关	一次重合闸
2021/05/31 17:14:30	69T1 开关	过电流Ⅰ段动作
2021/05/31 17:14:30	81T1 开关	过电流Ⅰ段动作
2021/05/31 17:14:50	69T1 开关	二次重合闸

线路采用上述保护与重合闸的配置方案时，如果 69T1 开关下游发生瞬时性故障，由重合闸恢复线路供电，提高供电可靠性。如果故障为永久性故障，69T1 开关在两次重合闸后再跳开，隔离故障点。类似的，如果 81T1 开关下游发生瞬时性故障，也可以通过重合闸恢复线路供电，提高供电可靠性。该配置方案通过保护与重合闸配合实现了短路故障保护的选择性，适合用于无法为电流保护配置动作时限级差的场合。保护能够在短时间内切除故障，减少故障燃弧时间，降低了短路故障切除时间过长带来的危害，同时提高了重合闸的成功率。

2.8 小结与展望

本章针对交流配电网相间短路故障保护问题，系统性介绍了含分布式电源配电网的短路电流计算模型和方法、过电流保护原理和配置方案、重合闸技术及分布式电源接入的应对策略、自适应电流保护和自适应重合闸技术以及备自投技术，基本涵盖了现阶段在交流配电网相间短路保护领域的现实需求和解决方案。

随着社会对供电质量要求的不断提高，人们更加重视配电网的保护问题。在制定保护的部署与整定配置方案时，将充分考虑故障对供电质量（停电、电压暂降）的影响，合理权衡保护设备的投资与故障给用户造成的经济损失，实现社会整体效益的最大化。同时，为减少故障给用户带来的损失，将大量采用更高级的保护原理，保护的配置也更加完善。例如，采用三级配电网保护，以防止用户侧和分支线故障引起主干线路停电。应用纵联保护快速切除故障，以避免保护延时动作造成的长时间电压暂降。此外，配电网相间短路保护技术也在不断发展进步，诸如主动探测式保护、基于 5G 技术的广域保护、适用于配电线路的故障测距等新技术将成为该领域新的热点研究方向。

参考文献

［1］徐丙垠，等. 配电网继电保护与自动化［M］. 北京：中国电力出版社，2017.

［2］刘万顺. 电力系统故障分析［M］. 3 版. 北京：中国电力出版社，2010.

［3］JENKINS N，ALLAN R，CROSSLEY P，et al. Embedded Generation.London：The Institution of Electrical Engineers，2000.

[4] Report prepared for Department of Tread and Information，UK by KEMA Ltd.The Contribution to Distribution Network Fault Levels From the Connection of Distributed Generation [R]. 2005.

[5] NIMPITIWAN N, HEYDT G T. Fault Current Contribution From Synchronous Machine and Inverter Based Distributed Generators [J]. IEEE Transactions on Power Delivery，2007，22（1）：634－641.

[6] 张学广，徐殿国，李伟伟. 双馈风力发电机三相短路电流分析 [J]. 电机与控制学报，2008，12（15）：493－497.

[7] 王成山，孙晓倩. 含分布式电源配电网短路计算的改进方法[J]. 电力系统自动化，2012，36（23）：54－58.

[8] 孔祥平，张哲，尹项根，等. 含逆变型分布式电源的电网故障电流特性与故障分析方法研究[J]. 中国电机工程学报，2013，33（34）：65－74.

[9] 刘健，同向前. 配电网继电保护与故障处理 [M]. 北京：中国电力出版社，2014.

[10] 黄伟，雷金勇，夏翔，等. 分布式电源对配电网相间短路保护的影响[J]. 电力系统自动化，2008，32（1）：93－97.

[11] 林霞，陆于平，吴新佳. 分布式发电系统对继电保护灵敏度影响规律[J]. 电力自动化设备，2009，29（1）：54－59.

[12] 孙鸣，余娟，邓博. 分布式发电对配电网线路保护影响的分析 [J]. 电网技术，2009，33（8）：104－107.

[13] 刘健，林涛，同向前，等. 分布式光伏电源对配电网短路电流影响的仿真分析 [J]. 电网技术，37（8）：2080－2085，2013.

[14] 陶顺，肖湘宁，彭骋译. Nouredine Hadjsaïd 著. 有源智能配电网 [M]. 北京：中国电力出版社，2012.

[15] 鹿婷，段善旭，康勇. 逆变器并网的孤岛检测方法 [J]. 通信电源技术，2006，23（3）：38－52.

[16] 易俊，周孝信. 电力系统广域保护与控制综述 [J]. 电网技术，2006，30（8）：7－12.

[17] 杨春生，周步祥，林楠，等. 广域保护研究现状及展望[J]. 电力系统保护与控制，2010，38（9）：147－150.

[18] 刘清瑞，许树荆. 闭环运行方式配电网自动化系统的探讨[J]，河北电力技术，2003（6）：23－25.

[19] 刘健，贠保记，崔琦，等. 一种快速自愈的分布智能馈线自动化系统[J]. 电力系统自动化.2010，34（10）：62－66.

[20] 周念成，贾延海，赵渊. 一种新的配电网快速保护方案 [J]. 电网技术.2005，23（29）：68－73.

[21] 丛伟，潘贞存，赵建国. 基于纵联比较原理的广域继电保护算法研究 [J]. 中国电机工程学报，2006，26（21）：8－14.

[22] 高厚磊，李娟，朱国防，等. 有源配电网电流差动保护应用技术探讨 [J]. 电力系统自动化设备.2014，42（5）：40－44.

[23] 樊淑娴. 信号注入法在有源配电网保护与控制中的综合应用 [D]. 山东：山东大学，2011.

[24] IEEE Power System Relaying Committee.IEEE Std C37.230™－2007：IEEE Guide for Protective RelayApplications to Distribution Lines [S].

［25］黄福全，王廷凰，张海台，等. 基于5G通信和动态时间规划算法的配电网线路差动保护［J］. 重庆大学学报，2021，44（4）：77－85.

［26］MCCARTHY C，Doug STASZESKY D. Advancing the State of Looped Distribution Feeders［C］，Distribu-TECH 2008，January，2008，Tampa Florida.www.sandc.com.

［27］张洪亮. 并网型单相光伏逆变器的研究［D］. 济南：山东大学，2007.

［28］S.MERCIER. Architecture de systemes PV de forte puissance，Memoire de Master de Recherche，Laboratoire d'Electrotechnique de Grenoble-CEA，septembre 2005.

［29］TRAN-QUOC T，ANDRIEU C，HADJSAID N. Technical impacts of small distributed generation units on LV networks，IEEE/PES General Meeting 2003，Canada，June 2003.

［30］WARD BOWER，MICHAEL ROPP. Task V，Report IEA－PVPS T5－09：2002，Evaluation of islanding detection methods for photovoltaic utility interactive power systems，March 2002.

［31］Report prepared for Department of Tread and Information，UK by KEMA Ltd. The Contribution to Distribution Network FaultLevels From the Connection of DistributedGeneration［R］. 2005.

［32］刘淼. 含分布式电源的配电网保护研究［D］. 天津：天津大学，2007.

［33］YE Z H，ZHANG Y. Evaluation of anti-Islanding schemes based on non-dection zone concept［J］. IEEE Transactions on Power Electronics，2004，19（5）：1171－1176.

［34］VIEIRA J C M，FREITAS W，XU W，et al. Performance of frequency relays for distributed generation protection［J］. Power Delivery IEEE Transaction on，2006，21（3）：1120－1127.

［35］DE MANGO F，LISERRE M，AQUILA A D，et al. Overview of Anti-Islanding Algorithms for PV Systems. Part 1：Passive Methods［C］//Power Electronics and Motion Control Conference，2006. EPE－PEMC 2006. 12th International. IEEE，2006：1878－1883.

［36］JANG S I，KIM K H.An islanding detection method for distributed generations using voltage unbalance and total harmonic distortion of current［J］. IEEE Transaction on Power Delivery，2004，19（2）：745－752.

［37］FREITAS W，XU WILSUN，AFFONSO C M，et al. ComparativeAnalysis Between ROCOF and Vector Surge Relaysfor Distributed Generation Applications［J］. IEEE Transactions on Power Delivery，2005，20（2）：1315－1324.

第 3 章 中压交流配电网单相接地故障保护

配电网单相接地故障频繁发生，故障特征与保护方法随中性点接地方式不同而差异显著，其中高阻接地和间歇性电弧接地是保护难点。随着近年对接地保护问题的重视，新技术不断涌现且仍在持续发展之中。本章针对不同接地方式交流配电网，分析接地故障的稳态与暂态电气量及其在系统中的分布特征，介绍了小电流接地系统与小电阻接地系统中接地故障保护的最新实用技术以及新型柔性接地相关技术。

3.1 配电网接地故障分析

3.1.1 配电网接地故障等值电路

简化的等值电路是单相接地故障电气量（特别是暂态分量）分析的基础。

在分析接地故障的工频量时，常用对称分量（正序、负序、零序）法，而在分析接地故障的暂态过程时，对称分量法不再有效，需要使用模变换法，如 Karenbauer 变换。以电流为例，Karenbauer 变换的 1 模、2 模、0（零）模电流和三个相导体电流之间的关系为

$$\begin{bmatrix} i_1 \\ i_2 \\ i_0 \end{bmatrix} = \frac{1}{3}\begin{bmatrix} 1 & -1 & 0 \\ 1 & 0 & -1 \\ 1 & 1 & 1 \end{bmatrix}\begin{bmatrix} i_A \\ i_B \\ i_C \end{bmatrix} \tag{3-1}$$

1 模电流、2 模电流分别在导体 A 与导体 B、导体 A 与导体 C 相之间流动，称为线模分量。零模电流在三相导体与大地之间流动，又称为地模分量。电力线路的线模回路参数与对称分量法中的正序回路参数相同，零模回路参数与零序回路参数相同。且零模电流与零序电流计算方法和含义均相同，暂态零模电流也可称为暂态零序电流。

根据叠加原理与单相接地故障的边界条件（与系统中性点接地方式无关），采用 Karrenbauer 变换将三相系统变换为没有耦合的模量系统。基于线路分布参数的接地故障模量网络如图 3-1 所示，共 n 条健全线路，第 $n+1$ 条线路为故障线路；各线路末端接有感性负荷 load i（$i=1$，2，…，$n+1$，下同）；u_f 为故障点虚拟电源，等于故障点故

障前的反相电压；$u_{0\mathrm{f}}$、$u_{1\mathrm{f}}$、$u_{2\mathrm{f}}$分别为u_{f}的 0、1、2 模分量；Z_{T1}为变压器线模阻抗；R_{iu0}、L_{iu0}、C_{iu0}分别为第 i 条线路单位长度线路零模电阻、零模电感和对地分布电容；R_{iu1}、L_{iu1}、C_{iu1}分别为第 i 条线路单位长度线路的线模电阻、线模电感和线模分布电容；R_{f}为故障点过渡电阻；2 模系统与 1 模系统相同；开关 S1、S2 均打开时对应不接地系统，仅 S1 闭合时对应谐振接地系统，仅 S2 闭合时对应小电阻接地系统；R_n 为小电阻接地系统中的中性点接地电阻；L_{p}为经消弧线圈接地系统中的消弧线圈电感。

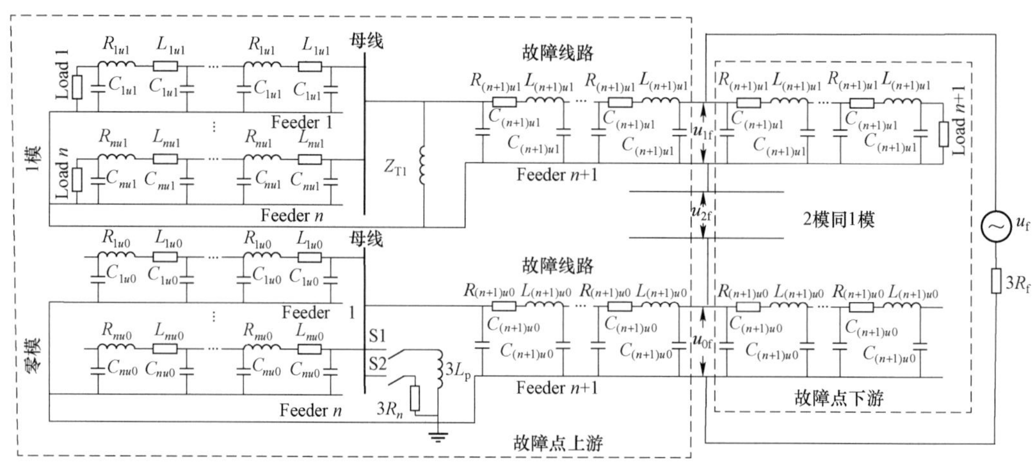

图 3－1　基于线路分布参数的接地故障模量网络

图 3－1 所示全网模型可以对不同情况下的接地故障暂稳态特征进行精确模拟，但量化计算较为困难，需要进一步简化为图 3－2 所示的低阶暂态等值电路。

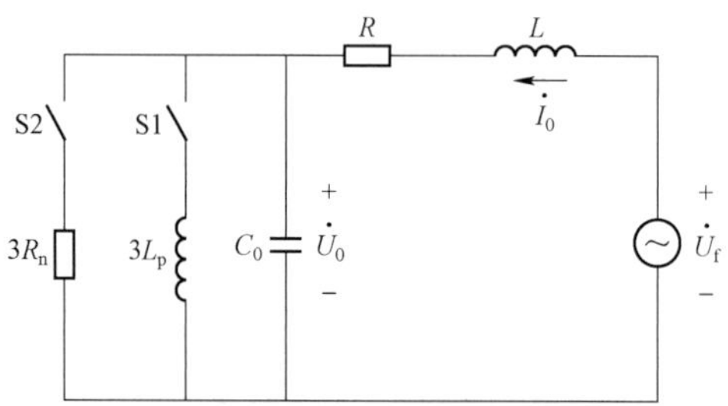

图 3－2　配电网接地故障低阶暂态等值电路

图 3－2 中 C_0 可近似看作整个配电网对地零模分布电容之和，等效电阻 R 与电感 L 分别为

$$R = 2R_{\mathrm{s1}} + 2R_{\mathrm{L1}} + R_{\mathrm{L0}} + 3R_{\mathrm{f}} \tag{3-2}$$

$$L = 2L_{\mathrm{s1}} + 2L_{\mathrm{L1}} + L_{\mathrm{L0}} \tag{3-3}$$

式中：L_{s1}、R_{s1} 分别为母线背后电源系统的线模电感与电阻；L_{L1}、R_{L1} 分别为故障点到母线之间线路的线模电感与电阻；L_{L0}、R_{L0} 分别为故障点到母线之间线路的零模电感与电阻。

需要注意的是，在分析谐振接地系统小电流接地故障的暂态特征时，传统上主要使用图 3－3 所示等值电路。其中，消弧线圈电感直接与故障点虚拟电源并联，存在结构性问题；仅给出参量 R 和 L 的含义（零序网络等效电阻与电感），未给出其具体计算方法。特别是在分析高阻接地故障时，零模电压的变化与现场实际测量结果不相符。

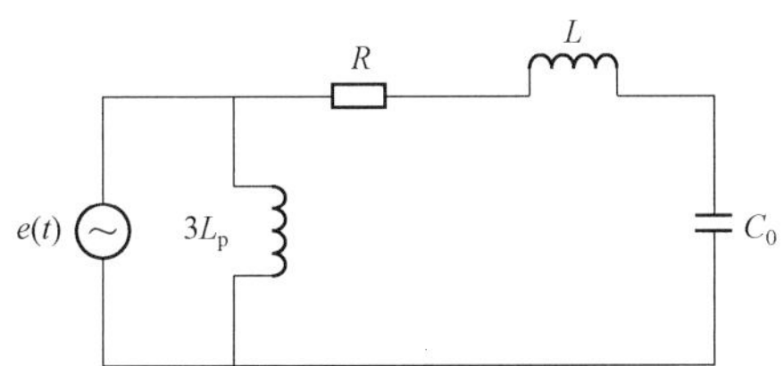

图 3－3　传统的小电流接地故障暂态分析等值电路

3.1.2　配电网接地故障稳态分析

正常运行时，系统中不存在明显的零序电压与零序电流。不同接地系统中单相接地故障时，零序电压、零序电流及其分布规律有明显差异。

1. 接地故障零序电流与零序电压

已知单相接地时正、负、零序网络串联，所以故障点的电流 $\dot{I}_{\mathrm{f}}$ 为 3 倍的零序电流 $\dot{I}_0$，结合图 3－2 所示，接地故障点电流 $\dot{I}_{\mathrm{f}}$ 可以表示为

$$\dot{I}_{\mathrm{f}}=3\dot{I}_0=3\times\frac{\dot{U}_{\mathrm{f}}}{R+\mathrm{j}\omega L+\dfrac{1}{\mathrm{j}\omega C_0}//Z_{\mathrm{N0}}} \tag{3-4}$$

式中：Z_{N0} 为系统中性点对地零序阻抗，可以表示为

$$Z_{\mathrm{N0}}=\begin{cases}\infty, & \text{不接地系统}\\ \mathrm{j}3\omega L_{\mathrm{p}}, & \text{经消弧线圈接地系统}\\ 3R_{\mathrm{n}}, & \text{经小电阻接地系统}\end{cases} \tag{3-5}$$

可见，接地点故障电流的大小同时受到故障点过渡电阻、线路阻抗（取决于线路类型与故障点到母线距离）、系统对地分布电容以及中性点接地方式的影响。由于线模阻抗远小于零模阻抗，可忽略线模阻抗，近似认为：接地故障电流等于 3 倍的虚拟电源电压（正常运行时的相电压）除以系统零序阻抗与 3 倍的故障点过渡电阻之和。其中，系统零序阻抗 Z_{s0} 可以表示为

$$Z_{\mathrm{s0}}=R_{\mathrm{L0}}+\mathrm{j}\omega L_{\mathrm{L0}}+\frac{1}{\mathrm{j}\omega C_0}//Z_{\mathrm{N0}} \tag{3-6}$$

不同的中性点接地方式、系统对地分布电容、故障点到母线距离条件下，各参量在系统零序阻抗中的占比也将发生变化。如：中性点直接接地系统中，系统零序阻抗主要是故障点到母线间线路零序阻抗；小电阻接地系统中，主要是中性点对地电阻的零序阻抗值；不接地系统中，主要取决于系统对地分布电容容抗。

从另一角度，可利用金属性接地时故障点残余电流 $\dot{I}_{f\_D}$ 反推系统零序阻抗

$$Z_{s0}=\frac{3\dot{U}_f}{\dot{I}_{f\_D}} \tag{3-7}$$

对于不接地系统，系统对地电容电流一般小于 30A，对应的系统零序阻抗大于 577Ω。对于经消弧线圈接地系统，根据 DL/T 1057—2007《自动跟踪补偿消弧线圈成套装置技术条件》的要求，10kV 系统接地点残流不应超过 10A，对应的系统零序阻抗应大于 1731Ω。对于小电阻接地系统，金属性接地时的接地电流主要取决于中性点对地电阻（5～30Ω），系统零序阻抗一般在 15～100Ω 之间分布。

对于低阻接地故障或者金属性接地故障，接地故障电流大小主要取决于系统接地方式，且有明显差异。随着故障点过渡电阻增加，接地故障电流逐步减小，但接地方式对故障电流的影响逐步降低，相应的故障点过渡电阻的影响逐步提升。当接地点过渡电阻增大到 1731Ω 以上时，就可以认为接地电流大小与系统接地方式无关了。

根据图 3-2 所示，接地故障时母线处的零序电压可表示为

$$\dot{U}_0=\frac{\frac{1}{j\omega C_0}//Z_{N0}}{R+j\omega L+\frac{1}{j\omega C_0}//Z_{N0}}\dot{U}_f \tag{3-8}$$

由式（3-8）可以看出，接地故障零序电压的大小随系统对地零序阻抗的增大而增大，随故障点过渡电阻的增大而减小。一般而言，不接地系统与经消弧线圈接地系统零序电压大于小电阻接地系统。

为对比中性点接地方式、接地点过渡电阻对故障特征的影响，以 10kV 配电网为例，母线零序电压、零序电流在不同接地方式系统中随过渡电阻的典型变化如图 3-4 与图 3-5 所示。

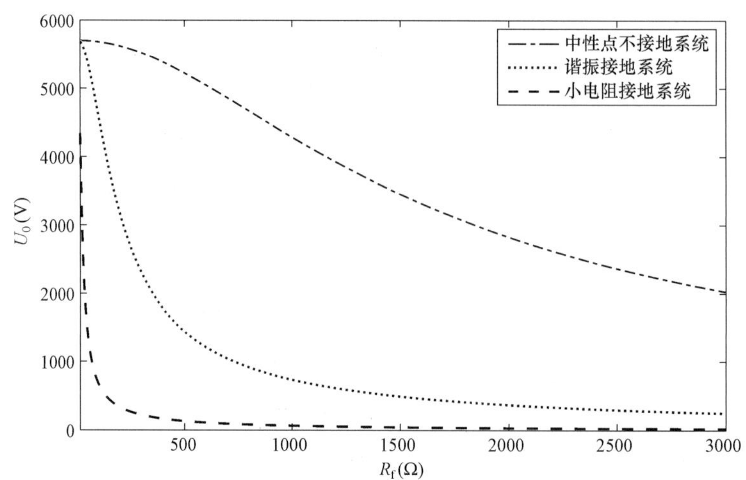

图 3-4　3 种类型系统的接地故障零序电压随过渡电阻的变化规律

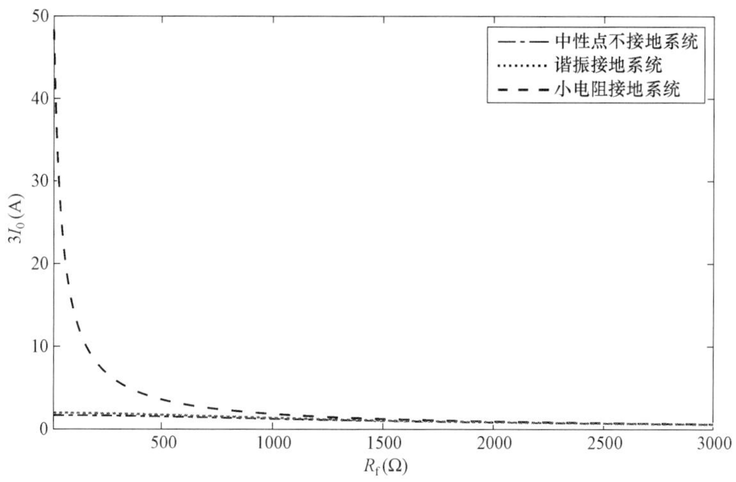

图 3－5　3 种类型系统的接地故障零序电流随过渡电阻的变化规律

可见，当过渡电阻较小时，谐振接地系统和不接地系统的零序电压要远大于小电阻接地系统，而后者的故障零序电流则要远大于前者；随着过渡电阻增大，不同接地系统的零序电压与电流的差值在逐渐减小；不接地系统与谐振接地系统的零序电压分别降为不足 3kV 与不足 1kV，小电阻接地系统的则趋于零，故障工频电流则全部趋于一个较低的值（不足 1A）。

同时，接地故障时故障电压与电流存在互换特性。即不接地系统与经消弧线圈接地系统中，健全相电压升高幅度大而接地电流小，小电阻接地系统中则相反。

2. 接地故障电流在系统中的分布

接地故障产生的工频电流幅值和流向（极性）随出线和检测位置变化很大。且在不同接地系统中，在故障点到母线之间线路的分布完全不同。

忽略线路阻抗与主变压器阻抗的影响，将图 3－1 中的系统对地电容按线路、按区段分拆，得到适用工频电流分布特征分析的不同接地方式系统单相接地故障等值电路，如图 3－6 所示。

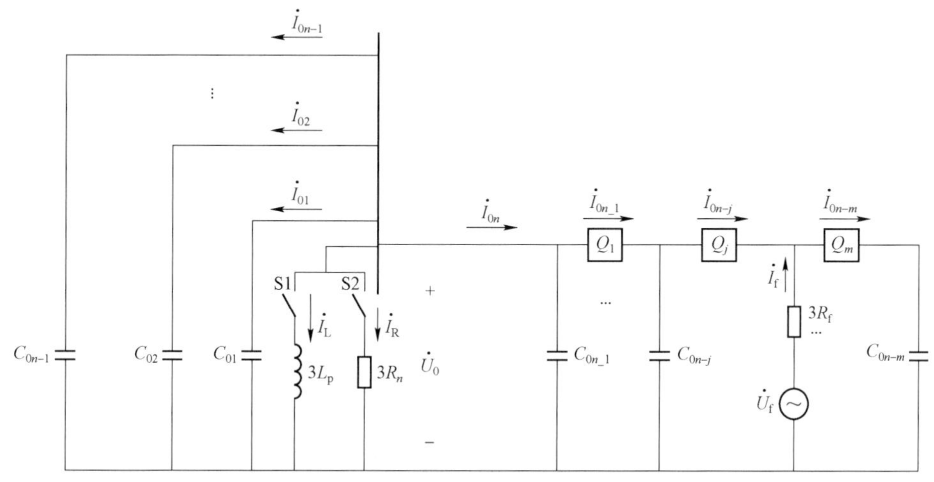

图 3－6　适用故障电流分布特征分析的单相接地故障等值电路

在图 3－6 中，$\dot{I}_{01}$、$\dot{I}_{02}$、…、$\dot{I}_{0n-1}$ 为各健全出线零序电流，C_{01}、C_{02}、…、C_{0n-1} 为各健全出线对地零序电容，$\dot{I}_L$ 为经消弧线圈接地时流经消弧线圈的零序电流，$\dot{I}_R$ 为经小电阻接地时流经中性点电阻的零序电流，Q_j（$j=1$，2，…，m）为故障线路上的各个检测点，C_{0n-j} 为故障线路各区段对地零序电容，$\dot{I}_{0n}$ 为故障线路出口零序电流，$\dot{I}_{0n-j}$ 为故障线路各检测点零序电流。

（1）中性点不接地系统的接地故障电流分布。图 3－6 中开关 S1、S2 均打开。

健全线路出口处零序电流为该线路对地电容电流，可表示为

$$\dot{I}_{0i} = \mathrm{j}\omega C_{0i}\dot{U}_0 \quad i=1，2，\cdots，n-1 \tag{3-9}$$

故障线路出口处零序电流为所有健全线路对地零序电流之和，可表示为

$$\dot{I}_{0n} = -\mathrm{j}\omega(C_0 - C_{0n})\dot{U}_0 = -\mathrm{j}\omega\sum_{i=1}^{n-1}C_{0i}\dot{U}_0 \tag{3-10}$$

不接地系统中接地故障工频电流的分布规律有：

1）健全线路各检测点零序电流为其下游线路的对地分布电容电流，从母线流向线路，随检测点到母线距离的增加幅值不断减小，末端零序电流接近于零。

2）与健全线路相似，故障线路故障点下游检测点的零序电流也为其下游线路的对地分布电容电流，从母线流向线路。随到故障点距离的增加幅值也不断减小，线路末端零序电流接近于零。

3）故障点上游（母线侧）检测点的零序电流为所有健全线路对地分布电容电流与该检测点到母线之间线路电容电流之和，从线路流向母线。随到母线距离的增加电流幅值不断增加。一般而言，靠近故障点的检测点其零序电流幅值是整个系统中最大的。

4）对于各出线口的零序电流，故障线路幅值最大（等于所有健全线路之和），流向（极性）和健全线路相反，存在明显的故障特征。

5）对于故障线路上的各个检测点，故障点上游和下游的零序电流流向相反，一般情况下故障点上游幅值远大于下游幅值，也存在明显的故障特征。

以具有三条出线的系统为例，不接地系统中工频零序电流分布示意图如图 3－7 所示。

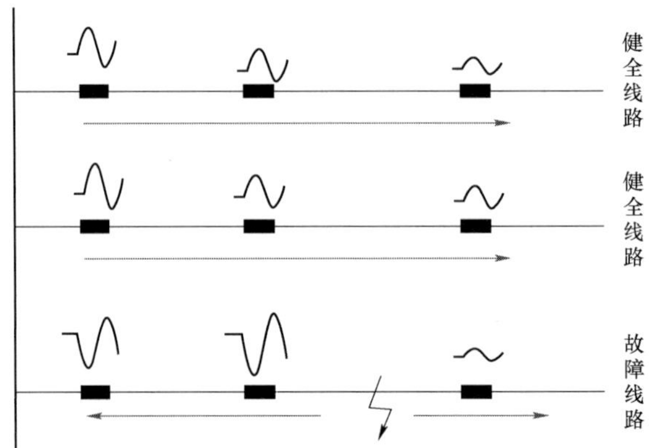

图 3－7　不接地系统中工频零序电流分布示意图

■ 闭合的断路器或负荷开关

（2）谐振接地系统接地故障电流分布。图 3－6 中开关 S1 闭合、S2 打开。

忽略有功损耗，在零序电压作用下的消弧线圈零序电流为

$$\dot{I}_L = \frac{\dot{U}_0}{\mathrm{j}3\omega L_P} \tag{3-11}$$

消弧线圈的电感电流经故障点返回。故障点电流为系统电容电流与消弧线圈电流的叠加，由于二者相位相反，故障电流将减少。一般采用过补偿方式，即消弧线圈电感电流大于系统电容电流。

对于健全线路与故障点下游线路，零序电流与不接地系统中相同。

故障线路出口处零序电流，为所有健全线路对地零序电流与消弧线圈补偿电流之和，可表示为

$$\dot{I}_{0n} = -\mathrm{j}\omega\sum_{i=1}^{n-1} C_{0i}\dot{U}_0 - \frac{\dot{U}_0}{\mathrm{j}3\omega L_P} \tag{3-12}$$

故障点上游故障线路零序电流，为所有健全线路对地电容电流、检测点到母线间线路对地电容电流与消弧线圈电感电流之和。

经消弧线圈接地系统中接地故障工频电流的分布规律有：

1）消弧线圈产生的感性电流与对地分布电容电流相抵消，可以降低故障点故障电流，残余电流一般为数安培。

2）健全线路上各检测点零序电流的幅值和流向（极性）与不接地系统中相同。

3）故障点下游各检测点零序电流幅值和流向（极性）与不接地系统中相同。

4）故障点上游故障线路各检测点零序电流的幅值和流向（极性）均发生改变。与健全线路和故障点下游电流流向（极性）相同。同时，零序电流幅值可能小于健全线路，随着母线的距离增加也不断减小。

在经消弧线圈接地系统中，故障线路与健全线路、故障线路故障点上游和下游的工频零序电流幅值相近、流向（极性）相同，故障线路零序电流不再存在明显地区别于健全线路的特征。

以具有三条出线的系统为例，经消弧线圈接地系统工频零序电流分布示意图如图 3－8 所示。

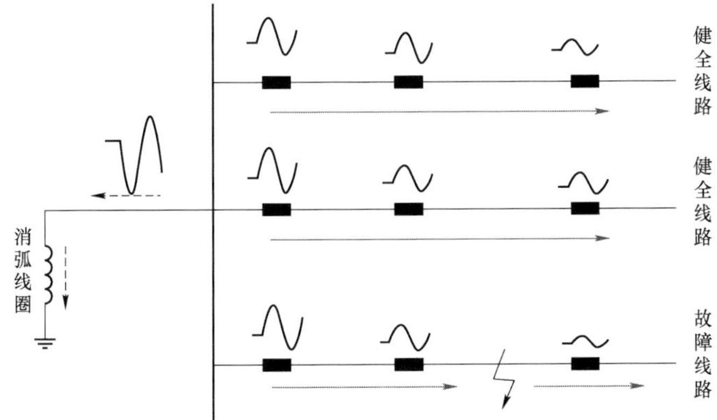

图 3－8　经消弧线圈接地系统工频零序电流分布示意图

■ 闭合的断路器或负荷开关

（3）小电阻接地系统接地电流分布规律。图 3－6 中开关 S1 打开、S2 闭合。设 10kV 系统中性点接地电阻取典型值 10Ω，单出线对地电容电流最大为 40A，系统对地电容电流最大为 200A。

根据图 3－2，小电阻接地系统单相接地时母线零序电压为

$$\dot{U}_0=\dot{U}_{\mathrm{f}}\frac{R_{\mathrm{N}}}{R_{\mathrm{N}}+R_{\mathrm{f}}(1+3\mathrm{j}\omega R_{\mathrm{N}}C_{0\Sigma})}\approx\dot{U}_{\mathrm{f}}\frac{R_{\mathrm{N}}}{R_{\mathrm{N}}+R_{\mathrm{f}}} \tag{3-13}$$

即零序电压主要取决于故障点过渡电阻 R_{f} 与系统中性点电阻 R_{N} 的比值。过渡电阻阻值越大，系统零序电压越小，高阻接地时，两者近似成反比关系。

中性点接地电流为

$$\dot{I}_{\mathrm{R}}=\frac{\dot{U}_0}{3R_{\mathrm{N}}}\approx\frac{\dot{U}_{\mathrm{f}}}{3R_{\mathrm{N}}+3R_{\mathrm{f}}} \tag{3-14}$$

根据图 3－6，故障线路出口的零序电流 $\dot{I}_{0\mathrm{n}}$ 为所有健全线路出口零序电流与中性点零序电流之和

$$\dot{I}_{0n}=-\dot{U}_0\left(\frac{1}{3R_{\mathrm{N}}}+\mathrm{j}\omega\sum_{i=1}^{n-1}C_{0i}\right) \tag{3-15}$$

则有

$$\left|\frac{\dot{I}_{0n}}{\dot{I}_R}\right|=\left|1+3\mathrm{j}\omega R_{\mathrm{N}}\sum_{i=1}^{n-1}C_{0i}\right|\approx1 \tag{3-16}$$

$$\left|\frac{\dot{I}_{0n}}{\dot{I}_{0i}}\right|\approx\left|\frac{\dot{I}_{0R}}{\dot{I}_{0i}}\right|=\left|\frac{1}{\mathrm{j}3R_{\mathrm{N}}\omega C_{0i}}\right|\geqslant14.4,\quad i=1,2,\cdots,n-1 \tag{3-17}$$

故障点到母线间各检测点零序电流可认为近似相等。

经小电阻接地系统中接地故障工频电流的分布规律有：

1）中性点电阻产生的阻性电流大于系统对地分布电容产生的容性电流，两者不能相互抵消，因此故障点电流将增大，最大可达数百安培，甚至上千安培。

2）健全线路各检测点、故障点下游各检测点的零序电流仍为该检测点下游线路的对地电容电流，但均随零序电压幅值一并减小。

3）故障点上游故障线路各检测点（包括出线口）零序电流略大于中性点电阻零序电流，二者相位也接近；但二者均远大于健全出线零序电流。

4）接地点过渡电阻越大，各零序电流就越小，但相互之间关系不变。

3.1.3 配电网接地故障暂态分析

对于不接地系统与经消弧线圈接地系统，由于零序回路中阻尼小，系统对地分布电容、线路电感以及消弧线圈电感之间存在较为剧烈的过渡过程，会产生相对工频更为明显的暂态电气量。对于小电阻接地系统，由于故障工频电流大，以及中性点电阻阻尼作用，暂态过程持续时间短、暂态量不明显，本文将不涉及。

1. 接地故障点暂态电气量

接地故障暂态过程存在多个明显的暂态分量，其中，频率最低、最接近工频的暂态分量一般幅值也最大，称之为暂态主谐振分量，其暂态电流有明确的分布规律，可用于故障检测。以下分析故障暂态均指暂态主谐振分量。

消弧线圈感抗随频率线性增加，而系统对地容抗随频率线性减小，消弧线圈对故障电流的补偿作用与频率平方成反比。低阻接地时，暂态频率高、持续时间短，消弧线圈对故障暂态电流的补偿作用可以忽略，可认为不接地系统与消弧线圈接地系统的暂态过程相同。

根据图 3－2 所示，假设故障发生在电压峰值时刻，将电压源写成时域形式，即令 $u_{\mathrm{f}}(t)=U_{\mathrm{m}}\cos\omega t$，接地点暂态零模电流为

$$i_{\mathrm{f0}}(t)=U_{\mathrm{m}}\omega C_0\left(\frac{\omega_0}{\omega}\mathrm{e}^{-\delta t}\sin\sqrt{\omega_0^2-\delta^2}\,t-\sin\omega t\right) \tag{3-18}$$

式中：$\delta=\dfrac{R}{2L}$ 为自由分量的衰减系数；$\omega_0=\dfrac{1}{\sqrt{LC_0}}$ 为回路的共振频率。

接地点暂态零模电流和零序电压的典型波形如图 3－9 所示。

金属性接地时，$\delta \ll \omega_0$，可近似认为 $\sqrt{\omega_0^2-\delta^2}\approx\omega_0$，则暂态接地电流的最大瞬时值为

$$i_{\mathrm{f0max}}=U_{\mathrm{m}}\omega C_0\left(\frac{\omega_0}{\omega}\mathrm{e}^{-\delta t}-\sin\omega t\right) \tag{3-19}$$

即暂态接地电流的最大值与未经补偿的稳态电流之比近似等于共振频率与工频频率之比。理论和实践都验证了，故障暂态主谐振分量频率一般在数百赫兹到两千赫兹之间，则暂态电流较稳态值大几倍到几十倍，最大可达数百安。

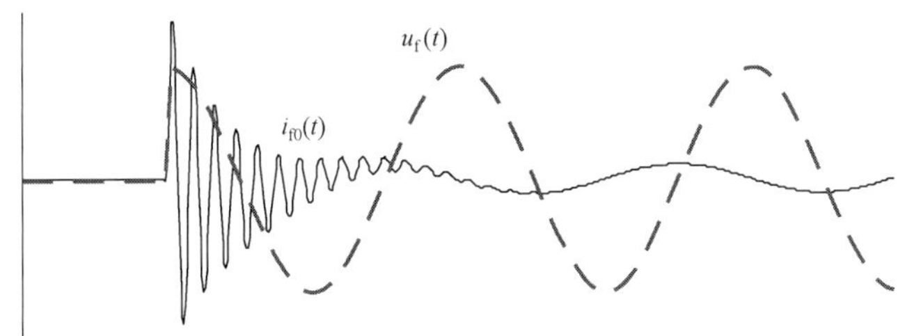

图 3－9　小电流接地故障接地点暂态零模电流和零序电压波形

根据式（3－18）所示，即使接地故障发生在相电压过零时刻，仍然存在明显的暂态过程，其暂态电流的幅值约等于系统对地电容电流。

根据统计，绝大多数故障的持续时间均小于 10s，即为瞬时性接地故障。对于稳定性接地故障，不论故障持续时间长短，其暂态过程都是相同的。

由于故障点两侧线路的参数和频率特性相差较大，可认为故障点两侧的暂态过程相互独立。即上游暂态过程由故障点到母线区间和所有健全线路共同产生，下游暂态过程仅由故障点到末端区间线路和负荷产生。

综上所述，小电流接地故障的暂态特征主要有：低阻接地时，暂态频率高，消弧线圈作用可忽略，不接地系统和经消弧线圈接地系统的低阻接地故障暂态过程近似相同；暂态主谐振频率一般在200Hz～2kHz之间，持续时间约在2～3ms以内；故障暂态电流幅值远大于故障工频电流，一般可达上百安。

2. 接地故障暂态电流在系统中的分布

对于零模网络，存在一个特定频段，即从0Hz（不接地系统）或3次谐波（经消弧线圈接地系统）到2kHz之间，接地故障暂态电流从故障线路流入母线再分配到各条健全线路，存在明确的分布规律。

在特定频段内，健全线路暂态零模电流 $i_{0i}(t)$ 为本线路对地分布电容在母线暂态零序电压 $u_0(t)$ 作用下的电容电流，其满足

$$i_{0i}(t)=C_{0i}\frac{\mathrm{d}u_0(t)}{\mathrm{d}t}\quad i=1,2,\cdots,n-1 \tag{3-20}$$

而故障线路暂态零模电流 $i_{0n}(t)$ 等于所有健全线路暂态零模电流之和

$$i_{0n}(t)=-\sum_{i=1}^{n-1}i_{0i}(t)=-\sum_{i=1}^{n-1}C_{0i}\frac{\mathrm{d}u_0(t)}{\mathrm{d}t} \tag{3-21}$$

对于不接地系统和经消弧线圈接地系统，暂态零模电流的分布规律如图3-10所示，即：

（1）对于一般多条出线的配电系统，故障点上游方向的暂态过程谐振频率低，而下游方向频率高，二者差异较大、相似性低。

（2）对故障点上游或下游两个相邻检测点（不包含故障点），其暂态电流之差为相邻监测点之间线路的分布电容电流，二者的暂态电流幅值接近、相似程度高。

（3）对于健全线路的各检测点（含出口）和故障点下游各检测点，暂态电流从母线流向线路，随到母线距离的增加幅值也不断减小，线路末端接近于零。

（4）对于故障点上游故障线路检测点，暂态电流从线路流向母线，随着母线距离的增加幅值不断增加。一般而言，靠近故障点的检测点，其暂态电流幅值是整个系统中最大的。

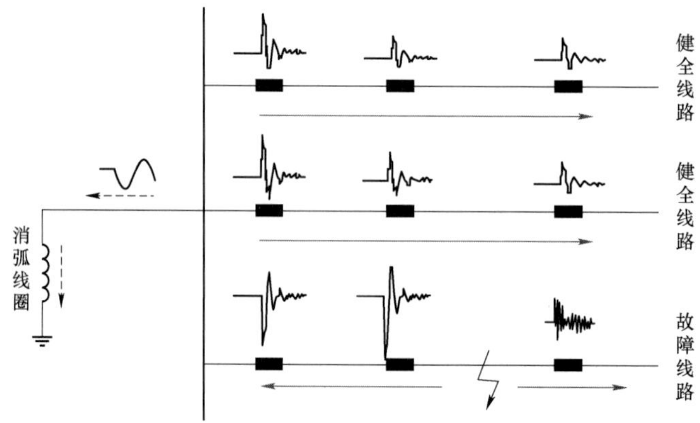

图3-10　小电流接地故障暂态零模电流分布规律示意图

■ 闭合的断路器或负荷开关

可以看出，暂态零模电流的分布规律与不接地系统中工频零序电流的分布规律相近，可用于实现故障选线与故障定位。

3.1.4　分布式电源接入对接地故障的影响

分布式电源大致分为通过同步或异步发电机直接并网的旋转型DG与通过变流器间接并网的逆变型 DG。对于不接地系统与经消弧线圈接地系统，为了不影响系统原有接地方式，并网 DG 一般都采用不接地方式。即 DG 接入后主要改变系统正序与负序网络，基本不会影响零序网络。

1. DG 接入对接地故障工频电气量的影响

图 3－11 给出了一个典型的多 DG 接入小电流接地系统。其中，T1 为 110kV/10kV 主变压器，T2 为接地变压器；L_p 为消弧线圈电感；开关 S 闭合为经消弧线圈接地系统，打开为不接地系统；共有 n 条出线 l_1、$l_2 \cdots l_n$，设单相接地故障发生在 l_1 上；F 为故障点位置；DG1 与 DG2 分别接入故障线路故障点上游、下游，多条健全线路接有 DGx；T3、T4 及 Tx 为 DG 并网变压器，高压侧均采用不接地方式；PCC1、PCC2、PCCx 为其公共连接点。

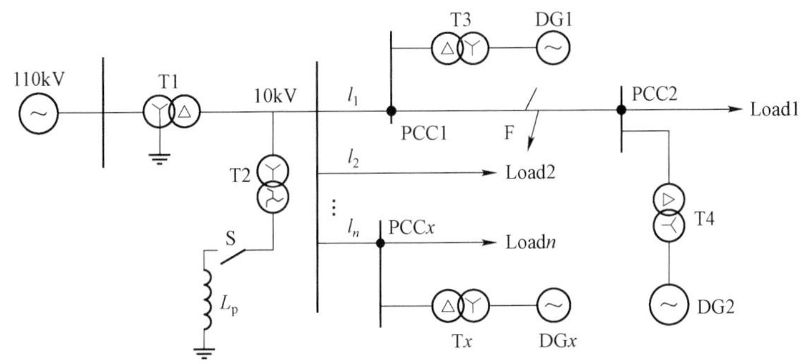

图 3－11　多个 DG 接入的典型配电网示意图

由于 DG 并网变压器的一次侧并不接地，对于图 3－2 所示接地故障等值电路，DG 接入将可能影响参数 L_{s1} 与 R_{s1}，而不会影响 L_{L0} 与 R_{L0}。

对于旋转型 DG，其输出特性表现为电压源特性；逆变型 DG 输出特性表现为电流源特性。同时，由于小电流接地时故障电流较小、系统正序电压及负荷电流变化不明显，DG 运行状态将不进行调整，可认为其等效阻抗在接地前后保持不变。

综合考虑旋转型 DG 自身阻抗与并网变压器阻抗的特性，其作用类似于小容量电源（即主变压器），其接入后将一定程度改变接地故障工频电流在正序网络和负序网络的分布，对于零序网络故障电流的分布几乎没有影响。

逆变型 DG 接入后的阻抗近似为并网变压器的励磁阻抗，其在正序网络、负序网络的作用类似于小容量负荷，均几乎不影响正负零序网络。

综上，无论是不接地系统还是经消弧线圈接地系统，无论是接入旋转型 DG 还是逆变型 DG，无论 DG 接入何处，均可认为不改变工频电气量的特征。

2. DG接入对接地故障暂态电气量的影响

DG接入对接地故障暂态的影响机理与对工频量的影响相似，但又有不同。

旋转型DG并网后，对于线模网络的作用类似于小容量电源，将改变DG接入点的线模阻抗。针对图3-2所示接地故障等值电路，当旋转型DG接入故障点至母线之间的线路或者接入健全线路靠近母线处时，将使线模阻抗减小。由于接地故障暂态频率较高，线模阻抗对接地故障暂态过程有一定影响，即影响接地故障暂态电气量的幅值、谐振频率与衰减；而接入故障点下游线路或接入健全线路远离母线处时，对线模阻抗的影响即可忽略。

逆变型DG的作用类似于小容量负荷，几乎不影响线模网络。

无论对于不接地还是消弧线圈接地系统，旋转型DG将使得接地故障暂态谐振频率、持续时间、电流幅值的变化范围略有增大，且影响暂态电流在线模网络内的分布规律，但几乎不影响在零模网络内的分布规律。因此，利用暂态线模信号的检测（选线、定位、分界）方法将可能不再适用，而利用暂态零模信号的检测方法仍能适用，但已有检测装置的采样频率、选取的特征频段、录波数据长度、电流测量范围需要适度调整。逆变型DG不影响接地故障暂态特征及其分布规律，已有暂态检测的原理和装置仍能适用。

3.2 小电阻接地系统接地故障保护

国内部分城市的中压配电网采用了中性点经小电阻（常用值为10Ω）接地的方式，其单相接地故障特征介于小电流接地系统与直接接地系统之间。

3.2.1 存在的主要问题

10kV配电线路常发生单相高阻接地故障，如架空导线跌落在草地、马路、沙地、水塘，以及导线碰树等。美国得克萨斯农业机械国际大学研究表明，高阻接地故障时，过渡电阻一般在100Ω以上，接地电流小且类型复杂。而我国10kV小电阻接地配电网零序过电流保护的电流定值（指3倍的零序电流定值，下同）一般为40～60A，最大只能检测到90～140Ω左右的接地电阻。因此，高阻接地时将拒动，而系统长时间带故障运行，可能导致接地变压器保护动作切除母线电源或相间短路故障，扩大故障范围和危害程度。

目前高阻接地故障的保护问题已引起国内外的广泛关注。现有大电流接地系统高阻接地故障检测算法主要分为两类：

（1）基于谐波或者畸变信息，并采用模式识别等分析工具的方法。如：把零序电流的真有效值及其二次谐波、三次谐波、五次谐波的幅值与三次谐波的相位信息输入决策树来识别高阻接地故障；利用模糊逻辑和神经网络等智能算法，通过区分负荷投切、变压器励磁涌流和正常负荷变化等系统影响实现高阻接地故障区的辨识；利用非递归型（finite impulse response，FIR）滤波器提取零序电流间谐波分量，根据间谐波电流对应的能量对高阻接地故障进行检测；利用故障时零序电流过零点前后的凹凸性提出一种不依赖于零序电流幅值的高阻接地故障保护方法；通过对高阻接地故障时电路线性元件和故障点非线性电阻的伏安特性分析，提出一种基于过渡电阻非线性识别的高阻接地故障保护算法。

（2）利用接地故障产生的工频零序电流/电压构成接地保护。如：通过适当增大接地变压器保护的电流与时限定值，同时适当减小馈线和配电变压器零序保护电流与时间定值来改善接地变压器、馈线及配电变压器零序过电流保护的配合，避免高阻接地、相继（交替）接地故障等故障时接地变压器保护的误动；利用线路出口处零序电压及零序电流信号分别构成有功功率方向保护，但这种方法需同时采集故障零序电压和零序电流信息且需要保持二者接线极性的一致性，而高阻接地时零序电压幅值小、相位误差较大，会限制保护可靠性和灵敏度的提升。

相比于传统定时限零序过电流保护，这两类方法的灵敏度均有提高，前者更适用于接地点不稳定的情况，而后者整定配置更简便可靠，在现场更易实现。

上述第一类方法主要针对美国采用多点直接接地的三相四线制系统。该系统中，负荷一般接在相线与中性线之间，负荷电流包含了较大的零序分量，无法根据工频零序电流区分高阻接地故障电流与负荷电流，故高阻接地故障只能采用检测暂态量信息的第一类检测方法。

对于高阻接地故障，小电阻接地系统的故障特征与中性点直接接地系统相近，虽然可借鉴后者的成熟经验，但国内中压配电网基本采用三相三线制系统，正常运行时负荷不包括零序电流，只有不对称工况等产生较小的不平衡零序电流，因此，采用第二类利用工频量的方法将比第一类利用谐波和畸变量的方法更为简单可靠、更为灵敏。

3.2.2　零序过电流保护

与相间短路三段式电流保护类似，三段式零序过电流保护也分为瞬时零序电流速断保护（Ⅰ段）、限时零序电流速断保护（Ⅱ段）与定时限零序过电流保护（Ⅲ段），其基本原理及整定原则也与三段式电流保护类似。

由于配电线路长度短，且受系统中性点接地电阻影响，不同位置接地时故障电流变化很小，各级保护（出线保护、分支线保护、配电变压器保护等）间很难通过零序电流幅值实现配合，仅能通过时间级差配合。同时，接地故障最大电流较小，对于保护的速动性要求并不高，现场常常以零序Ⅲ段保护为主。

零序Ⅲ段的整定原则是，动作电流应躲过被保护线路在正常运行时，由三相对地导纳不平衡、三相 TA 合成零序电流等原因引起的不平衡电流以及区外接地故障时被保护线路最大电容电流，即正常运行时被保护线路三相对地电容电流的标量和。考虑到线路对地电容电流的最大范围以及负荷转供等特殊情概况，零序Ⅲ段的定值一般设为40～60A。

零序过电流保护实现简单，但高阻接地时保护将拒动，对于导线碰树、断线坠地以及人身触电等高阻接地故障，基本无能为力。

3.2.3 零序电流反时限保护

如果简单地降低零序过电流保护的电流定值，则会使低阻接地时健全出线零序电流高于定值而误动。一个有利条件是，无论故障点过渡电阻多大，故障出线零序电流始终远远大于健全出线的零序电流。据此，可降低保护启动电流定值，并利用反时限电流保护方法通过各出线间的横向配合提高高阻接地保护的灵敏性。

同一母线上所有出线均配置反时限零序过电流保护，且保护的特性相同。允许保护启动电流定值 I_S 低于各条出线的对地电容电流，利用接地故障时各出线零序电流大小不同引起的跳闸时限不同实现可靠性和选择性。如线路上发生低阻接地或金属性接地故障时，故障线路和部分健全线路的接地保护会因零序电流高于 I_S 而同时启动，由于故障线路零序电流远大于健全线路，其接地保护会先于健全线路接地保护动作于跳闸，后者返回不会出现误动。而高阻接地故障时，仅有故障线路接地保护因线路零序电流大于 I_S 而启动并动作，健全线路保护没有启动，也不会误动作。

可通过扩大故障线路与健全线路保护间的动作时限差、设置相同零序电流时接地变压器保护动作时限大于出线保护，来解决故障线路保护、健全线路保护与接地变保护三者之间的配合。

图 3－12 给出一组典型的反时限零序过电流保护的曲线，供不同情况下参考。图中 I_{op} 为最小动作电流；t_{op} 为 I_{op} 对应的动作时限。

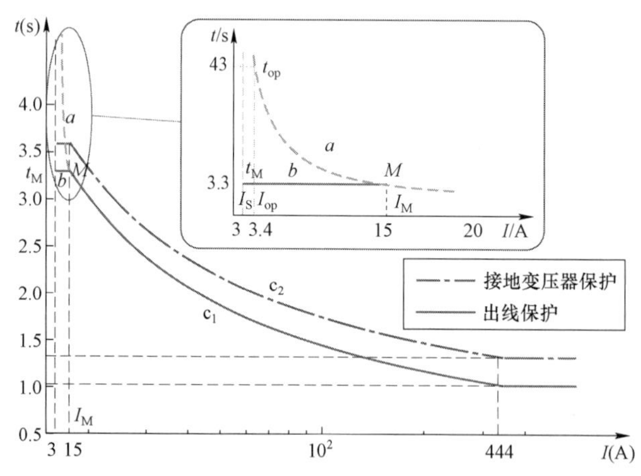

图 3－12 反时限零序过电流保护电流－时间特性曲线

为优化典型反时限曲线中，高阻接地故障时零序电流过小导致动作时限过长的问题，引入一段最大定时限为 t_M 的水平线 b 将典型反时限曲线 a 截断，两者交点 M 处的电流记为拐点电流 I_M，如图 3－12 所示。即，当零序电流在 I_S～I_M 之间时，保护以最大定时限 t_M 动作于跳闸。

一个典型的反时限零序过电流保护表达式为

$$t(I)=\begin{cases}3.3\text{s}, & 3\text{A}<I\leqslant 15\text{A}\\ \dfrac{0.1078}{\left(\dfrac{I}{3}\right)^{0.02}-1}, & 15\text{A}<I\leqslant 444\text{A}\\ 1.0\text{s}, & I>444\text{A}\end{cases} \tag{3-22}$$

3.2.4　反时限原理高灵敏度阶段式零序过电流保护

反时限电流保护配置相对复杂且在国内应用较少，本节介绍一种高灵敏度阶段式零序过电流保护方法，可一定程度上实现反时限零序过电流保护效果。

将现有定时限零序（Ⅲ段）过电流保护进一步分解为多段定时限零序过电流保护（可记为ⅢA 段，ⅢB 段，ⅢC 段，…），各段电流与动作时限定值呈阶梯分布。段数及各段对应的电流范围要确保任何情况下，故障出线零序电流与健全出线零序电流对应不同的段，即确保故障出线保护的动作时限小于健全出线。接地时，部分或所有健全出线可能和故障出线同时启动，但故障出线保护动作时限短，将率先跳闸切除故障，则健全出线保护在故障电流消失后返回，避免误动。

将接地变压器保护也分解为多段定时限零序过电流保护（可记为ⅢA′段，ⅢB′段，ⅢC′段，…），段数与出线保护相同，每段的电流定值范围与出线保护大体相同，动作时限较出线保护延长一个 Δt。即，无论是接地变压器保护还是出线保护，相邻两段保护之间动作时限需要相差 $2\Delta t$。

接地变压器保护与出线保护的电流－时间动作特性曲线如图 3－13 所示。

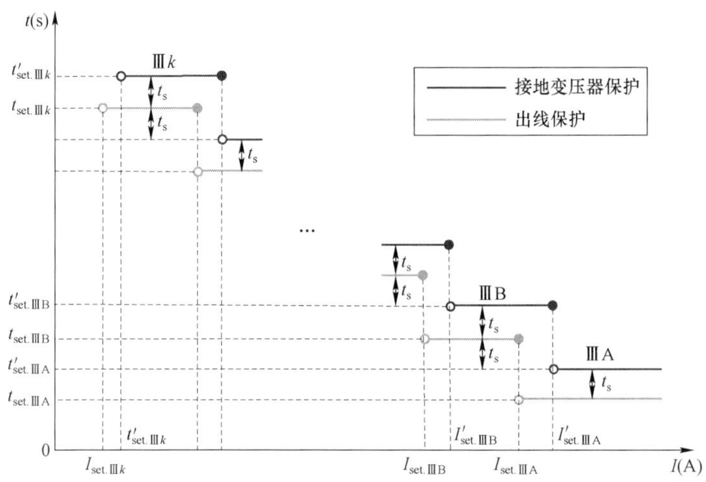

图 3－13　接地变压器保护与出线保护的电流－时间动作特性曲线

其中，$I_{\text{set.ⅢA}}$、$I_{\text{set.ⅢB}}$、…、$I_{\text{set.Ⅲ}k}$ 分别为出线保护各段电流定值，$t_{\text{set.ⅢA}}$、$t_{\text{set.ⅢB}}$、…、$t_{\text{set.Ⅲ}k}$ 分别为对应的动作时限定值；$I'_{\text{set.ⅢA}}$、$I'_{\text{set.ⅢB}}$、…、$I'_{\text{set.Ⅲ}k}$ 分别为接地变压器保护各段电流定值，$t'_{\text{set.ⅢA}}$、$t'_{\text{set.ⅢB}}$、…、$t'_{\text{set.Ⅲ}k}$ 分别为对应的动作时限定值。

根据图 3－13 所示动作特性，若发生高阻接地故障，当接地点在出线上时，则一般只有故障出线保护和接地变压器保护启动，但故障出线保护动作时限较短，率先动作于跳闸，切除故障后，接地变压器保护返回，不会误动；当接地点在母线上时，则只有接地变压器保护启动并经延时后动作于跳闸。若发生金属性接地或低阻接地，当接地点在出线上时，部分甚至全部健全出线保护会随故障出线保护、接地变压器保护一同启动，但故障出线保护会率先动作于跳闸，其余保护有足够时间返回而不误动；当接地点在母线上时，部分甚至全部出线保护会随接地变压器保护一同启动，但接地变压器保护会率先动作于跳闸，出线保护有足够时间返回而不误动。

考虑现场零序电流测量误差，还需从电流定值上加以配合。即设计接地变压器保护每段电流定值下限值比对应的出线保护高 20%～30%。同时，故障出线零序电流在两段保护交接值附近时，健全出线与故障出线零序电流须分别对应不相邻的两段保护或健全出线保护不启动。

ⅢA 段整定值 $I_{set.ⅢA}$ 仍可按原有定时限零序过电流保护的整定原则进行整定，躲过线路的最大电容电流，可确保此时只有故障出线保护启动。一般可取

$$I_{set.ⅢA}=60A \tag{3-23}$$

为简化保护整定过程，保护段数 k 一般取 3 即可，也即共设ⅢA 段、ⅢB 段和ⅢC 段保护。此时，I_S 也作为ⅢC 段保护电流定值 $I_{set.ⅢC}$，即 $I_{set.ⅢC}$=3A。

考虑可靠系数 K_{rel}，每段保护电流定值的上下限相差不应超过 8 倍，即 $I_{set.ⅢA}/8<I_{set.ⅢB}<8I_{set.ⅢC}$。典型可取 $I_{set.ⅢB}$=15A。

出线保护的最小（ⅢA 段）动作时限定值可与传统定时限零序过电流保护定值一致，其余各段保护的时限定值在此基础上按照 2 个时间阶梯 Δt 递增。接地变压器保护的段数和出线保护相同，各段时限定值在对应段出线保护时限定值基础上增加一个时间阶梯 Δt。

3.2.5 电压比率制动式零序过电流保护

高阻接地时，零序电压会按比例降低，其幅值大小可以一定程度上反映故障点过渡电阻大小。根据具有制动特性的电流继电器的特点，在传统零序过电流继电器中引入一个能够反映出接地电阻大小的制动量（零序电压 U_0）。此时，整定值不再按躲过区外金属性接地时线路流过的电流整定，而是根据制动电压自适应调整，保证在区内发生不同接地电阻故障的情况下保护能够正确动作，而区外故障时保护始终不动。

按比率制动的一般方法，采用零序电压比率制动的零序过电流保护整定值可表示为

$$I_{set}=\begin{cases} I_S, & U_0\leqslant U_{0.g} \\ K_{Uratio}(U_0-U_{0.g})+I_S, & U_0>U_{0.g} \end{cases} \tag{3-24}$$

式中：I_S 为启动电流定值；$U_{0.g}$ 为拐点电压；K_{Uratio} 为制动系数。

区内接地故障判据为保护安装处零序电流幅值 I_0 大于等于调整后零序过电流保护整定值 I_{set}。

图 3－14 中，折线 ABC 即为电压比率制动特性曲线，A 点对应启动电流定值 I_S，B 点对应拐点电压 $U_{0.g}$，C 点对应最大零序电压 $U_{0.max}$ 与最大零序电流 $I_{0.max}$，BC 段曲线的斜率即为制动系数 $K_{Uratio}=\dfrac{I_S}{U_0}$。

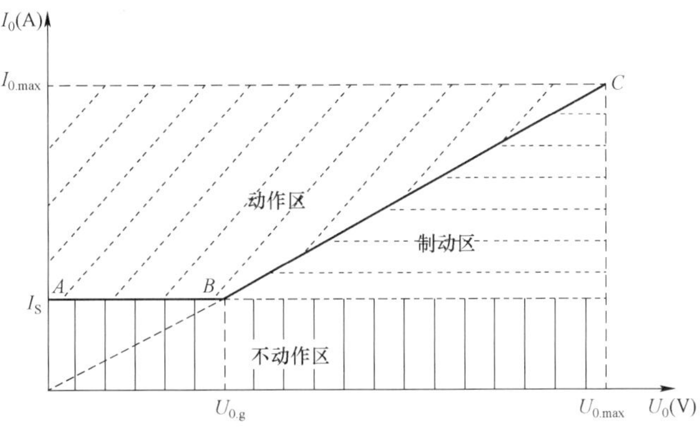

图 3－14　电压比率制动特性曲线

从提高保护耐受过渡电阻能力的角度，启动电流定 I_S 越小越好。另一方面，启动电流 I_S 必须躲过正常运行时的最大不平衡电流，考虑到零序 TA 的线性范围与测量误差，I_S 也需要高于零序 TA 满量程的 0.5%。对于中性点接地电阻为 10Ω 的 10kV 系统，启动电流 I_S 可取 2～3A，可保护 2kΩ 过渡电阻的接地故障。

设单出线对地电容电流最小为 0A、最大不超过 40A，并考虑可靠系数 K_{rel}，可取为典型值 $K_{Uratio}=0.01S$。

在启动电流定值 I_S、制动系数 K_{Uratio} 两者确定的基础上，得拐点电压 $U_{0.g}$ 为 88.7V。

3.2.6　零序电流比较式集中保护

无论故障点过渡电阻多大，故障电路零序电流幅值总是远远大于（一般 10 倍以上）健全线路电流，其近似有 90° 相位差。典型电气量的相量关系示意图如图 3－15 所示。

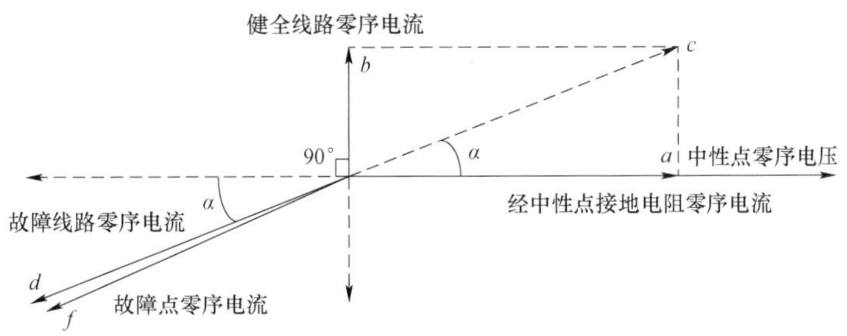

图 3－15　典型电气量的相量关系示意图

根据上述特点，可以借鉴小电流接地故障选线技术思路，通过比较各出线零序电流幅值和（或）相位关系确定故障线路，实现所谓集中式保护。

（1）零序电流幅值比较保护。保护判据为：若某出线零序电流幅值远远大于（10 倍以上）其他所有出线的零序电流，则该出线为故障线路；如果不存在该规律，则判为母线接地故障。

该方法在某条出线电容电流远远大于（10 倍以上）其他所有出线电容电流且母线接地时会误动。

（2）零序电流相位比较保护。考虑到相位测量误差与裕度，保护判据可设为：若某条出线零序电流相位超前其他所有出线零序电流相位 85°～110°，则该出线为故障线路；若各出线零序电流相位差均在 30° 以内，则判为母线接地故障。

该方法在出线零序电流幅值较小，受外界干扰影响相位测量误差较大时易误动。

（3）零序电流群体比幅比相保护方法。综合比较各出线零序电流的幅值与相位关系，可以避免单独幅值比较与单独相位比较的缺点，提高保护可靠性。

保护判据为：在零序电流幅值最大的若干条（最少 3 条）出线中，若某条出线零序电流相位超前其他任意出线零序电流相位 85°～110°，则该出线为故障线路；若各出线零序电流相位差均在 30° 以内，则判为母线接地故障。

3.2.7 基于出线零序电流与中性点零序电流比较的接地故障保护

接地故障时，系统中性点电流为中性点接地电阻电流，10Ω 接地电阻时对应的最大中性点电流接近 600A，明显大于系统电容电流（一般不超过 200A），二者相位差约 90°。故障出线零序电流等于中性点零序电流与健全出线零序电流之和，其幅值略大于中性点零序电流，二者近似反相位。上述关系如图 3－15 所示。

健全线路零序电流在中性点零序电流上的投影系数近似为 0，而故障线路零序电流在中性点零序电流上的投影系数近似为 1，且该关系与故障点过渡电阻无关，利用此种差异可以有效判别故障出线，实现保护。

该方法需要同时采集出线零序电流与中性点零序电流信号。

为了兼顾原有零序过电流保护，判据可为出线零序电流大于时 I_S 保护启动，当出线零序电流大于传统零序过电流保护定值 I_{0set}（一般为 40A～60A），或者小于定值 I_{0set}，但在中性点零序电流上的投影系数超过预设定值 $\rho_{proj.set}$ 时判定为故障出线。

3.3 小电流接地系统接地故障保护

3.3.1 小电流接地故障保护现状

中性点不接地与经消弧线圈接地是目前我国配电网采用的主要接地方式。小电流接地故障保护，特别是谐振接地系统的接地故障保护问题，长期没有得到有效解决。这里固然有技术方面的因素，如接地故障电流小、间歇性故障多、消弧线圈补偿使得故障线路电流小于非故障线路，但更多的是因为可以通过人工拉路查找故障，长期以来保护技术没有得到足够重视，变电站内的选线装置往往处于盲管状态，其管理与维护工作都跟不上需求。

人工拉路选线会造成非故障线路出现不必要的短时停电，给高科技数字化设备、大型联合生产线等敏感负荷带来影响，造成生产线停顿、设备损坏、产品报废、数据丢失等严重事故。根据中国东部沿海某省的统计结果，人工拉路选线造成的短时停电占总短时停电次数的比例高达 40%。过去我国电网运行规程允许配电网带接地故障运行一段时间，以避免用户停电，但系统带接地点长期运行，接地故障产生的过电压容易导致非故障相绝缘薄弱环节击穿，引发两相接地短路故障，使事故扩大；电弧接地故障还时常引发电缆沟与电缆隧道着火、开关柜烧损、母线短路而导致大面积停电；在发生人体触电事故时，不能及时终止对触电者的伤害；不能消除导线坠地、碰树故障带来的隐患，易引发触电事故与火灾。

近年来，随着对人身安全与供电可靠性的重视，小电流接地故障保护逐渐受到了关注。其研究与推广应用取得了突破性的进展，涌现出许多可靠实用的解决方案。国家电网有限公司与中国南方电网有限责任公司均修改制定配电网运行规程，要求解决小电流接地故障的保护问题，快速就近隔离永久性接地故障。就近隔离永久性接地故障，既能充分发挥小电流接地系统瞬时性故障自愈的优点，又消除了系统带故障点运行带来的事故扩大的风险，同时避免了出线断路器跳闸带来的全线停电问题，是配电网接地故障处理的发展方向。

现场应用的接地故障保护方法主要利用工频量、暂态量、行波分量、相电流突变量等被动保护方法，以及利用扰动量的主动保护方法。

3.3.2　工频量接地故障选线技术

接地故障选线指安装在变电站的集中式选线装置或馈线保护装置在发生接地故障后选择出故障线路，动作于告警信号或直接跳闸切除故障。

1. 零序电流群体比幅比相法

群体幅值比较法比较各出线零序电流的幅值，选择幅值最大的线路为故障线路。优点是不需要设置整定值或门槛值，不足之处是在母线接地时会将零序电流最大的非故障线路选为故障线路。

群体相位比较法比较所有出线的零序电流的相位，将相位与其他线路相位相反的线路选为故障线路，如果所有出线的零序电流相位相同则判为母线或母线背后的系统接地。相位比较法解决了母线接地时误选的问题，但在非故障线路较短、零序电流较小时，可能因其相位计算误差较大而误选，且不适用于母线上只有两条出线的场合。

实际应用的选线装置综合利用各出线零序电流幅值和相位信号，即群体比幅比相选线方法。故障时，先比较所有出线的零序电流幅值，选择幅值最大的若干条（至少 3 条）线路参与相位比较。在备选线路中，选择与其他线路相位相反的线路为故障线路，如果所有线路电流相位均相同则为母线接地。

群体比幅比相法是由中国电力科技工作者在 1980 年代发明的，曾获得了广泛的应用。这种方法仅适用于中性点不接地系统中，谐振接地系统中受消弧线圈影响，无法实现故障选线。此外，实际接地故障中有一定比例的间歇性接地故障，接地电流不稳定，难以准确地计算零序电流的幅值与相位，无法保证故障选线的可靠性。目前，利用稳态量的群体比幅比相法已被后面介绍的暂态量群体比幅比相法所代替。

2. 零序电流无功功率方向法

在中性点不接地配电网中，故障线路上零序电流 $\dot{I}_{k0}$ 相位滞后零序电压 $\dot{U}_0$ 90°，零序电流无功功率从线路上流向母线；非故障线路上零序电流 $\dot{I}_{h0}$ 相位超前零序电压 $\dot{U}_0$ 90°，零序电流无功功率从母线流向线路。中性点不接地配电网中零序电流与零序电压的关系如图 3-16 所示。

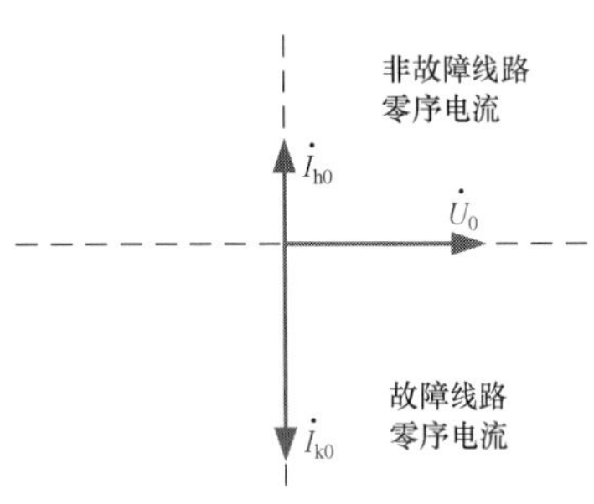

图 3-16　中性点不接地配电网中零序电流与零序电压的关系

零序电流无功功率方向法通过比较出线的零序电流与零序电压之间的相位关系检测零序无功功率的方向，如果某线路的零序电流相位滞后零序电压 90°，将其选为故障线路。因为是以零序电流中的无功分量作为故障量，因此该方法又被称为 $I\sin\varphi$ 法。

零序电流无功功率方向法不需要采集其他线路的信号，有自具性，可以集成到出线保护装置中，在欧洲与日本有着广泛的应用。其缺点也是不适用于谐振接地系统，对于间歇性接地故障来说，接地电流存在严重的畸变现象，影响保护的正确动作。

3. 有功功率选线方法

在谐振接地配电网中，消弧线圈一般运行在过补偿状态下，故障线路零序电流中的无功分量可能与非故障线路相同，因此，无法再通过检测零序无功电流方向进行故障选线。

考虑实际配电线路存在对地电导与消弧线圈自身的有功损耗，接地故障电流中存在有功电流，可以通过检测零序有功功率的方向实现故障选线，该方法又被称为 $I\cos\varphi$ 法。

选线装置可用两种方法检测零序有功功率方向：① 直接计算零序有功功率，根据正负符号判断其方向；② 比较零序电流与零序电压的相位关系检测零序有功功率的方向。

谐振接地配电网中，零序电流中的有功分量比例往往不到 5%，考虑互感器的变换误差、选线装置的模拟信号处理误差以及模数转换与计算误差后，很难准确地从零序电流中提取出有功分量，故障选线的可靠性没有保证。

解决问题的途径是在消弧线圈上并联一个电阻，增大故障线路零序电流中的有功电流，扩大其与非故障线路零序电流之间的相位差，如意大利、法国采用就是这种做法。也可在出现永久接地故障后在中性点上短时投入并联电阻，但这样需要一次设备动作的配合。

目前生产的消弧线圈均带有阻尼电阻，对于高阻故障来说，因系统零序电压小，阻尼电阻可不退出运行，这种情况下，故障线路零序中的阻性分量比较大（接近或超过 10%），有利于利用有功功率法实现可靠选线。

有功功率法在法国、意大利与日本等国有着广泛的应用，中国的不少变电站也安装有功功率选线装置。这种方法优点是能够克服消弧线圈的影响，缺点是需要投入并联电阻，增加了投资，放大了接地残余电流，存在安全隐患；此外，在接地电流存在严重的畸变时，也会影响保护的正确动作。

3.3.3　暂态量选线方法

小电流接地故障产生的暂态电流远大于稳态电流，且不受消弧线圈的影响。利用暂态量进行故障选线，可以提高选线的灵敏度与可靠性。

1. 首半波法

首半波法的依据为在首个暂态半波内，暂态零序电压与故障线路零序电流极性相反，而与非故障线路暂态零序电流极性相同。图 3－17（a）给出了一个现场记录的波形，从中可见，暂态零序电流一般是按指数衰减的交流分量，持续若干个暂态周期；在暂态过程的第一个半波时间（首半波）T_b 内，暂态零序电压 $u_0(t)$ 和故障线路的暂态零序电流 $i_{f0}(t)$ 极性相反。

但是，在首半波后的暂态过程中，暂态零序电压与暂态零序电流的极性关系会出现反转，即首半波原理仅利用第一个二分之一暂态周期（即 T_b ）内的信号，后续暂态信号可能起相反作用而导致误选。即使是滤除了工频分量和高频分量后的暂态电压电流信号，其在暂态过程中的极性关系也是交替变化的，如图 3－17（b）所示。受系统参数和故障条件影响，暂态频率将在一定范围内变化，使得首半波极性关系成立的时间非常短（如 1ms 以内）且不确定，难以保证保护可靠性。此外，在高阻接地故障时，故障初始零序电压的幅值很小，导致无法准确判断零序电压初始极性，造成故障选线失败。

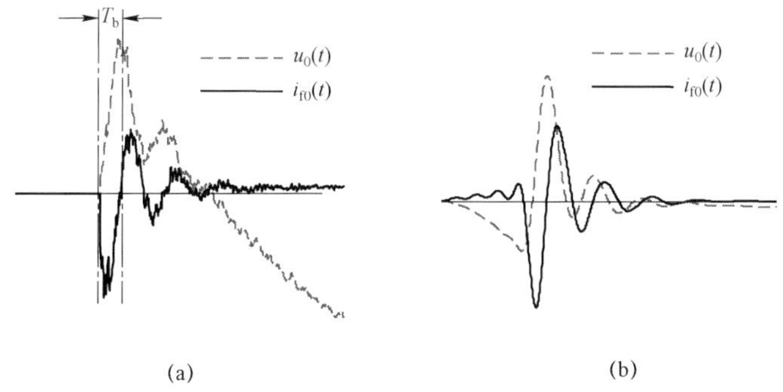

图 3－17　实际故障的暂态零序电压与故障线路暂态零序电流波形

（a）电压与电流原始信号；（b）滤波后的暂态电压与暂态电流

2. 暂态方向法

故障线路暂态零序电流由线路流向母线，而非故障线路的暂态零序电流方向与此相反，由母线流向线路，利用上述特征可以鉴别出故障线路。

对于非故障线路，暂态零序电压与电流信号 $u_0(t)$ 、$i_{f0}(t)$ 满足关系

$$i_{f0}(t)=C_{j0}\frac{du_0(t)}{dt} \tag{3-25}$$

式中：C_{j0} 为非故障线路电容。

故障线路的暂态零序电压 $u_0(t)$ 与电流 $i_{f0}(t)$ 满足关系

$$i_{f0}(t) = -C_{b0}\frac{\mathrm{d}u_0(t)}{\mathrm{d}t} \tag{3-26}$$

式中：C_{b0} 为所有非故障线路电容与母线及其背后系统分布电容之和。

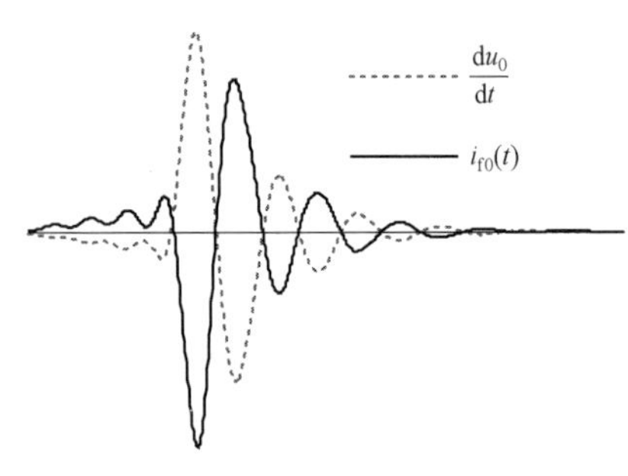

图 3－18　暂态零序电压导数与故障线路暂态零序电流的极性关系

可见，以暂态零序电压的导数为参考，检测暂态零序电流的极性就能检测暂态零序电流的方向，实现故障选线：故障线路上暂态零序电流与零序电压的导数始终反极性，非故障线路暂态零序电流与零序电压的导数的始终同极性。对图 3－17（b）中的暂态零序电压求导，其与故障线路的暂态零序电流间的极性关系如图 3－18 所示，可见两个波形始终反极性，避免了电流与电压极性关系在第一个半波后就变为相同的情况，因此可以克服首半波法选线原理只在首半波内有效的缺陷。

定义某出线暂态零序电流 $i_{f0}(t)$ 和零序电压 $u_0(t)$ 方向系数为

$$D_m = \frac{1}{T}\int_0^T i_{f0}(t)\,\mathrm{d}u_0(t) \tag{3-27}$$

式中：T 为暂态过程持续时间。

如果 $D_m > 0$，则 $\frac{\mathrm{d}u_0(t)}{\mathrm{d}t}$ 与 $i_{f0}(t)$ 同极性，判断为非故障线路；如果 $D_m < 0$，则 $\frac{\mathrm{d}u_0(t)}{\mathrm{d}t}$ 与 $i_{f0}(t)$ 反极性，判断为故障线路。

暂态零序电流极性法解决了首半波法仅能利用首半波信号的问题，具有更高的灵敏度与可靠性。它仅利用母线零序电压与本线路的零序电流信号，不需要其他线路的零序电流信号，具备自具性，可以将其集成到配电线路出线保护装置中，也可以用于配电网自动化系统终端中实现接地故障的区段定位隔离与保护。

在谐振接地配电网中，在暂态分量频率大于 3 次谐波时，即可忽略消弧线圈的影响。因此，在应用暂态方向法进行故障选线前，需要对暂态量进行滤波处理，提取出特定频带（SFB）内的暂态量。对于 SFB 分量来说，不论是中性点不接地还是谐振接地配电网，故障线路暂态零模电流幅值最大且方向与非故障线路相反的结论是严格成立的。实际应用中，SFB 上限可选为 2kHz；在谐振接地配电网中，SFB 下限选为 150Hz；而对于中性点不接地配电网，下限就是直流分量。

3. 暂态零序电流群体比较法

对于 SFB 分量来说，非故障线路暂态零序电流为本线路对地分布电容电流，而故障线路暂态零序电流为其背后所有非故障线路暂态零序电流之和。即一般而言，故障线路暂态零序电流幅值大于所有非故障线路，可通过比较各出线暂态零序电流幅值选择故障线路，称为暂态零序电流幅值比较法。图 3－19 给出了三条线路的实际接地故障的暂态零序电流录波图，故障线路零序电流的幅值远大于另外 2 条非故障线路。

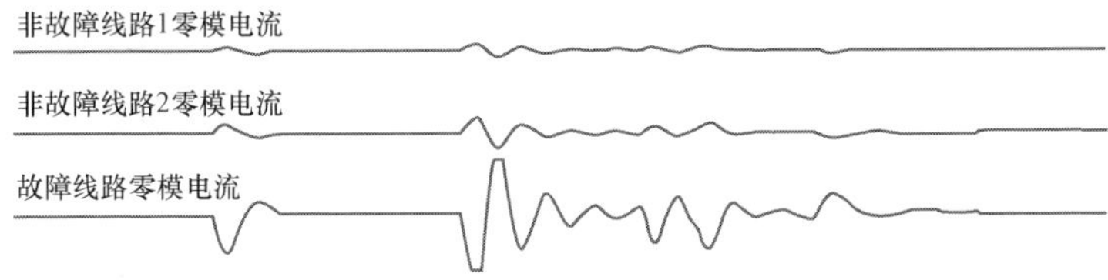

图 3－19　配电网实际接地故障的暂态零序电流录波图

故障产生的暂态零序电流从故障点经故障线路流到母线，再分配到各条非故障线路，因此故障线路与各非故障线路的暂态零序电流极性相反，如图 3－19 所示。可以通过比较各出线暂态零序电流极性选择故障线路，称为暂态零序电流极性比较法。如果某一线路和其他所有线路反极性则该出线为故障线路，如果所有线路都同极性则为母线接地故障。

单纯的暂态零序电流幅值比较法在母线接地时会误选，单纯的暂态零序电流极性比较法在电流信号较弱时易受干扰误动。可以在各出线暂态零序电流中筛选幅值较大的三条以上的线路，再比较其暂态零序电流极性关系选择故障线路，称为暂态零序电流群体比较法。

3.3.4　行波选线法

在配电线路上发生接地故障最初的一段时间（微秒级）内，故障点虚拟电源首先产生的是形状近似如阶跃信号的电流行波。初始电流行波向线路两侧传播，遇到阻抗不连续点（如架空电缆连接点、分支线路、母线等）将产生折射和反射；初始电流行波和后续行波经过若干次的折反射形成了暂态电流信号（毫秒级），并最终形成工频稳态电流信号（周波级）。

单相接地故障产生的电流行波包含了零序分量和线模分量。初始零序电流行波与线模电流行波的幅值相等，且其传播特征也相似，均可用于故障选线。

在母线处，故障线路电流行波为沿故障线路来的电流入射行波与其在母线上反射行波的叠加，非故障线路电流行波为故障线路电流入射行波的在母线处的透射波。对于含有三条及以上出线的母线，故障线路电流行波幅值均大于非故障线路，极性与非故障线路相反。因此，与工频电流和暂态电流选线方法类似，可利用电流行波构造幅值比较、极性比较、群体比幅比相以及行波方向等选线算法。区别主要在于几种方法利用了故障信号的不同分量，其技术性能也有所不同。由于暂态电流幅值（可达数百安培）远大于初始电流行波（数十安培），暂态电流的持续时间（毫秒级）大于初始行波（微秒级），从利用信号的幅值与持续时间来看，暂态选线方法所利用的信号能量均远大于行波选线方法。

3.3.5　相电流突变量选线法

无论不接地系统还是消弧线圈接地系统，正常运行时各出线三相线路电流均为负荷电流；接地故障后，除负荷电流外，三相线路电流还有对地电容电流以及接地点故障电流。

分析可知，接地故障后，非故障线路三相电流突变量均为对地电容电流，突变的大小相等、波形相同、具有相似性；对于故障线路，故障相突变电流为对地电容电流与故障点电流之和，非故障相突变电流为对地电容电流，两者波形相差很大。因此，可以利用三相电流突变量波形之间的差异来确定故障线路。

需要指出，以上分析假定线路相电压幅值与相位在故障前后没有变化，而在接地故障暂态过程中，三相电压会叠加一个不对称的暂态分量出现，上述分析对于暂态分量来说并不一定成立。实际系统中，负荷电流可到400A以上，而故障电流往往只有几个安培，考虑装置的实际测量误差，在负荷电流比较大时，故障选线的可靠性将面临较大挑战。

3.3.6 主动式选线法

主动式选线方法利用专用一次设备或其他一次设备动作配合，改变配电网的运行状态产生较大的工频附加电流，或利用信号注入设备向配电网中注入特定的附加电流信号，通过检测这些附加电流信号选择故障线路。

常用的主动式选线方法是在出现接地故障且电弧不能自动熄灭后，投入与消弧线圈并联的电阻，如图3－20所示。根据电阻值的大小，分为中电阻与小电阻两种方法。投入小电阻的方法实质上是将谐振接地系统转换为小电阻接地系统，进而采用零序过电流法实现接地故障的保护。投入中电阻的方法，使故障线路零序电流出现20～40A阻性电流增量，采用有功功率法或零序电流突变量法实现故障选线。有功功率法选线的原理已在前面介绍过。零序电流突变量选线法利用故障线路零序电流在并联电阻投入前后的变化量实现故障选线，其优点是不需要测量零序电压，易于实现，但仅适用于低阻接地故障，因为在发生高阻接地故障时零序电流主要取决于过渡电阻，投入的并联电阻在故障线路零序电流中产生的突变量很小，难以保证故障选线的可靠性。

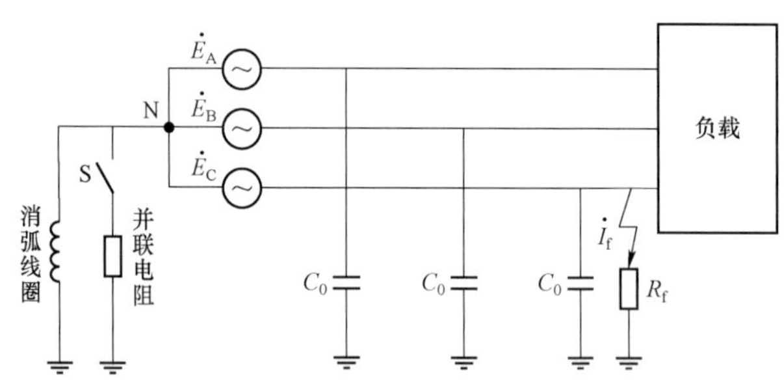

图3－20　投入与消弧线圈并联电阻的电路图

另外一种主动式选线方法是改变消弧线圈补偿度，利用故障线路零序电流在消弧线圈调整前后的变化实现故障选线，其特点与并联中电阻时采用的零序电流突变量法相同。

20世纪90年代，中国电力科技工作者发明了一种通过电压互感器注入间谐波（220Hz）的选线方法，利用间谐波信号经过故障线路流入接地点的特点，通过检测并比较出线上检测到的间谐波信号的幅值实现故障选线。这种方法需要安装信号注入设备，且仅适用于比较稳定的低阻接地故障，现在已很少使用。

3.3.7　比较暂态零序电流波形相似性的故障分段定位方法

接地故障分段定位指的是在故障选线的基础上，利用配电自动化系统或专用故障定位系统，依据线路上配电终端或故障指示器等采集的故障信息，判断出接地故障点所处的区段。目前，主要有暂态零序电流录波比较法、信号注入法与两值法等方法。

小电流接地故障时，故障点两侧的暂态过程相对独立，分别由两侧线路谐振而成，同时两侧故障电流的流向不同，使得故障区段两端的暂态零序电流极性相反、幅值与波形有较大的差异，而故障点上游非故障区段两端的暂态零序电流极性相同、幅值相近、波形相似。一个典型的故障线路零序电流波形如图 3－21 所示。因此，通过判断线路区段两端暂态零序电流的相似性可识别出故障区段。

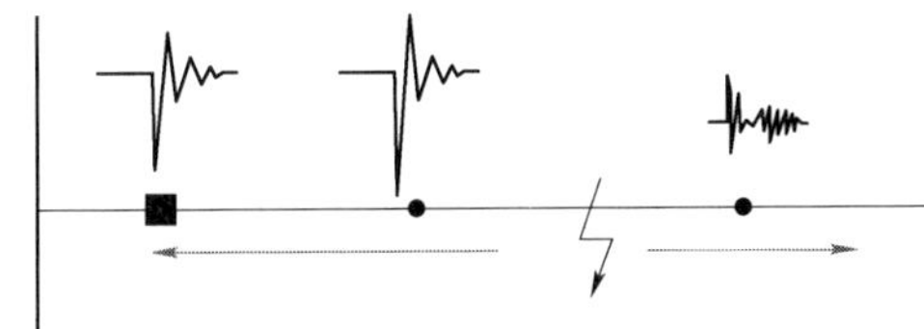

图 3－21　典型小电流接地故障时故障点两侧暂态零序电流波形

实际工程中，配电终端（或故障指示器）在检测到暂态零序电流超过门槛值时启动，记录一段时间的暂态零序电流并上报配电网自动化系统主站，主站的一般处理过程为：

（1）接收到故障选线装置上报的选线结果后，收集故障线路上配电终端（或故障指示器）的暂态零序电流录波数据。

（2）从与变电站相邻的第一个线路区段开始，依次计算各区段两端暂态零序电流的相关系数，第一个小于预设门槛值的系数所对应的区段判为故障区段。

（3）如果所有区段两端暂态零序电流相关系数均大于预设门槛值，则判断故障位于最后一个上报故障数据的配电终端下游紧邻的线路区段上。这种现象出现在故障在线路末端或故障点下游的配电终端因暂态零序电流小没有启动的情况。

该技术在国内获得了广泛的应用，但应用效果仍需要进一步优化提升。

3.3.8　利用注入信号的故障分段定位方法

利用注入信号实现故障定位的方法主要有注入间谐波（220Hz）法与外施扰动信号法。

注入间谐波故障定位法在利用注入的间谐波实现故障选线的基础上，采用固定安装的故障指示器或移动探头在线路上检测注入的间谐波信号。检测装置在接地点前能够检测到间谐波信号，而在接地点后检测不到，据此判断出故障的位置。

目前国内生产的注入信号法故障指示器主要采用外施信号，在系统中性点与变电站地网之间周期性地投切数值在 100～300Ω 之间的中电阻，产生一个交替变化的、幅值约 40A 的附加零序电流信号，中电阻每次投入时间一般为 5～10 个工频周期，投切时间间隔一般为 1s。该方法既可用于谐振接地系统，也可用于中性点不接地系统，用于中性点不接地系统时使用接地变压器，通过其中性点接入中电阻。

外施信号法采用线路上安装的故障指示器（或配电终端）检测附加电流信号，其故障定位的判据是，故障点上游的故障指示器能够检测到附加电流信号，而故障点下游的故障指示器检测不到。

由于中电阻周期性投切使相电流信号中出现一个周期性变化分量，因此，可以较好地克服负荷电流与消弧线圈补偿电流的影响，提高接地故障检测可靠性。其主要缺点在高阻接地故障时，中电阻投切产生附加零序电流幅值小，故障点上游的故障指示器将拒动；此外，该方法还无法用于瞬时性接地故障定位，在间歇性接地故障产生的干扰信号会使故障指示器误动作。

3.3.9 基于两值法的故障分段定位方法

对于短路故障，各个配电终端（或故障指示器）检测的故障电流具有两值性。即故障线路开环运行时，只存在经历了过电流（故障点上游）和没有经历过电流（故障点下游）两种状态；故障线路闭环运行时，只存在故障功率方向指向内部（故障点上游）和故障功率方向指向外部（故障点下游）两种状态。利用上述故障电流的两值性可以判断故障区段。

对于小电流接地故障，也可以利用具有两值性的故障参量实现区段定位。其定位过程可以借鉴短路故障处理流程，即配电终端（或故障指示器）将具有两值性的故障参量上报主站，主站采用短路故障定位软件模块实现接地定位，不需要增加专用接地故障主站定位软件。

具有两值性的小电流接地故障典型故障参量有暂态（无功）功率方向与暂态零序导纳。利用暂态（无功）功率方向的定位判据为两侧暂态（无功）功率极性（流向）相反的区段为故障区段。利用暂态零序导纳的定位判据为两侧电容识别值的正负特征发生变化的区段为故障区段。

3.3.10 利用分界开关隔离接地故障

在分界开关下游用户系统发生接地故障时，分界开关可直接跳闸隔离故障。

图 3－22 给出了一个含分界开关的配电网示意图，图中 S 为分界开关，C_c 为分界开关下游用户线路相对地电容，C_k 为除分界开关下游用户供电系统外本线路相对地电容，C_b 为除本线路外的系统总相对地电容；L_p 为消弧线圈电感；P 为消弧线圈投入开关。

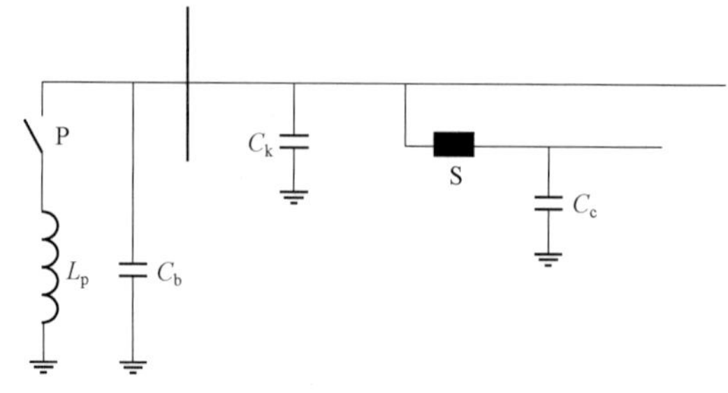

图 3－22　含分界开关的配电网示意图

已有分界开关大多通过工频零序电流的幅值判断故障是否在保护区内。在上游系统侧发生接地故障时，流过分界开关的零序电流是其下游用户线路相对地电容 C_c 的电流。在用户系统发生故障时，流过分界开关的零序电流等于故障点残余电流减去用户线路相对地电容 C_c 的电容电流。

一般来说，分界开关下游用户线路比较短，对地电容电流多数情况不超过 1A。而不论是中性点不接地系统或消弧线圈接地系统，在金属性接地时故障点残余电流均在 3A 以上，流过分界开关的电流不小于 3A。因此，采用零序过电流法，按照躲过用户系统最大电容电流的原则选择电流定值，即可在系统侧接地时可靠不动作，而在用户系统内故障时可靠切除。

零序过电流分界法仅适用于用户系统电容电流较小的情况，在用户系统发生高阻接地时，分界开关也会拒动。解决上述问题的方法是采用暂态功率方向保护，通过检测接地故障的方向判断故障是否在用户系统内。

3.3.11　小电流接地故障多级保护技术

接地故障多级方向保护（简称多级保护）技术可有选择性地就近快速隔离接地故障。与采用馈线自动化技术隔离故障相比，多级保护技术的开关动作次数少，故障点上游非故障线路区段用户不会遭受短时停电，故障隔离速度快。

接地故障多级保护系统由安装在变电站的接地故障保护装置、线路上具有接地方向保护功能的分段开关与分支开关以及具有接地故障隔离功能的分界开关构成。在检测到接地方向为正时启动，通过阶梯式动作时限配合，由故障点相邻的上游开关动作切除故障。接地保护的动作时限根据开关所处的位置整定，末级分界开关接地保护的动作时限最小，其他开关保护的动作时限依次比下游相邻开关的最大动作时限大一个时间级差 Δt。

以图 3－23 所示配电线路为例，线路出口断路器 QF，主干线路开关 Q1、Q4，分支线路开关 Q2 与 Q5，以及分界开关 Q3 与 Q6 都部署了接地保护。分界开关接地保护动作时限选为 2s；分支线路开关 Q2 与 Q5 的动作时限增加一个时间级差，设为 2.5s；主干线路开关 Q4 接地保护的动作时限比 Q5 增加一个时间级差，设为 3s；Q1 接地保护的动作时限比 Q4 增加一个时间级差，设为 3.5s；出口接地保护的动作时限则设为 4s。按照这样的动作时限配合方案，在线路上 k1 处发生接地故障时，Q6 跳闸切除故障；k2 处故障时，Q2 跳闸；k3 处故障时，Q1 跳闸；实现了保护的有选择性的动作。

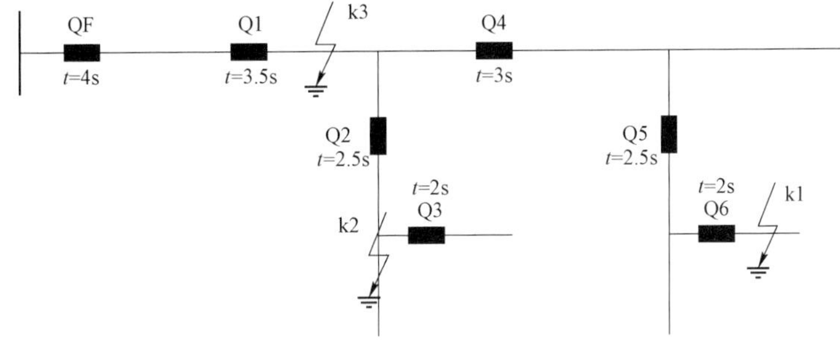

图 3－23　接地故障多级保护动作时限配合示意图

■ 闭合的断路器或负荷开关

为提高供电可靠性，架空线路上接地故障多级方向保护应配置一次重合闸。

对于有联络电源的环网线路，在由联络电源供电时，因为供电方向发生了变化，在本侧线路上发生接地故障时，上面的分段开关检测到的接地故障方向为反向，保护将拒动，这种情况下由联络开关动作切除故障。如图 3-24 所示单联络线路，变电站 M 侧线路上第一个线路区段因检修退出运行，出线断路器 QF1 处于分位，联络开关 Qt 处于合位，本侧线路由 N 侧变电站供电。如在开关 Q1 与出线断路器 QF1 之间的线路上 k 处发生接地故障，Q1、Q2 均检测到故障为反向的，保护不启动。联络开关 Qt 检测到接地故障在其供电方向的下游，保护动作切除故障，开关 Q1、Q2 因检测到接地故障后又失电自动跳闸。Qt 动作切除故障后经设定的时限重合闸，Q2 检测到来电后延时（1s）合闸，Q2 合闸后 Q1 检测到来电后延时合闸，如故障是永久性的，Q1 加速跳闸隔离故障，恢复 Q1 与 Qt 之间的线路供电。

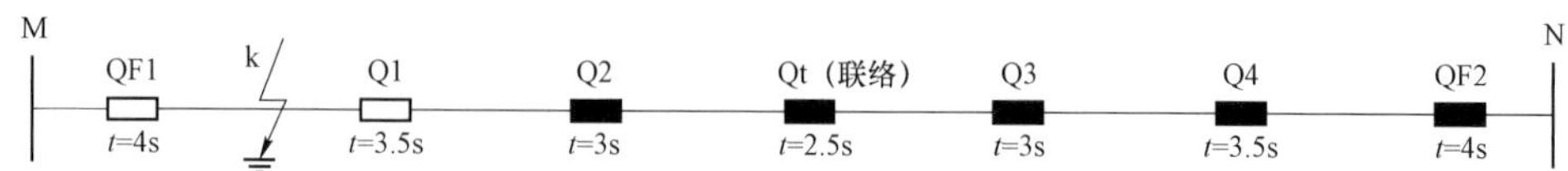

图 3-24　联络电源供电的环网线路

闭合的断路器或负荷开关　断开的断路器或负荷开关

3.4　基于柔性接地技术的单相接地故障保护

3.4.1　接地故障电弧重燃熄灭特征分析

配电网发生弧光高阻单相接地故障时，随着电弧电压方向的交替变换，故障点处电弧将反复起弧、重燃：当故障点恢复电压低于电弧燃烧的电压阈值时，电弧熄灭；当故障点电流经零休时刻后，恢复电压高于电弧燃烧的电压阈值时，电弧重燃。线路发生弧光接地故障时，由于故障支路电弧间隙的存在，故障电流在过零点处呈明显的非线性畸变特性，畸变程度取决于电弧间隙长度。这是因为故障间隙介质多为空气，其电阻和间隙长度成正比，间隙越长电阻越大，相应的击穿电压阈值也就越大，电弧电流零休时刻持续时间越长。

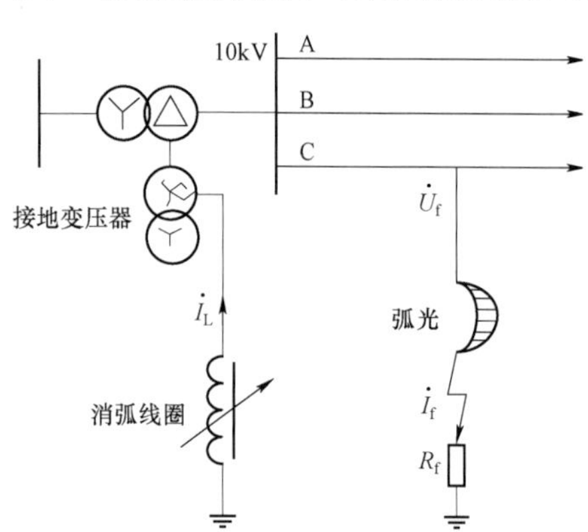

图 3-25　接地故障等效模型图

经消弧线圈接地的配电网，单相接地故障时故障点残流较小，弧光热量少不容易造成热击穿，故障点等效的非线性电阻主要由电场击穿来决定。当线路发生弧光接地故障时，故障支路可等效为可变击穿电压放电间隙与可变电阻的串联电路，如图 3-25 所示。如 10kV 电缆 C 相在外力或老化作用下，绝缘受损击穿并弧光放电，当故障点电压 U_f 小于起弧阈值电压时，故障点对地电

阻 R_f 呈高阻态，I_f 突然变到零电弧熄灭；随着故障点电压 U_f 恢复大于起弧阈值电压时，故障点在电场作用下击穿 R_f 呈低阻态，I_f 突然变大弧光复燃。

根据接地故障电弧特性，接地故障过渡电阻包含接地介质电阻以及接地介质与大地非有效接触产生的电阻。当线路发生弧光接地故障时，接地介质电阻随着故障相电压的下降而增大，当由回路电感和电流陡度决定的熄弧峰压小于弧道介质的恢复强度时，故障相电压降低到故障点重燃电压以下，故障电流急剧减小，电弧不再发生重燃。

由此，接地故障消弧的本质机理在于：故障电流过零熄弧后，故障点绝缘介质恢复速度快于故障电压恢复速度，有效阻止电弧重燃。接地故障抑制需要在接地故障发生时，强迫故障点电压低于故障电弧重燃电压，实现瞬时接地故障消弧或抑制永久接地故障电流为零。

3.4.2　中性点经可控电源的柔性接地技术

配电网发生单相接地故障时，可通过中性点主动调控故障相电压，抑制故障点电压和电流，实现消弧。传统接地故障抑制通过优化中性点接地方式实现，如图 3–26 所示，配电网中性点接地方式的选择长期以来是国内外研究的热点，也是国内外长期争论的议题。世界上各种接地方式都有成功的应用典范，但也都存在各自的适用范围局限和明显的不足。

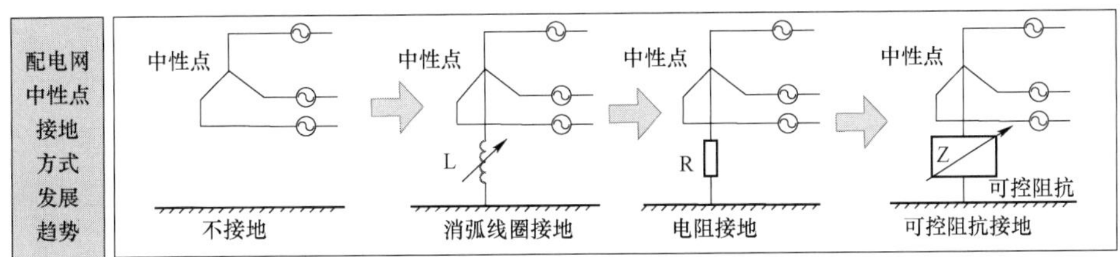

图 3–26　配电网中性点发展趋势

为应对配电网复杂多变的运行与故障特性，国内外提出了经多种接地方式有机结合的中性点复合接地方式，如南方电网推荐的消弧线圈并小电阻接地方式、瑞典中性点公司（GFN）推广的消弧线圈与电流源并联接地方式等。长沙理工大学于 2002 年提出了中性点柔性接地方式，灵活根据配电网运行状态，采用有源逆变装置调控中性点电压电流，等效为控制中性点阻抗，实现复合接地方式；并根据配电网运行状态，实时改变中性点接地阻抗，等效为灵活切换中性点接地方式，实现对故障点电流全补偿，如图 3–27 所示。

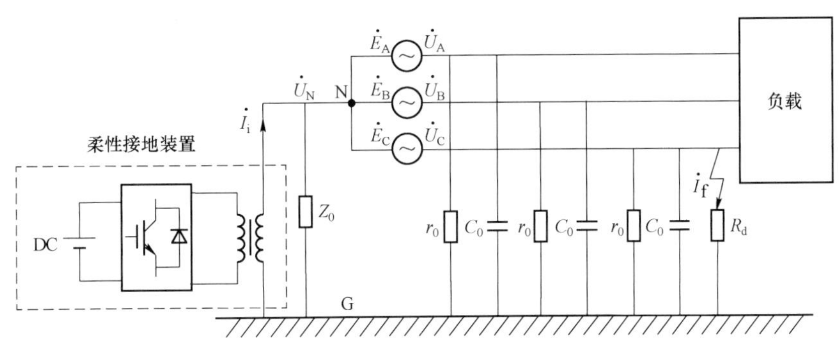

图 3–27　柔性接地配电网单相接地故障抑制示意图

由基尔霍夫定律可知

$$\dot{I}_{\mathrm{i}}=(\dot{E}_{\mathrm{A}}+\dot{U}_{\mathrm{N}})\left(\mathrm{j}\omega C_0+\frac{1}{r_0}\right)+(\dot{E}_{\mathrm{B}}+\dot{U}_{\mathrm{N}})\left(\mathrm{j}\omega C_0+\frac{1}{r_0}\right)+(\dot{E}_{\mathrm{C}}+\dot{U}_{\mathrm{N}})\left(\mathrm{j}\omega C_0+\frac{1}{r_0}+\frac{1}{R_{\mathrm{d}}}\right)+\frac{\dot{U}_{\mathrm{N}}}{Z_0} \tag{3-28}$$

设三相电源对称：$\dot{E}_{\mathrm{A}}+\dot{E}_{\mathrm{B}}+\dot{E}_{\mathrm{C}}=0$，则有

$$\dot{I}_{\mathrm{i}}=\frac{\dot{U}_{\mathrm{N}}}{Z_0}+\frac{3\dot{U}_{\mathrm{N}}}{r_0}+\frac{\dot{E}_{\mathrm{C}}+\dot{U}_{\mathrm{N}}}{R_{\mathrm{d}}}+\mathrm{j}3\dot{U}_{\mathrm{N}}\omega C_0 \tag{3-29}$$

故障相电压$\dot{U}_{\mathrm{C}}=\dot{U}_{\mathrm{N}}+\dot{E}_{\mathrm{C}}$，即有

$$\dot{I}_{\mathrm{i}}=\dot{U}_{\mathrm{C}}\left(\frac{3}{r_0}+\frac{1}{R_{\mathrm{d}}}+\frac{1}{Z_0}+\mathrm{j}3\omega C_0\right)-\dot{E}_{\mathrm{C}}\left(\frac{3}{r_0}+\frac{1}{Z_0}+\mathrm{j}3\omega C_0\right) \tag{3-30}$$

如果注入电流取值为

$$\dot{I}_{\mathrm{i}}=-\dot{E}_{\mathrm{C}}\left(\frac{3}{r_0}+\frac{1}{Z_0}+\mathrm{j}3\omega C_0\right) \tag{3-31}$$

则$\dot{U}_{\mathrm{N}}=-\dot{E}_{\mathrm{C}}$，故障相电压$\dot{U}_{\mathrm{C}}=\dot{E}_{\mathrm{C}}+\dot{U}_{\mathrm{N}}=0$，即故障相恢复电压恒为0，破坏了电弧再次重燃的条件，从源头上实现电压消弧。式（3－29）中，强制故障相电压为 0 的注入零序电流大小$\dot{I}_{\mathrm{i}}$与故障电阻无关，只需根据配电网中性点接地阻抗 Z_0、故障相电源电动势$\dot{E}_{\mathrm{C}}$、配电网单相对地泄漏电阻 r_0 和配电网单相对地电容 C_0 进行计算。由于故障点电流存在较大的随机性，并含有大量谐波分量，电流型柔性接地装置实时精确测量及跟踪全补偿实现困难。

进一步提出中性点外加电压源的电压型柔性接地方式。在接地故障后，灵活调控零序电压，控制故障点电压低于故障电弧重燃电压，强迫故障电弧自行熄灭。由于故障电弧重燃电压一般为几百到数千伏，则能确保非故障相电压低于线电压，能有效抑制过电压；且电压型柔性接地装置的零序电压运行范围宽，可开环控制实现，甚至可以取接地变压器的二次线电压经单相调压器后注入中性点，无需用电力电子装置，实现简便。且由于非有效接地中压电网具有天然优势，即电源、负荷均没有引出中性点，零序阻抗非常大，中性点外加零序电压源不能在电源和负荷侧流动，不影响电网正常运行，可以灵活调控；同时，配电网零序回路阻抗大，调控所需电压源容量小，实现方便。

如图 3－28 所示为配电网中性点经可控电压源接地原理示意图，变压器二次侧为三角形接线的配电系统，通过接地变压器引出中性点。柔性接地装备接于中性点与大地之间，可等效为可控电压源，输出电压为$\dot{E}_{\mathrm{com}}$。

配电网中性点经可控电压源接地原理等值电路如图 3－29 所示。

图 3－29 中，$\dot{Z}_{\mathrm{g_A}}=\dot{Z}_{\mathrm{g_B}}=\dot{Z}_{\mathrm{g_C}}=r_0\,//\left(-\mathrm{j}\frac{1}{\omega C_0}\right)=\dot{Z}_{\mathrm{g_0}}$，为各相对地绝缘电阻 r_0 及电容 C_0 的并联阻抗；$\dot{Z}_{\mathrm{Lp}}$为消弧线圈电抗；$\dot{Z}_{\mathrm{com}}$为可控电压源的内阻抗。

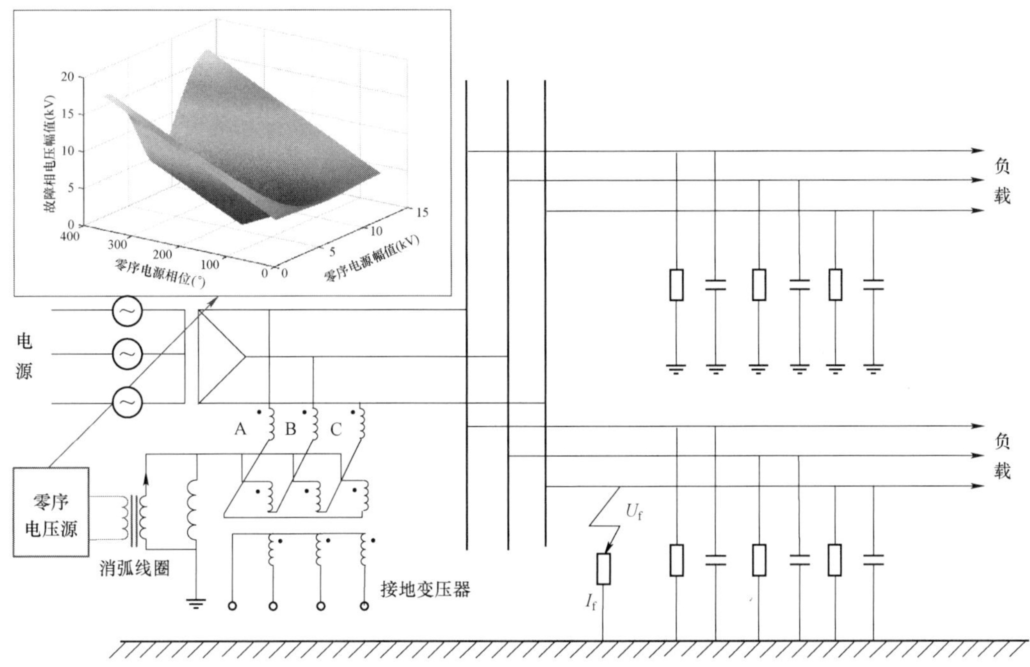

图 3－28　配电网中性点经可控电压源柔性接地原理示意图

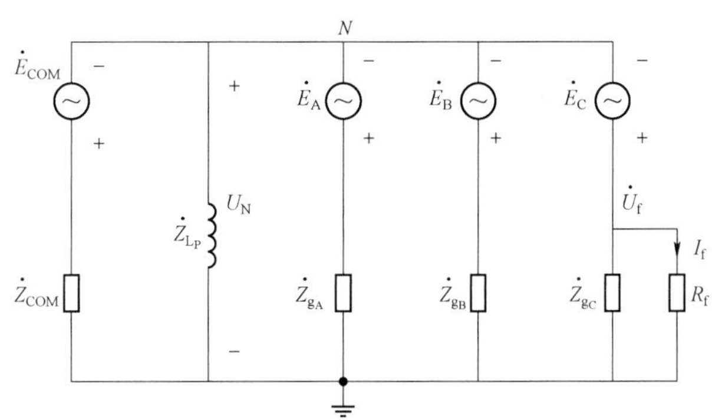

图 3－29　配电网中性点经可控电压源接地等值电路

根据基尔霍夫电压定律（KVL），可知故障点（故障相）电压为

$$\dot{U}_f = \dot{U}_N + \dot{E}_C \tag{3-32}$$

根据节点电压方程可知中性点电压 $\dot{U}_N$ 为

$$\dot{U}_N = -\frac{\dot{E}_C\dot{Y}_f + \dot{E}_{COM}\dot{Y}_{COM}}{\dot{Y}_f + 3\dot{Y}_0 + \dot{Y}_{COM}} \tag{3-33}$$

式中：$\dot{Y}_f = 1/R_f$；$\dot{Y}_{COM} = 1/\dot{Z}_{COM}$；$\dot{Y}_{Lp} = 1/\dot{Z}_{Lp}$。

$$\dot{I}_f = \dot{U}_f\dot{Y}_f \tag{3-34}$$

利用外加零序电压源，可灵活调控中性点电压 $\dot{U}_N$。故障相电压等于中性点电压与故障相电源电压之和，零序电压灵活调控，也就是故障点电压的灵活调控，如控制故障点电压低于故障电弧重燃电压，即抑制接地故障电流为零，实现接地故障抑制；控制故障点电压升高，即增大故障残流，有助于保护跳闸，隔离故障。

由此，如图 3-30 所示，中性点经可控电压源柔性接地方式，可根据配电网运行状态，等效实现各种接地方式的无缝切换：

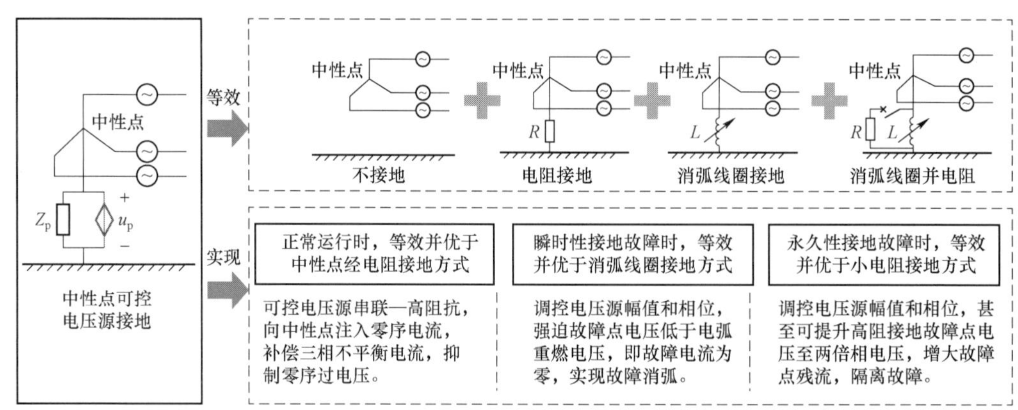

图 3-30　配电网中性点经电压源柔性接地等效任意接地方式切换示意图

综上，根据配电网运行状态，实时调控中性点对地电压，可以等效实现任意接地方式无缝切换，充分利用各种接地方式优点，克服各自的应用局限。

3.4.3　基于柔性接地技术的电压消弧原理

基于中性点经可控电源的柔性接地技术，提出了接地故障相主动降压消弧控制理论，在发生接地故障后，灵活调控零序电压，控制故障点电压低于故障电弧重燃电压，强迫故障电弧自行熄灭，实现了中性点非有效接地配电网间歇性弧光的不停电消除，且有效抑制了过电压。

非有效接地系统的电源和负荷变压器无中性点引出，如图 3-31 所示，中性点电压变化不影响三相线电压，具有中性点电压变化不影响电源和负荷正常运行的天然优势，即非有效接地系统的零序电压可以灵活调控。可以通过外加零序电源，主动调控中性点位移电压，即零电位点与中性点分离，实现故障相电压的灵活调控。E_{AB}、E_{BC}、E_{CA} 为电源电动势，U_A、U_B、U_C 为三相对地电压，U_0 为中性点零序电压，C_A、C_B、C_C 为三相对地电容，g_A、g_B、g_C 为三相对地泄漏电导，配电网中性点 N 由 ZNyn11 型接地变压器引出，消弧线圈过补偿态。

以 C 相发生单相接地故障为例，电压轨迹如图 3-32 所示，零电位点 O 沿半圆轨迹移动到 O'，因为经中性点 N 注入零序电压，强迫零电位点 O' 脱离半圆轨迹，移动到 OC 直线上 O'' 点，非故障 A、B 相电压 $\boldsymbol{U}_A''$、$\boldsymbol{U}_B''$ 升高，使非故障相对地电压在 ABC 三角区域内，故障相 C 相电压降低并在电弧重燃电压 U_{ds} 为半径的圆轨迹内，如式（3-35）所示。

$$\boldsymbol{U}_C'' = \boldsymbol{E}_C + k\boldsymbol{U}_S \tag{3-35}$$

式中：k 为中性点单相注入变压器变比，U_S 为零序电压源输出电压。为达到抑制电弧燃烧的目的，要求故障相电压 $\boldsymbol{U}_C''$ 小于电弧重燃电压 U_{ds}，即强迫故障电弧熄灭［如式（3-36）所示］。

$$\left|\boldsymbol{U}_{\mathrm{C}}''\right| < \left|\boldsymbol{U}_{\mathrm{ds}}\right| \tag{3-36}$$

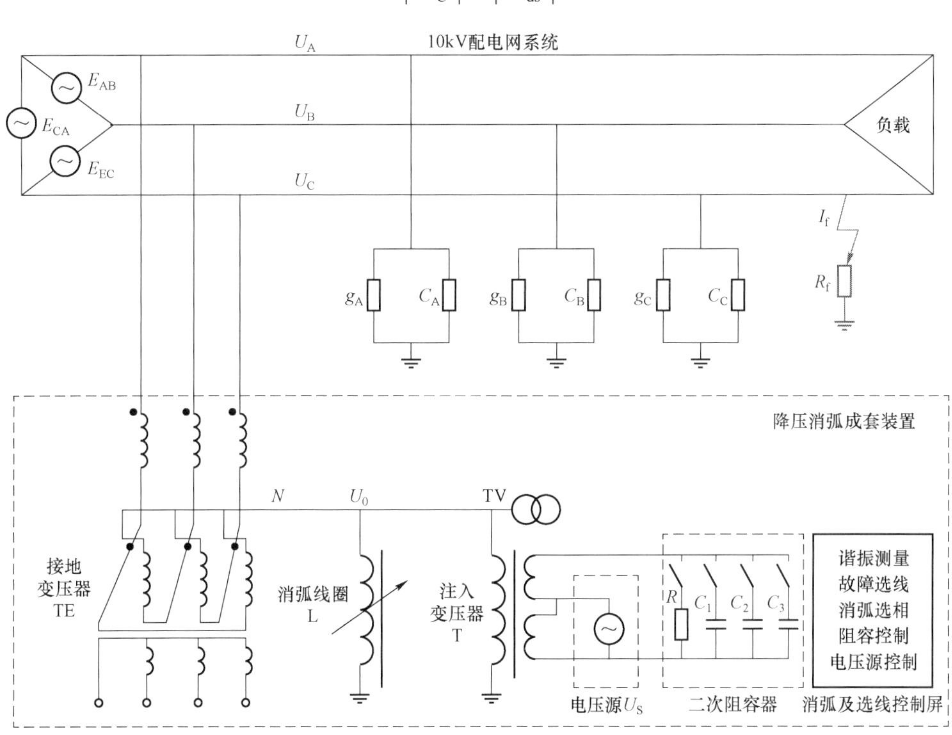

图 3-31　接地故障等效模型图

在长沙理工大学的 10kV 真型实验室环境中进行起弧实验时，钻孔破坏电缆绝缘层，电弧重燃电压 U_{ds} 幅值为 1000V 左右。实际配电网接地故障都存在一定的故障电阻和一定的击穿电压，调控故障点电压小于电弧重燃电压，能够强迫故障电弧熄灭。

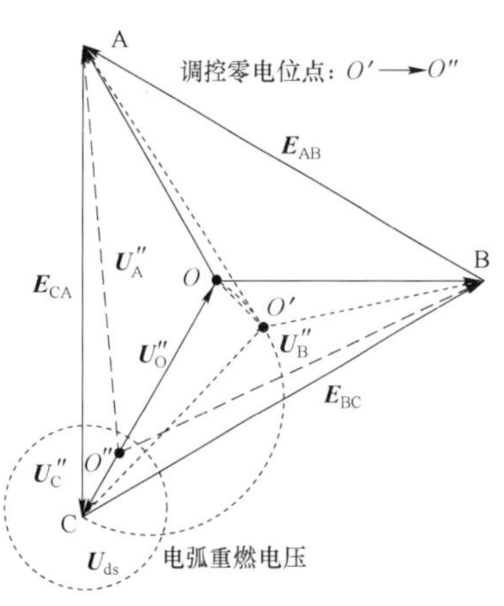

图 3-32　电压轨迹图

因此，在接地故障后，灵活调控零序电压，控制故障点电压低于故障电弧重燃电压，强迫故障电弧自行熄灭，可以实现中性点非有效接地配电网间歇性弧光接地故障的不停电消除，且能有效抑制过电压。由于非有效接地配电网的零序回路阻抗大，调控所需零序电源容量小，故障相主动降压消弧实现方便。

故障电弧熄灭的故障相降压运行范围，如图 3-33 所示，系统正常运行时，中性点电压为零，A 相电压向量为 $\overrightarrow{OA}$、B 相电压向量为 $\overrightarrow{OB}$、C 相电压向量为 $\overrightarrow{OC}$；以 C 相发生接地故障为例，设能确保故障相电弧熄灭的故障相最大运行电压幅值为 CC''，则故障相熄弧的条件为零电位点在以 C 为圆心、CC'' 为半径的圆内；另外，为防止非故障相电压过高发生绝缘击穿，要求非故障相电压小于线电压，即零电位点应在以 A 点为圆心、AC 为半径的圆内，和以 B 点为圆心、BC 为半径的圆内。因此，为确保配电网故障相降压后长时间安全运行，本章的故障相降压后的零电位点的范围为上述三个圆的交集内。

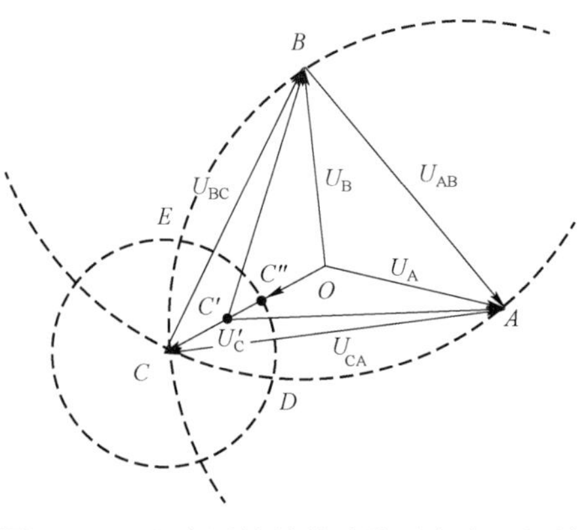

图 3-33　配电网接地故障降压安全运行域

综上可知，系统发生接地故障后，采取外加可调电流源注入电流实现主动降压熄弧，注入电流由故障相降压的目标值唯一确定。并在该理论的基础上，提出在配电网侧的母线与地，或线路与地，或中性点与地，或变压器配电网侧绕组的分接抽头与地之间外加可调电流源的技术方案，简化了故障抑制的控制方法。

3.4.4　基于柔性接地技术的接地故障保护流程

1. 故障处理时序

配电网发生单相接地故障过程中，主动降压消弧成套装置的动作时序如图 3-34 所示，具体说明如下：

（1）当电网正常运行时，成套装置处于热备用状态，当发生接地故障时，中性点零序电压幅值$|\boldsymbol{U}_0|$（或变化量$|\Delta\boldsymbol{U}_0|$）大于等于启动门槛值$|\boldsymbol{U}_{set}|$（或变化量$|\Delta\boldsymbol{U}_{set}|$）。

（2）选线装置在第 1 个周期使用暂态法进行选线，第 2～3 个周期使用导纳法、有功法等稳态法进行选线，综合给出故障选线结果。

（3）消弧装置在第 3～4 个周期内完成正确选相，零序电压源开始输出，在第 5～6 个周期内，向中性点注入与故障相反相的零序电压，强迫故障相电压抑制到故障电弧重燃电压以下，残流被抑制到 mA 级。

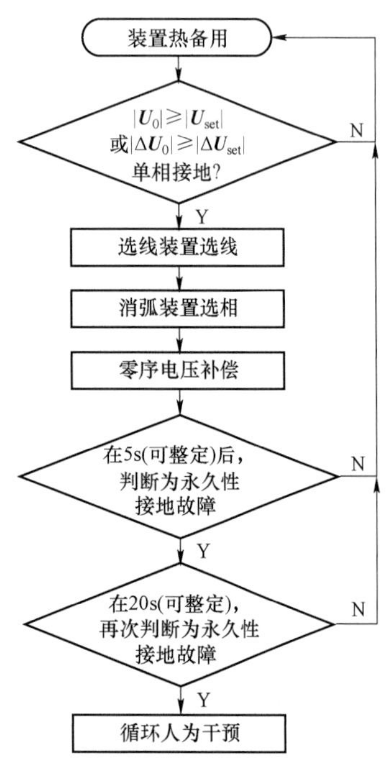

图 3-34　主动降压消弧装置动作时序图

（4）装置在 5s（可整定）后，逻辑判断故障类别是瞬时性接地故障还是永久性接地故障。若为瞬时性接地故障，零序电压源退出，系统恢复正常运行方式；若为永久性接地故障，零序电压源保持输出，抑制接地故障电流，20s（可整定）后，再次逻辑判故障类别，重复该步骤直至接地故障消失。

2. 对地电容电流测量

配电网正常运行时，$|\boldsymbol{U}_0|<|\Delta\boldsymbol{U}_{set}|$，从中性点电压互感器二次侧注入小电流信号，改变信号频率，谐振测量对地电容电流 I_C、脱谐度 v 及阻尼率 d 等参数，根据整定的残流值（过补偿 5～10A 左右），调整消弧线圈挡位至合适位置，工作流程如图 3-35 所示。

3. 单相接地故障选线保护及降压消弧处理

选线保护和降压消弧流程如图 3-36 所示。

（1）在接地故障瞬间，选线装置比较各线路零序电流幅值、相位，并与零序电压极性作对比，自适应融合接地过程中的各馈线零序电流幅值、相位及零序导纳、功率、介质损耗等特征参数，判断故障线路；并通过各种判据信息融合，提高选线的准确率和提升高阻接地故障选线能力。

（2）消弧装置正确选相后，消弧控制屏迅速（ms 级）切除阻尼电阻、投入二次电容组，补偿多余电感电流；并控制电压源输出，调控故障相电压，抑制故障点电压小于故障电弧重燃电压，强迫故障电弧熄灭。

（3）进行接地故障补偿后，通过调控零序电压，实时测量零序导纳或对地介质损耗的变化率，检测接地故障是否消除。如接地故障已消除，即为瞬时性故障，零序电压源自动退出，电网恢复正常状态。如接地故障没有消除，即为永久性故障，零序电压源连续输出，抑制故障电弧，保护人身和设备安全；并由用户选择是让电网带故障持续运行一段时间，等待运维检修人员处理，还是选线保护跳闸隔离故障。

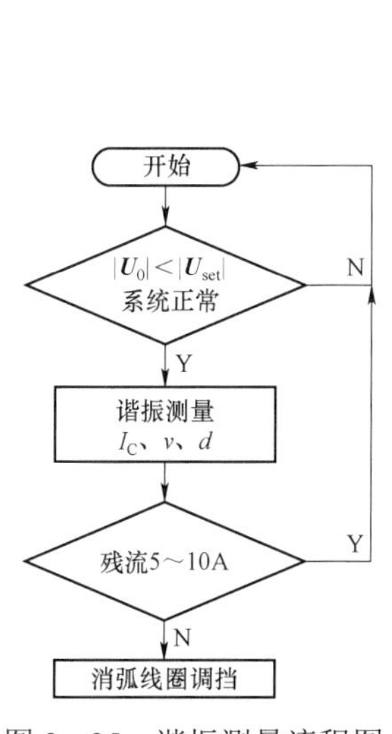

图 3－35　谐振测量流程图

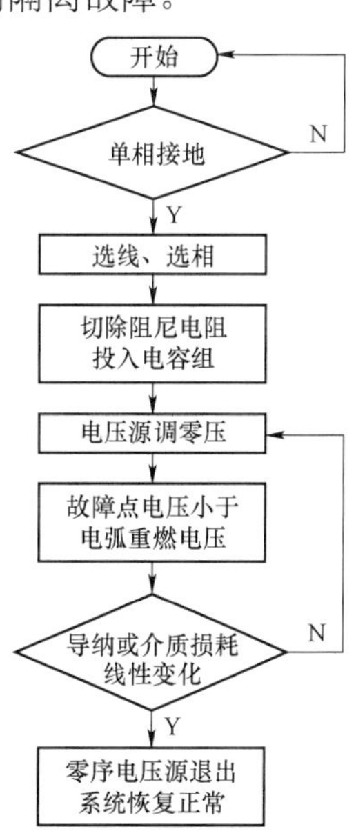

图 3－36　选线保护和降压消弧流程图

3.5　工程案例

3.5.1　小电阻接地系统接地保护案例

以南方电网某供电局小电阻接地方式 10kV 系统人工接地试验情况为例。

系统结构、保护装置（含馈线终端 FTU）布置如图 3－37 所示，接地点选在 F15 出线 D003 杆下游处。变电站出线安装了三套保护装置：传统零序过电流保护装置（定值为 60A、0.5s，接跳闸）、电压比率制动式零序过电流保护装置（仅告警）、比较零序电流的集中式保护（仅告警），后两者启动电流定值设定为 5A，延时 0.5s。7004 杆、D003 杆处馈线终端（FTU1 与 FTU2）采用电压比率制动式零序过电流保护原理，启动电流定值均设定为 4A，延时分别为 0.2s、0s。

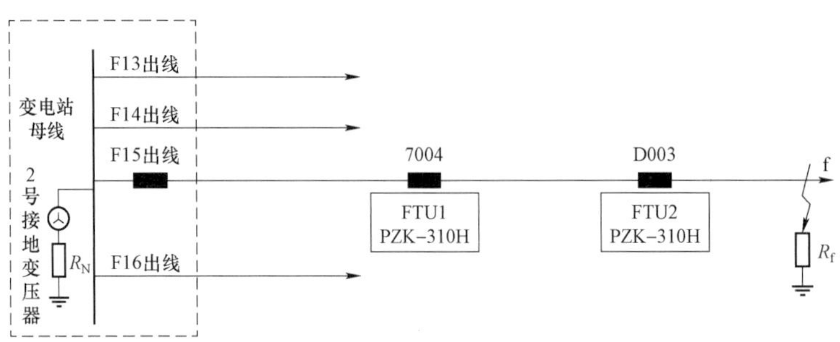

图 3－37　人工接地试验现场电气接线图

试验接地电阻（故障点过渡电阻）分别为 200、500、1000、1200Ω 和 1500Ω。其中 200Ω 接地时，设置馈线终端 FTU1、FTU2 拒动，以验证出口保护作为后备保护的正确性，其他接地故障恢复 FTU1、FTU2 的动作设置。

典型小电阻接地故障的电气波形如图 3－38 所示。

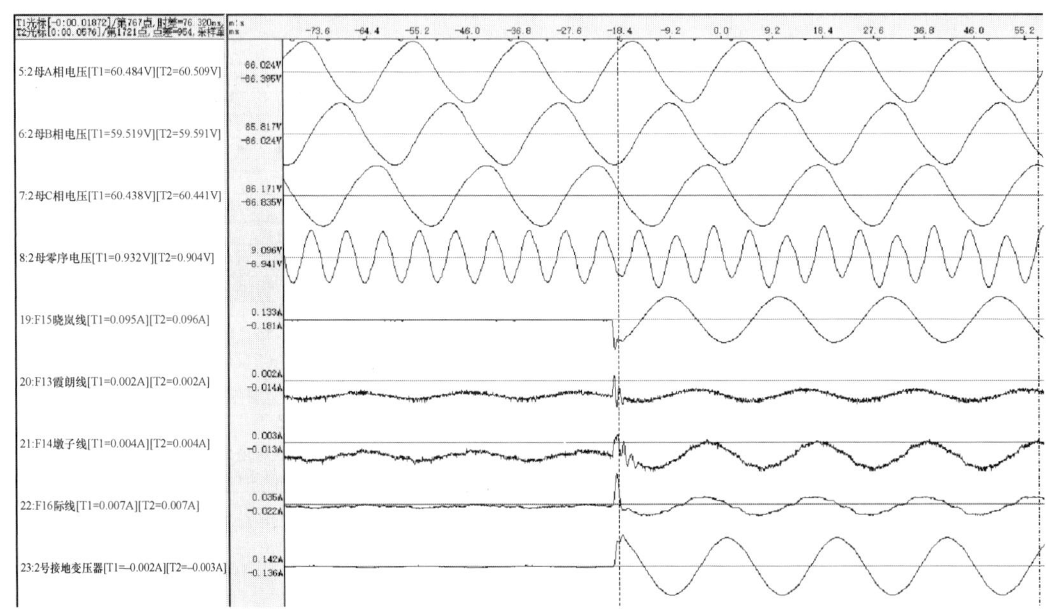

图 3－38　典型小电阻接地故障的电气波形图

各次接地故障时的故障电气量汇总见表 3－1，不同保护装置的动作情况分析见表 3－2。从表 3－2 可以看出新型接地故障保护技术可将高阻接地保护灵敏度提升至 1200Ω。

表 3－1　　各次接地故障时故障电气量汇总

接地电阻（Ω）	各出线及中性点零序电流（A）					零序电压（kV）
	F13	F14	F15	F16	中性点	
200	0.3	0.8	23.5	1.6	23.6	0.285
500	0.1	0.4	10.5	0.8	10.6	0.123
1000	0.1	0.2	5.5	0.4	5.5	0.063
1200	0.0	0.2	4.7	0.4	4.7	0.057
1500	0.0	0.1	3.8	0.2	3.8	0.052

表 3–2　不同保护装置的动作情况分析

接地电阻（Ω）	集中保护装置	F15 出线保护	7004 杆 FTU1	D003 杆 FTU2	动作正确性分析
200	F15 接地告警	动作告警	启动返回	启动返回	正确（设置 FTU1、FTU2 拒动，验证出口保护性能）
500	F15 接地告警	启动返回	启动返回	动作	正确
1000	F15 接地告警	启动返回	启动返回	动作	正确
1200	F15 接地告警	启动返回	启动返回	动作	正确
1500	未启动	未启动	未启动	未启动	零序电流未达到启动电流定值

注　F15 出线保护指电压比率制动式零序过电流保护装置；传统零序过电流保护装置定值高，均未启动。

3.5.2　小电流接地故障暂态选线案例

由于可靠性高、不需要安装额外一次设备、安全性好等优点，暂态选线技术已在国内外获得广泛应用。

典型小电流接地故障暂态选线系统如图 3–39 所示，包括变电站选线装置与后台分析主站。

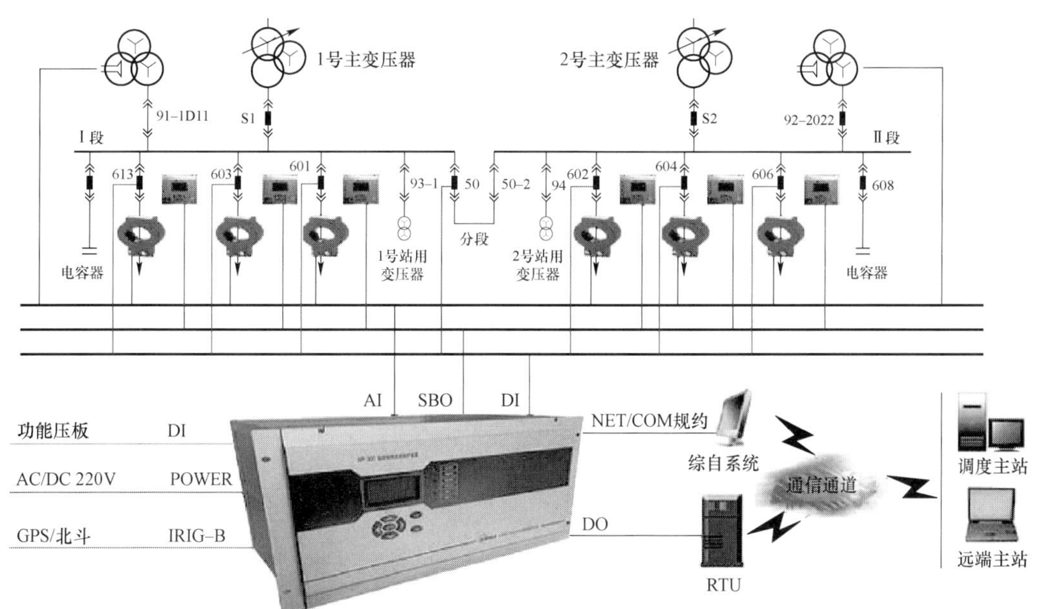

图 3–39　典型小电流接地故障暂态选线系统结构图

由于故障暂态量持续时间短、频率高，对选线装置采样的实时性和速率提出了较高要求。该系统设计了专用的数据采集装置，对母线三相电压、零序电压和各出线零序电流信号进行不间断实时高速采样。

选线装置可作为变电站综合自动化系统的一部分或作为配电网自动化系统接地故障定位功能的站内终端，将故障选线结果、故障录波数据等上传后台分析主站。

该选线系统已在超过 2000 个变电站应用，取得了良好的效果，综合选线成功率达 95%以上。图 3－40 为该选线系统的波形显示界面，给出了 2 个现场记录的实际故障波形，其中，每幅图的第 1 组波形为三相电压，第 2 个波形为零序电压，其余波形为各出线的零序电流。

图 3－40（a）为稳定性接地故障波形。图 3－40（b）为间歇性接地故障波形，由图可见，受到弧光接地和间歇性接地的影响，故障稳态将频繁被破坏，这给基于稳态量的选线方法带来不利影响，而此时暂态选线方法可利用的故障量反而增加，提高了选线可靠性。

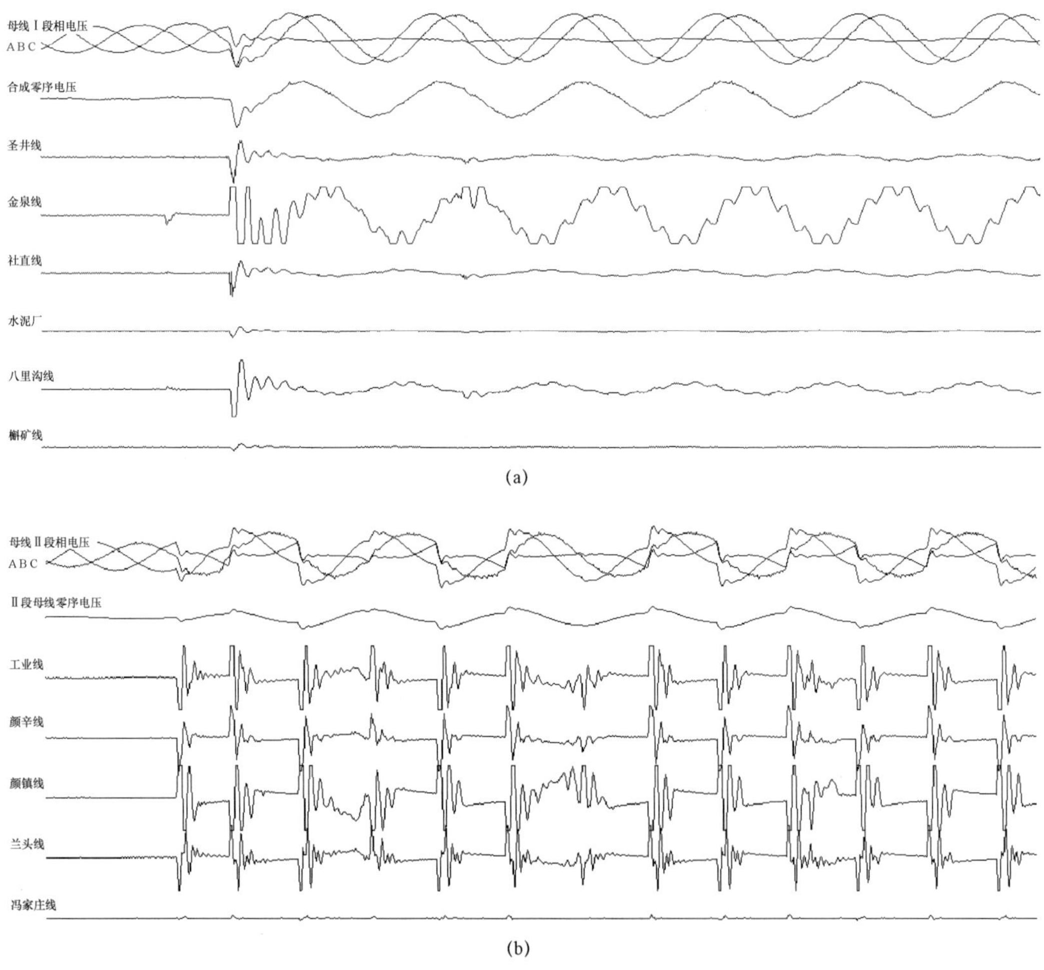

图 3－40　实际接地故障录波图

（a）稳定性接地故障波形；（b）间歇性接地故障波形

暂态选线方法选线成功率高，适应性广，不受消弧线圈影响，不需要附加其他高压一次设备，也不需要其他一次设备配合，对一次系统无任何影响。不足之处，相对于基于工频量选线法，暂态选线法相对复杂一些，对选线装置的数据采集与处理能力要求较高。

目前国内主流厂家生产的故障选线跳闸装置基本都采用暂态法作为主保护，部分装置同时采用有功功率方向法作为后备保护。

3.5.3　集中式小电流接地故障分段定位案例

一个具有接地故障定位功能的集中式配电自动化系统结构如图 3－41 所示。

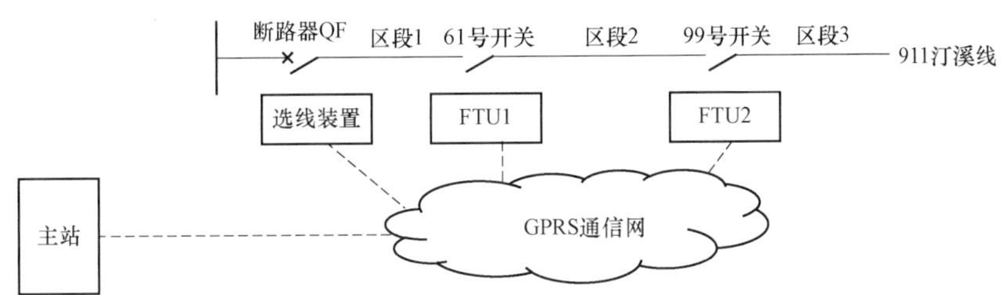

图 3－41　具有接地故障定位功能的配电自动化系统结构图

与常规配电自动化系统最大区别在于变电站内接入了选线装置信号。选线装置与配电终端在接地故障时启动，并将记录的暂态零序电流录波数据上传主站；主站计算相邻检测点暂态零序电流的相关系数，并确定故障所在区段。

图 3－42 给出了两次实际接地故障时，安装在变电站的选线装置和安装在线路分段开关处的配电终端记录的暂态零序电流波形。如图 3－42（a）所示，第一次故障发生在区段 3，计算出断路器 QF（因电流过大波形出现失真）与 61 号开关之间的暂态零序电流相关系数为 0.91，61 号开关与 99 号开关之间的暂态零序电流相关系数为 0.92，即故障点上游暂态零序电流均是相似的。如图 3－42（b）所示，第二次故障发生在区段 2，其中断路器 QF 与 61 号开关之间暂态零序电流相关系数为 0.91，61 号开关与 99 号开关暂态零序电流的相关系数为－0.27，即故障区段两端暂态零序电流不相似而健全区段两端相似。可见，根据线路区段两端暂态零序电流的相关系数，能够可靠地识别出故障区段。

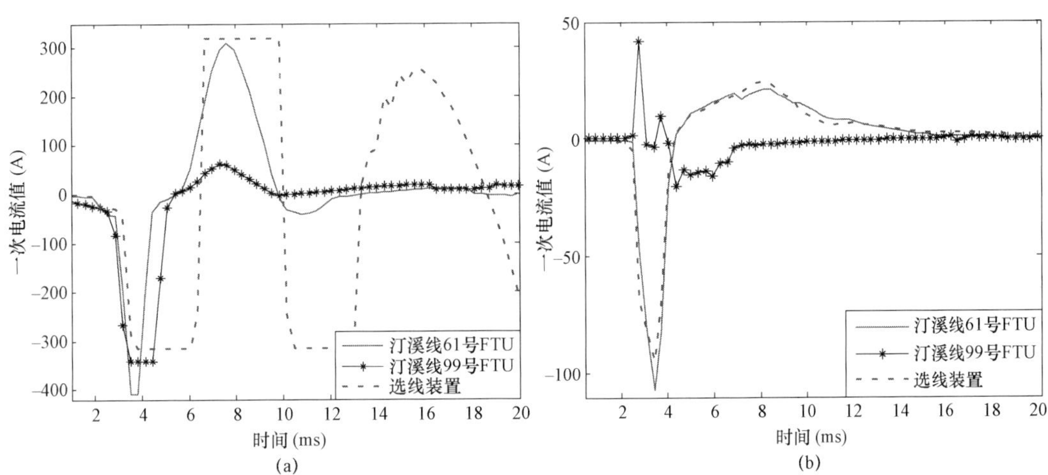

图 3－42　两次实际接地故障时各检测点的暂态电流波形

（a）区段 3 故障；（b）区段 2 故障

实际工程中，配电自动化系统主站除了根据暂态零序电流的相似性给出故障区段的识别结果外，还要提供暂态零序电流显示与计算机辅助分析波形，供值班人员人工分析、比较各个检测点上报的暂态零序电流波形，判断故障在哪一个区段上。根据图 3－42 给出的实际接地故障波形，故障区段两端的波形有明显的差异，很容易地被人工识别出来。

3.5.4 分布式小电流接地故障多级保护技术案例

某供电公司根据故障处置原则，在故障多发的三个变电站建设了配电网保护示范工程。示范区域道朗变电站和夏张变电站的 10kV 系统均为中性点不接地系统，大河变电站 10kV 系统为中性点经消弧线圈接地系统。三个变电站各安装一台暂态接地故障选线保护装置，在架空线路安装分段开关、分支开关与用户分界开关 73 台，均采用一二次融合开关。在电缆线路环网柜出线安装二遥动作型 DTU 共计 126 台。终端均配置暂态接地故障方向保护功能。线路开关与变电站保护、选线跳闸装置通过阶梯式动作时限配合，就近切除接地故障，构成分布式小电流接地故障处理系统。示范工程道朗变电站 10kV 白楼线各开关分布如图 3－43 所示。

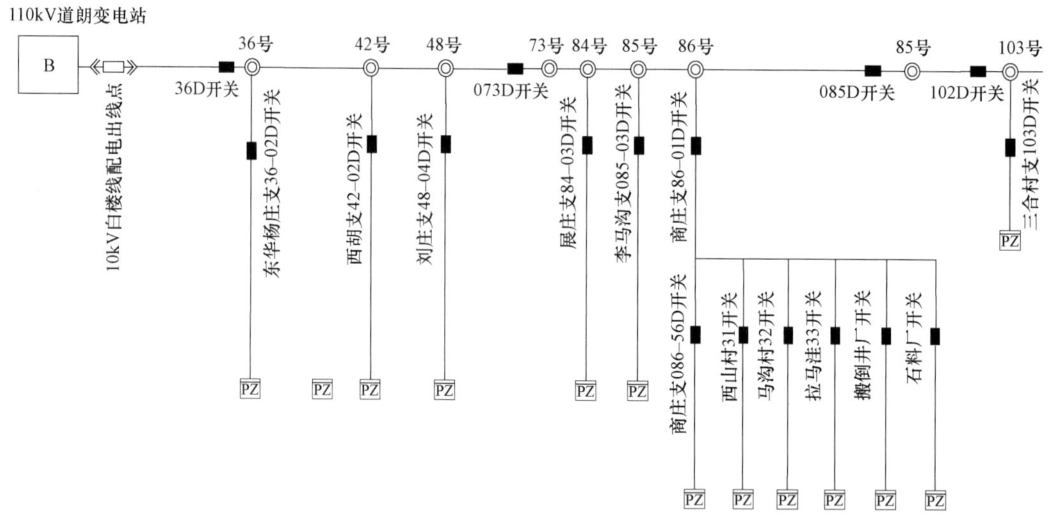

图 3－43　示范工程道朗变电站 10kV 白楼线各开关分布图

2019 年 7 月 10 日至 8 月 15 日，示范区域经历迎峰度夏和台风“利奇马”双重考验，示范终端覆盖的线路共发生 15 次故障，保护均正确动作，其中 14 次故障是分支线路开关动作，1 次故障出线断路器动作；8 次永久性单相接地故障，占比 53%；7 次短路故障，其中 2 次故障为单相接地发展而来；6 次故障发生在“利奇马”台风期间。

1. 一次瞬时性接地故障处理案例

2019 年 7 月 10 日 13 时 30 分，调度中心收到多条道朗变电站选线保护装置的接地故障启动和选线信息，选线结果为 615 高庄线，同时收到 10kV 高庄线西张支线 085D 分支开关上报的接地故障方向保护启动信息。

变电站接地故障选线保护装置其中一次故障录波如图 3－44 所示。

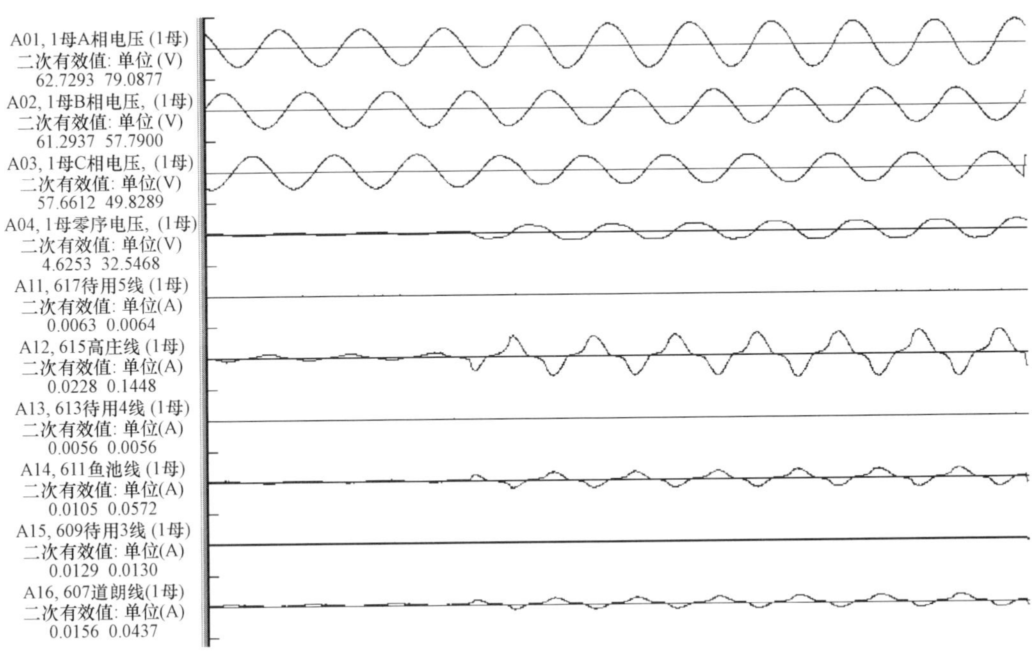

图 3－44　接地故障选线保护装置故障录波

调取西张支线 085D 分支开关记录，确认 7 月 10 日 13 时 30 分左右检测到多条接地故障信息，暂态无功功率方向均判断为该开关下游故障，上报保护启动信息给调度。由于各次故障电弧自行熄灭，持续时间低于保护动作延迟时间，仅上报故障判断信息，未跳闸。

根据变电站选线保护装置以及 085D 分支开关的接地故障记录和故障波形特征，结合 7 月 10 日 13 时 30 分左右该区域雷雨大风天气，初步分析为风雨时树枝接触造成的高阻接地，故障点位置应该在西张支线 085D 分支开关下游。经运行人员巡查，现场确认 085D 分支开关下游树木生长旺盛，距离架空线 C 相线路较近，现场树枝灼烧痕迹明显，如图 3－45 所示。

图 3－45　架空线 C 相与树枝接触灼烧故障点

该次瞬时性接地故障处理中，变电站选线装置与分支开关通过接地故障暂态方向准确定位了故障区段，缩短了运行人员巡线时间，及时清除了隐患，避免了永久性接地故障的发生。

2. 一次永久性接地故障处理案例

2019 年 7 月 27 日 5 时 3 分，调度中心收到大河变电站马套线石砬 01 支－10 号杆开关接地故障方向保护启动以及开关动作信号。运行人员巡线发现，马套线石砬支线 10 号杆跨接导线搭到避雷器地线，导致永久接地故障，如图 3－46 所示。

(a)

(b)

图 3－46　石砬支线 10 号杆接地点及线路灼烧处

（a）石砬支线 10 号杆接地点；（b）线路灼烧处

马套线石砬 01 支－10 号杆开关终端记录的接地故障波形如图 3－47 所示，暂态方向法判断故障点在本开关下游。该次故障启动后经延时 11s 跳闸动作，重合闸后加速跳闸。

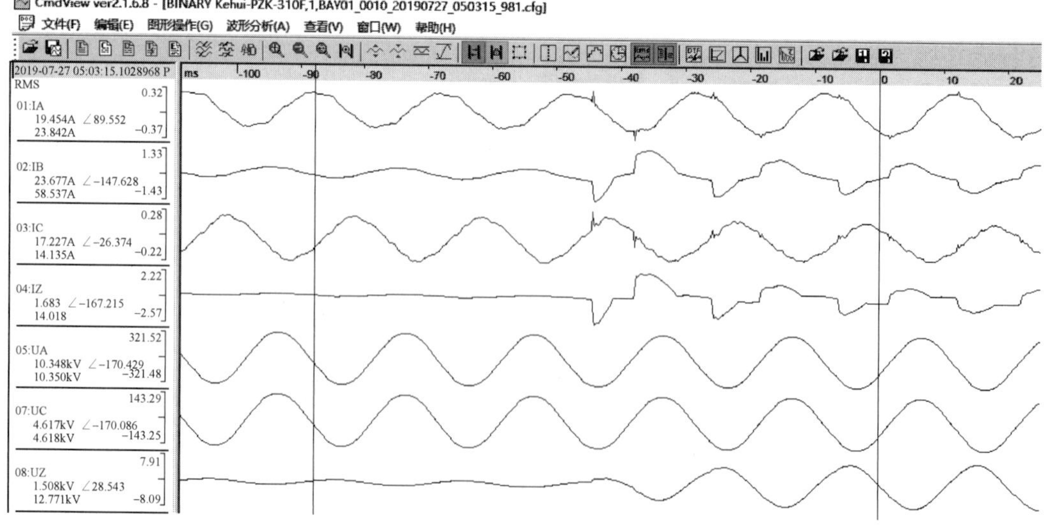

图 3－47　接地故障录波

该次永久性接地故障处理中，故障被快速、就近切除。有效避免了站内手动拉闸造成非故障线路短时停电，并避免了马套线主干线路停电，进一步缩小了停电范围；大大缩减了巡线工作量，缩短了故障处理和恢复供电时间；避免了长期接地可能引发两相接地短路等危害，也避免了线路烧断可能导致的断线故障引发更严重的人身伤亡或火灾事故。

3.5.5　基于柔性接地技术的接地故障保护案例

接地故障电压柔性控制成套装置分别在中国电力科学研究院有限公司武汉分院、国网配电网智能化应用及关键设备联合实验室（漯河真型配电网）开展了性能检测实验，接地故障电压柔性控制装置结构如图 3－48 所示。并在浙江杭州、四川西昌、云南临沧等变电站完成了装置的标准化安装、调试和实际单相故障实际试验，并挂网投运，如图 3－49 所示。经试验测试及现场运行均表明：在配电系统发生单相接地故障时，通

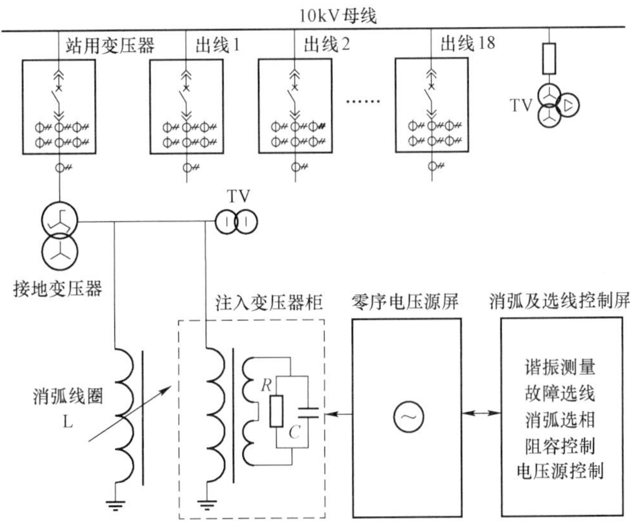

图 3－48　接地故障电压柔性控制装置结构

图 3－49　装置在云南临沧投入运行

过在中性点外加可控电压源，强迫故障点残压低于 300V，能够在 200ms 内实现故障消弧，故障处置能力高达 16kΩ，满足人身设备安全要求。

1. 中国电力科学研究院有限公司武汉分院满载运行实验

为验证成套装置长时间故障处理的能力，开展 3h 满载温升实验（≥80%），记录电气和温度数据，验证装置的可靠性和稳定性，实验数据见表 3－3。

表 3－3　关键测试点温度数据　℃

测试点	0min	30min	60min	90min	120min	150min	180min
注入变压器铁芯	29.5	30.6	30.5	31.8	33.1	37.5	39.9
注入变压器绕组	29.7	41.5	73.5	97.5	115.9	122.8	125.2
电压源隔离变压器	29.3	41.0	61.4	79.4	76.8	63.0	65.4
电压源直流电容器	28.2	31.5	33.8	32	31.2	31.2	31.2
电压源晶闸管	32.5	42.8	35.0	35.2	39.8	37.4	36.8
电压源 IGBT	32.5	42.8	35.0	35.2	39.8	37.4	36.8
电压源风扇	36.5	46.5	48.5	52.4	54.0	56.4	57.3

实验得到的主要结论如下：

（1）环境温度为 28.4℃，测试时间从 17:00 开始至 20:20 结束，接地运行 200min，间隔 30min 记录一次温度数据，各项参数正常；

（2）接地运行期间，故障点电压抑制在 300V 以下，残流为 mA 级，补偿效果良好；

（3）消弧线圈、消弧及选线控制屏、零序电压源屏及二次阻容柜均无明显过热及烧损痕迹；

（4）晶闸管和 IGBT 电力电子器件 3h 温度稳定在 37.0℃左右，散热良好。

2. 国网配电网智能化应用及关键设备联合实验室性能测试

2019 年 1 月和 2 月，装置在河南漯河 10kV 配电网真型实验场开展单相接地故障模拟实验，验证其单相接地故障的处理能力。试验现场模拟了 5 种单相接地故障：经 500Ω、10kΩ 和 16kΩ 电阻的单相接地故障、金属性单相接地故障、单相电缆弧光接地故障，现场试验录波波形如图 3－50～图 3－53 所示。

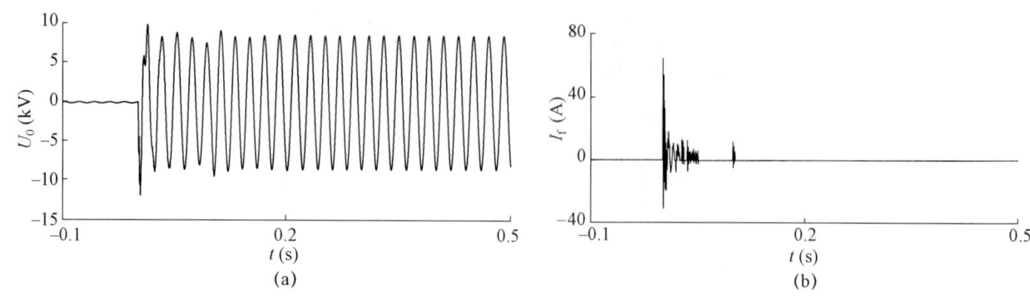

图 3－50　单相电缆弧光接地录波波形

（a）零序电压波形；（b）故障点电流波形

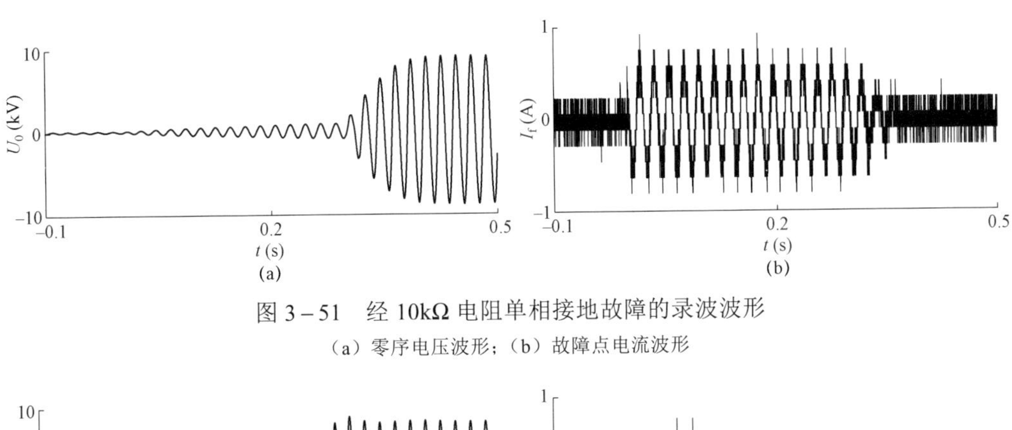

图 3－51　经 10kΩ 电阻单相接地故障的录波波形

（a）零序电压波形；（b）故障点电流波形

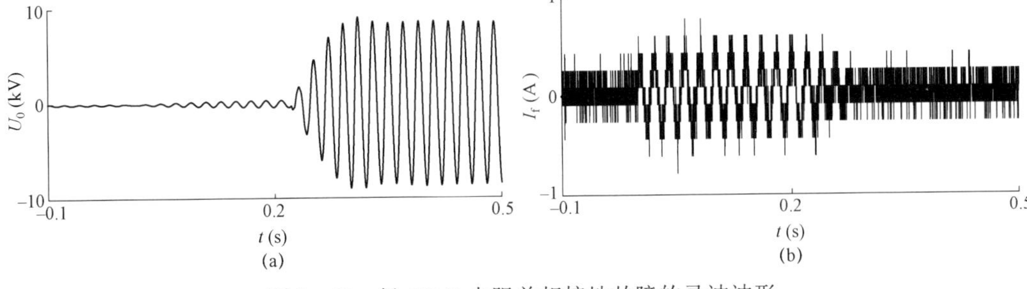

图 3－52　经 16kΩ 电阻单相接地故障的录波波形

（a）零序电压波形；（b）故障点电流波形

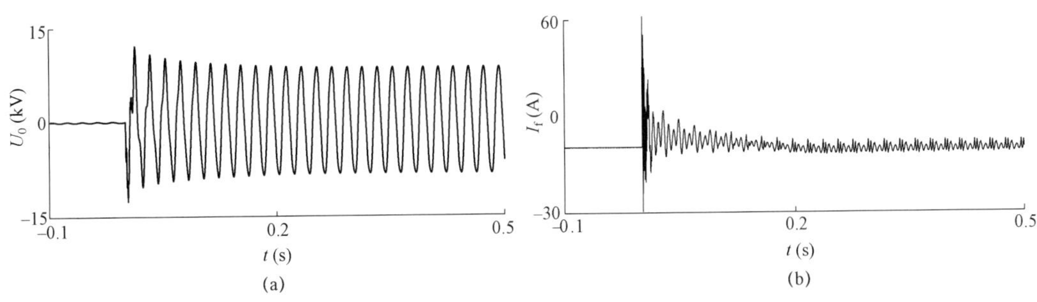

图 3－53　单相金属接地故障的录波波形

（a）零序电压波形；（b）故障点电流波形

实验得到的主要结论如下：

（1）发生经电缆弧光接地故障时，装置能够进行正确选线和选相并进行补偿，零序电压源将中性点电压由故障态的 4334.2V 调控到补偿态的 6271.5V，将故障相电压由 1810.5V 抑制到 232.7V，并使故障点残流由 3.5A 减少到 0，从故障开始到补偿结束整个时间 t 约 110ms。

（2）成套装置均能进行正确选线和选相。发生金属性接地故障时，若故障相母线电压小于 200V 时则不补偿，可整定选线保护装置动作切除接地故障。

（3）针对配电网单相接地故障，零序电压源从中性点外加零序电压，主动调控故障相电压，将故障点电压抑制到 300V 以下并使残流均为毫安级，补偿效果明显，补偿时间与接地电阻、装置定值整定相关，经 16kΩ 高阻接地故障从发生到补偿结束的时间不超过 300ms。

（4）成套装置对配电网电缆弧光接地故障的处理效果最为明显，当故障发生时装置可迅速抑制弧光重燃，避免弧光过电压及电缆火灾事故的发生。

3. 国网公司杭州供电公司某 110kV 变电站挂网运行

选定国家电网杭州供电公司某 110kV 变电站进行标准化安装和调试，在不对该 110kV 变电站 10kV 侧配电网运行方式、负荷进行任何改变的前提下，进行了多种工况下的单相接地故障试验，对研发装置处理单相接地故障的效果进行了验证，并完成了国内首个配电网接地故障相主动降压消弧成套装置安装试运行，安装现场如图 3－54 及图 3－55 所示。

图 3－54　保护室及户外柜安装图

图 3－55　试验现场图

针对研发装置退出、投入这两种情况下，模拟了经 1、16kΩ 过渡电阻的单相接地故障及经泥土地单相断线弧光接地故障，共完成 19 次单相接地试验。部分试验数据如图 3－56 及图 3－57，表 3－4 及表 3－5 所示。

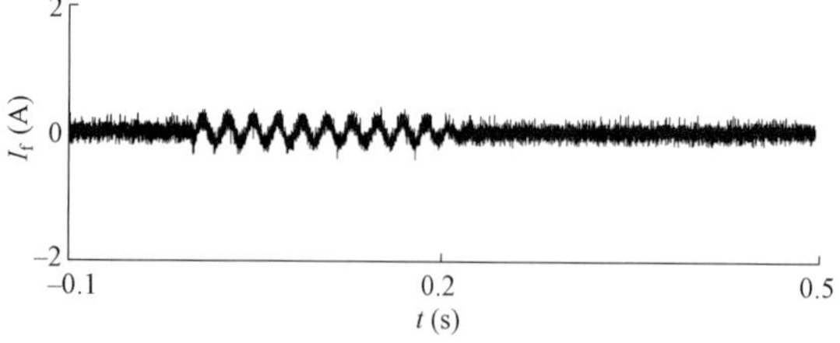

图 3－56　经 16kΩ 电阻单相接地录波图

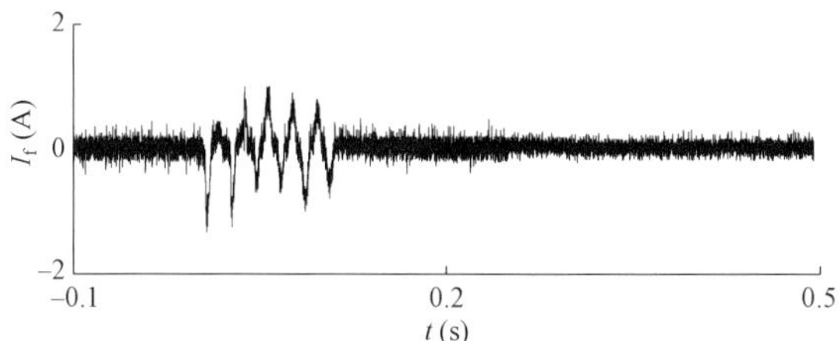

图 3－57　经泥土单相断线弧光接地故障点电流录波

表 3－4　　经 16kΩ 电阻单相接地故障的现场试验数据

状态	U_A（V）	U_B（V）	U_C（V）	U_0（V）	I_f（A）	t（ms）
正常态	6270	5740	5920	310	—	—
故障态	6386	5451	6152	530	0.34	—
补偿后	10340	230	10550	6110	0.02	220

表 3－5　　经泥土地断线弧光接地试验数据

状态	U_A（V）	U_B（V）	U_C（V）	U_0（V）	I_f（A）	t（ms）
正常态	6297	5744	5934	311	—	—
故障态	8180	2430	8150	3520	0.72	—
补偿后	10330	230	10530	6090	0.03	110

由现场试验录波波形和试验数据得到的主要结论如下：

（1）研发的成套装置兼容原有消弧线圈等一次设备，可用于经消弧线圈非有效接地配电网的升级；通过注入小电流信号，谐振测量配电网对地参数，精度高、速度快，不会引起中性点电压越限及告警。

（2）成套装置能够正确选相并进行补偿，零序电压源将中性点电压由故障态的 4860V 调控到补偿态的 6120V，将故障相电压由 1180V 抑制到 210V，并使得故障点残流由 1.18A 减少到 230mA，从故障开始到补偿结束的时间约为 150ms。

（3）成套装置在各种电阻接地、金属接地和断线弧光试验工况下，选相、选线结果均正确。

（4）发生瞬时性故障时，成套装置进行补偿后，约 5s（定值可整定）后自动退出，恢复电网正常状态，不需要人工退出机制；发生永久性故障时，装置进行补偿后，约 20s（定值可整定）后自动识别故障类型。

（5）研发的成套装置可对瞬时故障进行安全消弧、对永久故障进行迅速隔离，并调控故障相电压，将故障点电压抑制到 300V 以下，使接地点残流均为 mA 级，故障点接近零电压零电流，在补偿过程中现场不会产生过电压级谐波电流，提高了供电可靠性，保证了人身和设备安全。

3.6 小结与展望

中压系统中性点不同接地方式的实质为系统中性点对地不同的阻抗影响了接地故障时的零序阻抗，进一步影响接地故障的稳态与暂态电气量特征。

对于不接地系统，故障点的工频零序电流为整个系统对地电容电流之和，金属性接地时等于正常运行时系统三相对地电容电流的算术和；对于经消弧线圈接地系统，故障点电流将大幅度减小；对于小电阻接地系统，金属性接地时的接地电流和系统零序阻抗主要取决于中性点对地电阻。无论何种接地方式系统，随着故障点过渡电阻增加，接地故障电流都逐步减小，同时，接地方式对故障电流的影响将逐步降低，接地电流随过渡电阻增加将逐步趋于一致。

小电流接地故障暂态电流幅值远大于故障工频电流，一般可达上百安培；消弧线圈等效电感在故障暂态过程引起的影响可以忽略。各出线口的暂态电流中，故障线路幅值最大、流向（极性）和健全线路相反，可用于实现故障选线。故障点上游和下游的暂态电流频率不同、流向相反，一般情况下故障点上游幅值远大于下游幅值，可用于集中模式实现故障定位。故障点上游暂态电流流向母线，下游暂态电流流向线路，也可用于实现故障定位。逆变型 DG、旋转型 DG 均不影响利用零序工频量或零序暂态量检测方法的适用性。

对于经小电阻接地配电网，现场广泛采用的是零序过电流保护，其整定值需要躲过本线路对地电容电流，一般在 40～60A，相对应的其仅能实现过渡电阻在 140～90Ω 以下的接地故障保护。利用电压比率制动式零序过电流保护、反时限零序过电流保护、反时限原理高灵敏度阶段式零序过电流保护与集中式保护，可以将高阻接地保护灵敏性由 200Ω 提高到 2kΩ，从而实现导线碰树、断线接地、人体触电等高阻接地故障，提高系统与人身安全性。

对于小电流接地故障，利用故障工频零序电流的保护方法仅适用于不接地系统。而利用故障暂态量、行波量以及相电流突变量的保护方法，以及中性点投入电阻、注入异频信号等主动式保护方法，可以解决经消弧线圈接地系统的接地保护问题，相比较而言，暂态方法效果更好、应用更为广泛。除小电流接地故障选线外，可以利用配电网自动化系统基于集中模式或分布模式实现小电流接地故障定位，以及利用分界技术、多级保护技术实现接地故障的快速就近隔离，在兼顾小电流接地故障供电可靠性的同时进一步提高系统与人身安全性。

柔性接地技术作为一种新型消弧技术，通过向系统中注入特定电流控制故障相电压趋于零，可最大限度减小故障点残流，促进接地故障自熄弧、自恢复，并可避免间歇性电弧过电压，是接地故障处理技术的新方向。

在现有工作基础上，未来应重点解决高阻接地故障、间歇性电弧接地故障的保护问题，并研究基于人工智能、深度学习等技术的接地故障保护原理。

参考文献

[1] 薛永端，李娟，徐丙垠. 中性点不接地系统小电流接地故障暂态等值电路的建立［J］. 中国电机工程学报，2013（34）：223－232.

[2] 汪洋，薛永端，徐丙垠，等. 小电阻接地系统接地故障反时限零序过电流保护［J］. 电力系统自动化，2018，42（20）：150－159.

[3] 薛永端，刘珊，王艳松，等. 基于零序电压比率制动的小电阻接地系统接地保护［J］. 电力系统自动化，2016，40（16）：112－117.

[4] 徐丙垠，李天友，薛永端. 配电网继电保护与自动化［M］. 北京：中国电力出版社，2017.

[5] 束洪春. 配电选线保护与故障定位［M］. 北京：科学出版社，2016.

[6] 许允之，王崇林，芮美菊，等. 消弧线圈并电阻接地方式［J］. 华北电力大学学报，1997（03）：52－57.

[7] 韩静，徐丽杰. 中性点经消弧线圈瞬时并联小电阻接地研究［J］. 高电压技术，2005，31（1）：38－40.

[8] 马士聪，徐丙垠，高厚磊，等. 检测暂态零模电流相关性的小电流接地故障定位方法［J］. 电力系统自动化，2008，32（7）：48－52.

[9] 杨以涵，齐郑. 中压配电网单相接地故障选线与定位［M］. 北京：中国电力出版社，2014.

[10] 葛耀中. 新型继电保护与故障测距原理与技术［M］. 西安：西安交通大学出版社，1996.

[11] 董新洲，毕见广. 配电线路暂态行波的分析和接地选线研究［J］. 中国电机工程学报，2005，25（04）：3－8.

[12] 宋国兵，李广，于叶云，等. 基于相电流突变量的配电网单相接地故障区段定位［J］. 电力系统自动化，2011，35（21）：84－90.

[13] 刘健，张志华，张小庆，等. 基于配电自动化系统的单相接地定位［J］. 电力系统自动化，2017，41（1）：145－149.

第 4 章 中压交流配电网断线故障检测

配电网中断线故障是常见的故障之一。断线故障发生会造成大量电动机缺相运行，发热甚至烧毁；如果断线后线路下垂落地，容易发生烧焦土地、森林火灾以及人畜触电等事故，可见断线故障后果十分严重，因此应该高度重视断线故障的处理。除了尽量消除导致断线故障的原因外，还应在断线故障发生后及时发现故障位置并采取措施排除故障、恢复供电，尽量减少断线故障造成的损失。

本章主要聚焦于单相断线故障的成因、危害、特征分析、选线和区段定位技术，首先介绍了断线故障的成因及危害，在此基础上给出了单相断线故障的特征以及影响因素，分析了传统单相接地故障检测方法对单相断线故障的适应性并给出了选线和区段定位方法，给出了基于中低压电压特征的区段定位方法以及馈线自动化方案，最后给出了一个工程案例。

4.1 断线故障的成因及危害

4.1.1 断线故障的主要成因

造成断线故障的原因主要包括：

（1）雷击；

（2）树木倒塌、施工、车辆穿越等外力作用造成的断线；

（3）电气作用造成的断线：各种短路故障导致电流过大，发热烧断导线；

（4）不法分子偷窃导线以及温度较低时产生的荷载力造成线路断线；

（5）线路年久失修、瓷横担处断裂造成的断线；

（6）施工质量不过关、管理维护不当造成的断线；

（7）断路器触头接触不良导致的断线；

（8）熔断器分相熔断造成的断线。

图 4-1 给出了因线夹脱落导致的单相断线现场照片。

日本 1969～1971 年间对 1000km 的配电线路进行了统计，架空绝缘导线和裸导线的故障原因以及故障次数见表 4-1。从表 4-1 可以看出线路绝缘导线相比于裸导线的故障次数明显减少，同期绝缘导线一共发生 1290 次故障，而裸导线一共发生了 8440 次故障。对于雷击造成的危害，绝缘导线断线故障占总次数的 35.7%，而裸导线断线故障仅占总次数的 5.6%。此外，绝缘架空线经雷击后发生断线的概率达到 96.8%，而同期裸导线经雷击后断线的概率为 88.1%。表 4-2 给出了日本统计的雷击断线距离瓷绝缘子位置的统计情况，可以看出雷击断线主要发生在绝缘子绑线处和绝缘子附近。表 4-3 给出了日本统计的断线故障类型，可以看出单相故障比例最高。

图 4-1　线夹脱落导致单相断线的现场照片

表 4-1　　1969～1971 年日本配电线路事故统计表

故障原因		质量问题	自然原因			人为过失	物体触碰	不明/其他	总次数
			风雨冰雪	雷击	其他				
故障次数	绝缘导线	68	139	475	27	328	246	7	1290
	裸导线	562	3919	539	113	2167	1059	81	8440
断线次数	绝缘导线	25	78	460	16	137	85	3	804
	裸导线	378	2351	475	63	1175	353	35	4830
断线率	绝缘导线	36.8%	56.1%	96.8%	59.3%	41.8%	34.6%	42.9%	
	裸导线	67.3%	60%	88.1%	55.8%	54.2%	33.3%	43.2%	

表 4-2　　1970～1971 年全日本雷击造成断线距瓷绝缘子的距离统计数据

位置		绑线处	绑线处 30cm 内	30～60cm	60～100cm	100cm 以上	不明	合计
绝缘导线	次数	140	60	8	2	4	10	224
	占比	62%	27%	4%	1%	2%	4%	100%
裸导线	次数	64	99	19	12	20	1	215
	占比	30%	46%	9%	6%	9%	0%	100%

表 4-3　　1976～1977 年日本某电力公司断线情况统计表

位置		单相断线	两相断线	三相断线	合计
次数	绝缘导线	16	10	2	28
	裸导线	21	4	2	27
	合计	37	14	4	55
占总计		67.3%	25.4%	7.3%	100

普遍认为绝缘导线雷击断线概率高的原因是雷击过电压会导致绝缘子闪络进而产生工频续流导致导线熔断。雷电过电压闪络时，瞬时的雷电流很大，但时间很短，仅在架空绝缘导线上形成击穿孔，不会烧断导线。当发生雷电过电压闪络后，特别是在两相或三相（不一定在同一电杆上）之间发生闪络后，沿着雷电击穿形成的短路通道在电网工频电压的作用下流过工频续流，电弧能量将剧增。以上过程绝缘导线和裸导线相同，不同之处在于绝缘导线的弧根不像裸导线上一样在电动力和风的作用下自由移动，而是会在某一点持续燃弧，所以绝缘导线的雷击断线率要高于裸导线的。但也有学者认为雷击断线的主要原因并不是因为电弧熔断，原因主要包括两点：① 绝缘导线的雷击断线率虽然高于裸导线的，但二者相差不大（表 4–1 中绝缘架空线雷击断线率为 96.8%，裸导线为 88.1%）；② 现场断线处断口是整齐断裂的。据此，雷击断线的主要原因还包括：① 电弧燃烧导致铝导线脆化，增加了热裂纹的深度；② 高、低压电极电弧轴向的交变电磁力所产生的反作用力；③ 导线因自重产生的张力，导线雷击断线实际是由以上 3 个因素叠加造成的。

4.1.2 断线故障的危害

断线故障会产生工频过电压、铁磁谐振过电压、电动机因缺相损坏、触电伤亡事故、山火等危害，下面分别论述。

1. 工频过电压

在考虑配电网中性点接地方式、线路对地电容、过渡电阻大小以及负荷等效阻抗特征的情况下，采用图 4–2 所示的模型进行分析，其中各相对地电容为 C，m（$0<m<1$）为故障相故障点上游线路对地电容占整个故障点对地电容的比例，可反映断线位置，中性点不接地系统中 $Z_N=\infty$，消弧线圈接地系统中 $Z_N=R_L+j\omega L$，R_L 为阻尼电阻，L 为等效电感，小电阻接地系统中 $Z_N=R_N$，R_N 为中性点电阻。一般常见的配电变压器有 Dy11 和 Yy0 两种接线组别，图 4–2 中采用高压侧三角形接线模式，负载用相间负载等效，对于高压侧为星形接线的配电变压器，可以通过电路理论等效变换。图 4–2 中开关 S1、S2、S3 都打开为单相断线不接地故障；开关 S1、S3 都打开，S2 闭合为单相断线电源侧接地故障；开关 S1、S2 都打开，S3 闭合为单相断线负荷侧接地故障。

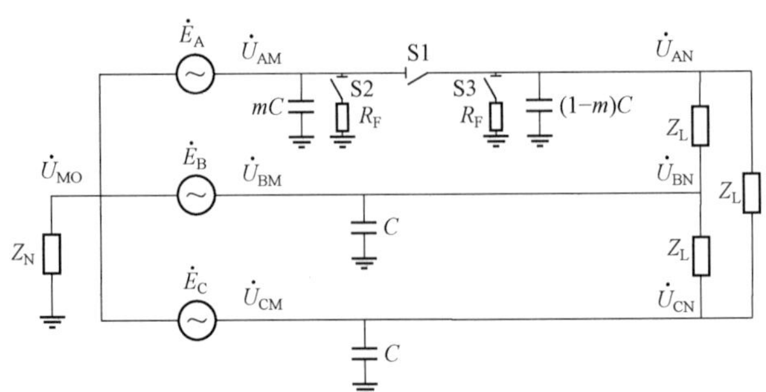

图 4–2 简化的配电网模型

为了简化分析，下文分析基于以下 3 个基本假设展开。

（1）三相电源和线路对地电容完全对称；

（2）不考虑负荷电流带来的线路和变压器高压侧绕组上的压降；

（3）故障相故障点下游线路对地容抗远大于负载等效阻抗。

不管中性点采用何种接地方式，任意断线形态下中性点电压都会偏移，假设中性点电压为$\dot{U}_{MO}$，电源侧的三相电压为

$$\begin{cases}\dot{U}_{AM}=\dot{E}_A+\dot{U}_{MO}\\ \dot{U}_{BM}=\dot{E}_B+\dot{U}_{MO}\\ \dot{U}_{CM}=\dot{E}_C+\dot{U}_{MO}\end{cases}\tag{4-1}$$

假设图 4-2 中开关 S1 打开，也即发生断线不接地故障，根据基尔霍夫电压定律（KVL）以及假设条件（3），可得负荷侧的三相电压为

$$\begin{cases}\dot{U}_{AN}=(Z_{CA}\dot{U}_{BN}+Z_{AB}\dot{U}_{CN})/(Z_{AB}+Z_{CA})\\ \dot{U}_{BN}=\dot{U}_{BM}\\ \dot{U}_{CN}=\dot{U}_{CM}\end{cases}\tag{4-2}$$

根据全网的对地电流为 0 可得

$$\dot{U}_{MO}=\frac{j\omega(1-m)C\left(\dfrac{3}{2}-j\dfrac{\sqrt{3}}{2}\dfrac{Z_{AB}-Z_{CA}}{Z_{AB}+Z_{CA}}\right)}{j3\omega C+Y_N}\dot{E}_A\tag{4-3}$$

式中：Y_N为中性点阻抗对应的导纳，$Y_N=1/Z_N$。

对于断线电源侧经过渡电阻（R_F）接地的故障形态，采用相同的分析方法可得 A 相电压的表达式同式（4-2），中性点电压如式（4-4）所示。

$$\dot{U}_{MO}=-\frac{Y_F+j\omega(1-m)C\left(-\dfrac{3}{2}+j\dfrac{\sqrt{3}}{2}\dfrac{Z_{AB}-Z_{CA}}{Z_{AB}+Z_{CA}}\right)}{j3\omega C+Y_N+Y_F}\dot{E}_A\tag{4-4}$$

式中：Y_F为过渡电阻对应的导纳，$Y_F=1/R_F$。

对于断线负荷侧经过渡电阻接地的故障形态，采用相同的分析方法可得 A 相电压和中性点电压分别如式（4-5）和式（4-6）所示。

$$\dot{U}_{AN}=\frac{Z_{CA}\dot{U}_{BN}+Z_{AB}\dot{U}_{CN}}{Z_{AB}+Z_{CA}+Y_F Z_{AB}Z_{CA}}\tag{4-5}$$

$$\dot{U}_{MO}=\frac{j\omega(1-m)C+k_2[Y_F+j(1-m)\omega C]}{j(2+m)\omega C+Y_N+k_1[Y_F+j(1-m)\omega C]}\dot{E}_A\tag{4-6}$$

式中：$k_1=(Z_{AB}+Z_{CA})/(Y_F Z_{AB}Z_{CA}+Z_{AB}+Z_{CA})$； $k_2=\left[\dfrac{1}{2}(Z_{AB}+Z_{CA})-j\dfrac{\sqrt{3}}{2}(Z_{AB}-Z_{CA})\right]\Big/$ $(Y_F Z_{AB}Z_{CA}+Z_{AB}+Z_{CA})$。

从式（4-3）～式（4-6）可以看出断线故障发生后中性点电压与断线形态、断线位置、过渡电阻、中性点接地方式以及负载阻抗有关。

假设负荷电流从 1～600A 变化、系统对地电容电流从 10～200A 变化、断线位置从 0～1 变化、过渡电阻从 1～100kΩ 变化、考虑负载不平衡时按照电流不平衡度（负序电流幅值与正序电流幅值的比值）从 0～10%变化，消弧线圈接地时补偿度按照 5%～10%变化、阻尼率取 3%，小电阻接地时电阻值取 10Ω，采用蒙特卡罗法对每种中性点接地方式的某种断线形态下中性点电压和故障相断线两侧的电压以及健全两相的电压进行扫描 1000 万次，最终得到的各种中性点接地方式下三种断线形态的中性点电压以及相电压取值范围见表 4－4，表中都是以 A 相电压为基准的标幺值。从表 4－4 可以看出对于中性点不接地系统，负荷侧接地时中性点电压最大可达到 0.97 倍的额定电压，同时故障相电源侧电压可达 1.97 倍的额定电压；在消弧线圈接地系统中，中性点电压最大可达 10.62 倍的额定电压，相电压最大可达 11.52 倍的额定电压，但实际中不可能出现如此之高的过电压，这是因为一般系统含有多条馈线，任意一条馈线的对地电容占整个网络对地电容的比例不会太高，即使该条馈线首端故障，过电压也不会很高；小电阻接地时单相断线电源侧接地时中性点电压可达 0.99 倍额定电压，同时负荷侧的故障相电压可达 1.81 倍额定电压。

表 4－4　　不同中性点接地方式下断线故障电压取值范围

中性点接地方式	单相断线形态	中性点电压	电源侧 A 相电压	负荷侧 A 相电压	B 相电压	C 相电压
不接地	两侧不接地	[0，0.61]	[1，1.61]	[0，0.85]	[0.81，1]	[0.81，1]
	电源侧接地	[0，1]	[0，1.61]	[0，1.84]	[0.3，1.73]	[0.3，1.73]
	负荷侧接地	[0，0.97]	[0.91，1.97]	[0，0.85]	[0.6，1.63]	[0.17，1.17]
消弧线圈接地	两侧不接地	[0，10.62]	[0，9.81]	[0.16，11.34]	[0.98，10.68]	[1，11.52]
	电源侧接地	[0，10.44]	[0，9.67]	[0.17，11.13]	[1，10.47]	[1，11.52]
	负荷侧接地	[0，10.62]	[0，9.81]	[0.16，11.34]	[0.98，10.68]	[1，11.52]
小电阻接地	两侧不接地	[0，0.07]	[1，1.02]	[0.15，0.86]	[0.93，1]	[1，1.06]
	电源侧接地	[0，0.99]	[0，1.02]	[0.15，1.81]	[0.93，1.72]	[1，1.72]
	负荷侧接地	[0，0.31]	[1，1.31]	[0，0.86]	[0.87，1.04]	[0.79，1.06]

2. 铁磁谐振过电压

考虑配电网相间电容和对地电容，当线路末端带有空载的变压器并发生距离首端 m 处单相断线时，其等效电路图如图 4－3（a）所示。由于三相电源对称，且当 A 相断线后，B、C 相在电路上完全对称，因此图 4－3（a）的电路可以等效为图 4－3（b）的单相等值电路。

图 4－3 中 C 为相对地电容，C_m 为相间耦合电容，L 为变压器的励磁电感，$\dot{E}_\varphi(\varphi=\text{A、B、C})$ 表示 A、B、C 三相的电源电压。

当单相断线电源侧接地时，图 4－3（b）中的电容 mC 被短路，当单相断线负荷侧接地时，图 4－3（b）中的电容（$1-m$）C 被短路。

进一步分析图 4－3（b）可以用戴维南等效电路等效为图 4－4 所示的电路，其中 u_{oc}

为从 ab 端口看进去的开路电压，C_{eq} 为从 ab 端口看进去的等效电容。

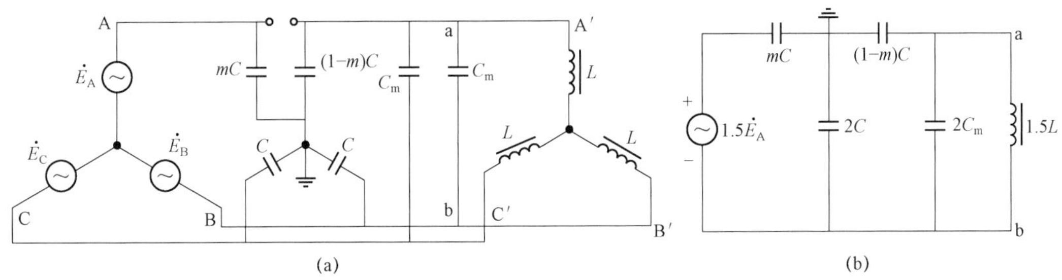

图 4－3　中性点不接地系统一相断线时的等效电路

（a）三相电路图；（b）单相等值电路

图 4－4 所示电路在某频率下可能会出现串联谐振，因此会引起过电压，该过电压可能会通过静电和电磁耦合传递至绕组的另一侧，即所谓传递过电压，对电力系统运行影响很大。

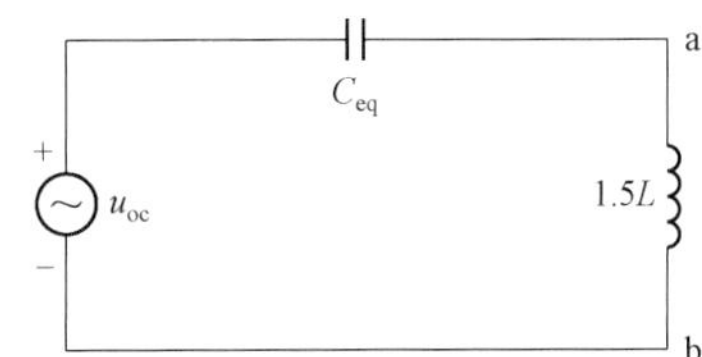

图 4－4　等值串联谐振电路

3. 电动机缺相损坏

断线故障发生后会出现负序电压电流，负序分量的转差率 s_2 和正序分量转差率 s_1 的关系为

$$s_2 = 2 - s_1 \tag{4-7}$$

实际运行时 s_1 很小，可得负序电流 I_2 与负序电压 U_2、额定电压 U_N 以及额定电流 I_N 的关系为

$$I_2 = k_{st} I_N \frac{U_2}{U_N} \tag{4-8}$$

通常启动电流倍数 k_{st} 很大，$k_{st}=4\sim7$，因此从式（4－8）可以看出，很小的负序电压分量也将引起相当大的负序电流。例如负序电压为 5%的额定相电压时，负序电流为 0.2～0.35 倍的额定电流。

异步电机中无零序回路，所以相电流为正序电流 $\dot{I}_1$ 和负序电流 $\dot{I}_2$，也即

$$\dot{I} = \dot{I}_1 + \dot{I}_2 \tag{4-9}$$

当某一相中正序电流和负序电流相位相同且正序电流为额定电流时，该相合成电流就会超过额定电流 20%～35%，会有过热的危险。

4. 触电伤亡和山火

人身触电的场景主要包括：

（1）断线降落直接砸中人产生的人体接触电压，该种事件发生的概率小，但是出现之后对人体将造成严重伤害。而且由于人体与线路直接接触，对人体伤害较其他非直接接触的触电大。

（2）导线落地后长时间存在，人体直接接触导线引起触电事故，该类事故发生概率也相对较小。

（3）接地故障长时间存在导致人体经过故障区域产生跨步电压。配电网接地故障后故障长时间存在，故障大电流注入大地，在周围产生电场，人经过附近时，两脚之间电位不同，在身体上产生电流，危及人身安全。

发生接地短路时，短路电流流入大地后在均质土壤中产生的跨步电压 U_S 为

$$U_S = \frac{\rho IS}{2\pi r(r+S)} \tag{4-10}$$

式中：ρ 为短路电流入地点周边土壤电阻率，Ω/m；I 为短路电流，A；S 为人体的跨步距离，m；r 为距离短路电流入地点的径向距离，m。

当人体在地面行走时，人的两脚和地面的接触电阻 R_J 及人体电阻 R_B 是串联的，此时人体两脚间承受的跨步电压 U_K 为

$$U_K = \frac{R_B}{R_B + 2R_J} U_S \tag{4-11}$$

取人体跨步距离 S=0.8m，故障点电流取 I=20A，人体和皮肤电阻为 1500Ω。可得到不同介质下的跨步电压，见表 4-5。

表 4-5　　不同介质下的跨步电压

类别	名称	电阻率近似值（Ω/cm）	跨步电压（V）			
			r=1m	r=2m	r=4m	r=8m
土	陶黏土	10	282.94	90.95	26.53	7.23
	泥炭、泥灰岩、沼泽地	20	314.38	101.05	29.47	8.04
	捣碎的土炭	40	332.87	106.99	31.21	8.51
	黑土、园田土、陶土、白垩土	50	336.84	108.27	31.58	8.61
	黏土	60	339.53	109.13	31.83	8.68
	砂质黏土	100	345.01	110.91	32.35	8.82
	黄土	200	349.31	112.28	32.74	8.93
	含砂黏土	300	350.75	112.74	32.88	8.97
	多石土壤上层红色风化黏土、下层红色页岩	400	351.48	112.97	32.95	8.99
	表层土夹石、下层砾石	600（15%湿度）	352.21	113.21	33.02	9
砂	砂、砂砾	1000	352.80	113.40	33.07	9.02
	砂层深度大于 10m、地下较深的草原地面黏土深度不大于 1.5m、底层多岩石	5000	353.50	113.63	33.14	9.04
岩石	砾石、碎石	5000	353.50	113.63	33.14	9.04
	多岩山地	200000	353.67	113.68	33.16	9.04
	花岗岩	40～55	332.87	106.99	31.21	8.51

续表

类别	名称	电阻率近似值（Ω/cm）	跨步电压（V）			
			$r=1$m	$r=2$m	$r=4$m	$r=8$m
混凝土	在水中	100～200	345.05	110.91	32.34	8.82
	在湿土中	500～1800	351.92	113.12	32.99	9
	在干土中	12000～18000	353.60	113.65	33.15	9.04
	在干燥的大气中	0.01～1	1.41	0.45	0.13	0.04
水	湖水、池水	30	326.47	104.94	30.61	8.35
	泥水、泥炭中的水	15～20	303.15	97.44	28.42	7.75
	溪水	50～100	336.84	108.27	31.58	8.61
	污秽的水	300	350.75	112.74	32.88	8.97

断线引起山火的主要原因是导线坠落接触草地或灌木。导线坠落草地故障电流由导线接触地面的状况决定，电流由数十毫安到数十安变化，存在电弧放电现象，具体电流取决于接地点附近的情况，而电弧会引燃枯枝落叶等，进而引发大面积火灾。图 4-5 给出了一张现场实验时导线坠入灌木丛后起火的照片。

图 4-5　导线坠入灌木丛起火实验图

4.2　单相断线故障特征

对于表 1-1 中断线形态（g）、（k）由于电源侧两相接地，短路电流较大，可以用第 2 章中的电流保护检测并切除，过渡电阻较大时接地故障保护可以切除，对于其他电源侧线路存在落地情况时由于电源侧电气量变化较大，可根据站内电气量特征进行检测，但无法实现区段定位，比如断线形态（c），可以依靠站内选线装置进行靠近，但无法得知具体故障位置，也无法确定是接地故障还是断线后接地的情况，除此之外对于断线电源侧导线无落地的情况，都需要专门配置相应的检测方法。由于实际运行中两相断线的情况较少，本章仅关注单相断线故障的特征分析和检测，下面分析单相断线故障中形态（a）～（c）的故障特征。

4.2.1 电压特征

1. 中压侧相/线电压分布特征

4.1.2 节已对电压分布特征进行了分析，当发生单相断线故障时，忽略线路压降的情况下，对于健全相来讲，全线电压相等，所以不管是位于断口某一侧的两个测点还是位于断口两侧的测点，电压差都为 0。但对于故障相来讲，位于断口同侧的两个测点的电压差为 0，位于断口两侧的电压差具有较大差异。定义断口前测点电压与断口后测点电压差为差动电压 $\dot{U}_{\rm d}$，对于断线不接地和断线电源侧接地形态，差动电压 $\dot{U}_{\rm d}$ 满足式（4-12）。

$$\dot{U}_{\rm d}=\dot{U}_{\rm AM}-\dot{U}_{\rm AN}=1.5\dot{E}_{\rm A} \tag{4-12}$$

对于断线负荷侧接地的故障形态，差动电压 $\dot{U}_{\rm d}$ 满足式（4-13）。

$$\dot{U}_{\rm d}=\dot{U}_{\rm AM}-\dot{U}_{\rm AN}=\frac{3+(1+k_3)Y_{\rm F}Z_{\rm AB}}{2+Y_{\rm F}Z_{\rm AB}}\dot{E}_{\rm A} \tag{4-13}$$

式中：$k_3=\dfrac{{\rm j}\omega(1-m)C+k_2[Y_{\rm F}+{\rm j}(1-m)\omega C]}{{\rm j}(2+m)\omega C+Y_{\rm N}+k_1[Y_{\rm F}+{\rm j}(1-m)\omega C]}$。

从式（4-12）和式（4-13）可以看出断线不接地以及负荷侧接地故障形态下，故障相电压断口两侧差值为$1.5\left|\dot{E}_{\rm A}\right|$，与中性点接地方式、断线位置、过渡电阻、负荷特征无关，对于断线负荷侧接地的情况仅当过渡电阻为 0 时断口两侧的电压差满足式（4-12），与以上因素无关，除此之外则与以上因素有关。

由式（4-1）可以看出不管单相断线是何种形态，电源侧的线电压保持不变，由式（4-1）和式（4-2）可以看出单相断线不接地和电源侧接地时负荷侧的线电压为

$$\begin{cases}\dot{U}_{\rm ABN}=\dot{U}_{\rm AN}-\dot{U}_{\rm BN}=\dfrac{Z_{\rm AB}}{Z_{\rm AB}+Z_{\rm CA}}\dot{E}_{\rm CB}\\ \dot{U}_{\rm BCN}=\dot{U}_{\rm BN}-\dot{U}_{\rm CN}=\dot{E}_{\rm BC}\\ \dot{U}_{\rm CAN}=\dot{U}_{\rm CN}-\dot{U}_{\rm AN}=\dfrac{Z_{\rm CA}}{Z_{\rm AB}+Z_{\rm CA}}\dot{E}_{\rm CB}\end{cases} \tag{4-14}$$

单相断线负荷侧接地时负荷侧不含故障相的线电压同电源侧的，含故障相的两个线电压为

$$\begin{cases}\dot{U}_{\rm ABN}=\dfrac{Z_{\rm AB}[\dot{U}_{\rm CN}-(1+Y_{\rm F}Z_{\rm CA})\dot{U}_{\rm BN}]}{Z_{\rm AB}+Z_{\rm CA}+Y_{\rm F}Z_{\rm AB}Z_{\rm CA}}\\ \dot{U}_{\rm CAN}=\dfrac{Z_{\rm CA}[(1+Y_{\rm F}Z_{\rm AB})\dot{U}_{\rm CN}-\dot{U}_{\rm BN}]}{Z_{\rm AB}+Z_{\rm CA}+Y_{\rm F}Z_{\rm AB}Z_{\rm CA}}\end{cases} \tag{4-15}$$

从式（4-14）和式（4-15）可以看出单相断线三种形态下负荷侧的非故障两相对应的线电压保持不变，单相断线不接地和电源侧两种形态下含故障相的两个线电压幅值降低，具体与负载的不平衡度有关系，单相断线负荷侧接地情况下含故障相的两个线电

压与断线位置、过渡电阻等都有关系。

对于线电压的差值，非故障两相对应线电压断口两侧差值为 0，断线不接地以及断线电源侧接地情况下的包含故障相的线电压断口两侧差值为$1.5\left|\dot{E}_{\mathrm{A}}\right|$，同理，断线负荷侧接地情况下除了过渡电阻为 0 时断口两侧含故障相的线电压差值为$1.5\left|\dot{E}_{\mathrm{A}}\right|$外其他过渡电阻情况下差值都与断线位置、中性点接地方式等因素有关系。

2. 中压侧电压序分量分布特征

基于以上推导，以 A 相为基准，对于断线不接地和断线电源侧接地的故障形态，根据对称分量法，电源侧和负荷侧的正序电压突变量$\Delta\dot{U}_{\mathrm{M1}}$、$\Delta\dot{U}_{\mathrm{N1}}$，以及负序电压$\dot{U}_{\mathrm{M2}}$、$\dot{U}_{\mathrm{N2}}$和零序电压$\dot{U}_{\mathrm{M0}}$、$\dot{U}_{\mathrm{N0}}$为

$$\begin{cases}\Delta\dot{U}_{\mathrm{M1}}=\dot{U}_{\mathrm{M2}}=0\\ \dot{U}_{\mathrm{M0}}=\dot{U}_{\mathrm{MO}}\\ \Delta\dot{U}_{\mathrm{N1}}=\dot{U}_{\mathrm{N2}}=-0.5\dot{E}_{\mathrm{A}}\\ \dot{U}_{\mathrm{N0}}=\dot{U}_{\mathrm{MO}}-0.5\dot{E}_{\mathrm{A}}\end{cases}\tag{4-16}$$

对于断口负荷侧接地故障，同理可得断口两侧正序电压突变量、负序电压以及零序电压当过渡电阻为 0 时满足式（4-16），除此之外，与过渡电阻、负荷阻抗等因素有关。

从式（4-16）可以看出断线点上游正序电压突变量和负序电压为 0，会出现零序电压，断线点下游正序电压突变量和负序电压较大，为 0.5 倍的额定电压，零序电压也较大，与上游零序电压的矢量差模值为 0.5 倍额定电压。

这里需要注意以上结论实际是忽略了网络的正序和负序阻抗得到的，由于配电网零序阻抗远大于负序和正序阻抗，所以以上推导基本准确，但实际上断线故障发生后正序电压和负序电压都会变化。下面以负序分量为例进行说明。

假设 A 相发生单相断线故障，考虑线路电容的影响，中性点出现偏移，断口两侧电压的向量图如图 4-6 所示，其中$\alpha=\mathrm{e}^{\mathrm{j}120^{\circ}}$，断口两侧的负序电压如图 4-6 中向量$\dot{U}_{\mathrm{M2}}$和$\dot{U}_{\mathrm{N2}}$，可以看出断口两侧负序电压相位相反，$\dot{U}_{\mathrm{d2}}$为断口上的负序电压。

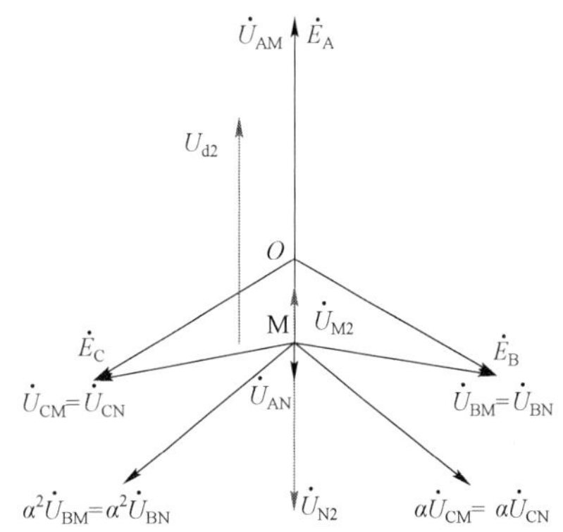

图 4-6　单相断线不接地故障电压向量图

3. 低压网络的相电气量特征

对于 Dy11 接线组别的配电变压器，假设变比为 k_{T}，则低压侧三相电压与高压侧电压的关系如式（4-17）所示，可以看出低压侧三相电压与中压网络中负荷侧线电压有关，所以低压侧三相电压的变化规律与中压电网负荷侧线电压的变化规律一致，图 4-7（a）给出了 Dy11 接线组别下发生单相断线故障后配电变压器低压侧的电压特征，可以看出与理论分析一致。

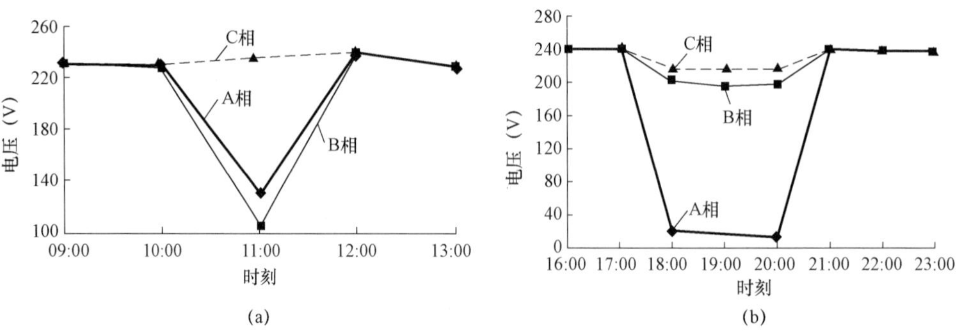

图 4-7　单相断线故障下配电变压器低压侧三相电压录波

（a）Dy11 接线组别；（b）Yy0 接线组别

$$\begin{cases}\dot{U}_{\mathrm{a}}=\dfrac{1}{k_{\mathrm{T}}}(\dot{U}_{\mathrm{AN}}-\dot{U}_{\mathrm{BN}})\\ \dot{U}_{\mathrm{b}}=\dfrac{1}{k_{\mathrm{T}}}(\dot{U}_{\mathrm{BN}}-\dot{U}_{\mathrm{CN}})\\ \dot{U}_{\mathrm{c}}=\dfrac{1}{k_{\mathrm{T}}}(\dot{U}_{\mathrm{CN}}-\dot{U}_{\mathrm{AN}})\end{cases} \tag{4-17}$$

对于 Yy0 接线组别的配电变压器，低压侧三相电压与高压侧电压的关系如式（4-18）所示，可以看出低压侧三相电压的关系与中压网络中负荷侧相电压有关，所以低压侧三相电压的变化规律与中压电网负荷侧相电压的变化规律一致，图 4-7（b）给出了 Yy0 接线组别下发生单相断线故障后配电变压器低压侧的电压特征，可以看出与理论分析一致。

$$\begin{cases}\dot{U}_{\mathrm{a}}=\dfrac{1}{k_{\mathrm{T}}}\dot{U}_{\mathrm{AN}}\\ \dot{U}_{\mathrm{b}}=\dfrac{1}{k_{\mathrm{T}}}\dot{U}_{\mathrm{BN}}\\ \dot{U}_{\mathrm{c}}=\dfrac{1}{k_{\mathrm{T}}}\dot{U}_{\mathrm{CN}}\end{cases} \tag{4-18}$$

4.2.2　相电流特征

配电网线路 A 相单相断线不接地时的复合序网如图 4-8 所示。图中 $\dot{I}_{\mathrm{AL}}$ 为 A 相断口处故障前流过的电流，$\Delta\dot{U}_{\mathrm{A}j}\ (j=0,1,2)$ 分别表示断口处的零序、正序和负序电压差；$Z_{\mathrm{M}j}(j=0,1,2)$ 分别表示电源侧的零序、正序和负序阻抗，$Z_{\mathrm{N}j}(j=0,1,2)$ 分别表示负荷侧的零序、正序和负序阻抗；$\Delta\dot{I}_{\mathrm{A}j}(j=0,1,2)$ 分别表示故障分量的零序、正序和负序电流。

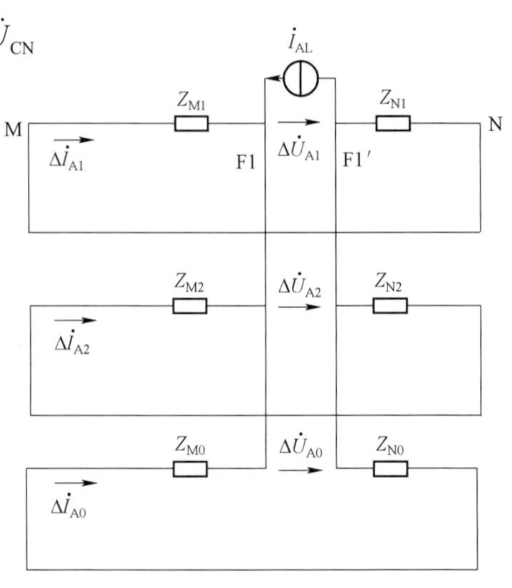

图 4-8　A 相单相断线不接地故障的复合序网图

A 相断线后线路的各序电流是故障前的负荷电流和故障后附加网络电流的叠加。由于配电网的主变压器低压侧以及负荷变压器的高压侧都采用三角形（或者星形不接地）接线，所以零序阻抗仅为系统对地电容和中性点消弧线圈等效阻抗的并联，要远大于正序和负序阻抗，因此序电流为

$$\begin{cases} \dot{I}_{A1}=\dot{I}_{AL}-\dfrac{1/Z_{1\Sigma}}{1/Z_{1\Sigma}+1/Z_{2\Sigma}}\dot{I}_{AL}=\dfrac{1/Z_{2\Sigma}}{1/Z_{1\Sigma}+1/Z_{2\Sigma}}\dot{I}_{AL} \\ \dot{I}_{A2}=\Delta\dot{I}_{A2}=-\dfrac{1/Z_{2\Sigma}}{1/Z_{1\Sigma}+1/Z_{2\Sigma}}\dot{I}_{AL} \\ \dot{I}_{A0}=\Delta\dot{I}_{A0}=0 \end{cases} \tag{4-19}$$

考虑负载为综合负荷，一般认为配电网的正序阻抗和负序阻抗相等，即 $Z_{1\Sigma}=Z_{2\Sigma}$，则可以得到断线故障后正序电流突变量的大小等于负序电流，为故障前负荷电流的一半，故障后正序电流相位与故障前负荷电流相位相同，负序电流相位与故障前负荷电流相位相反。

在配电网中，系统的负序阻抗远小于负荷的负序阻抗，因此单相断线故障产生的负序电流绝大部分是由断线故障点沿故障线路流向电源，而非故障线路中流过的负序电流很小，其方向为由母线流向线路。

由上述分析可知，断线后故障线路的三相电流为

$$\begin{cases} \dot{I}_{A}=\dot{I}_{A1}+\dot{I}_{A2}+\dot{I}_{A0}=0 \\ \dot{I}_{B}=\alpha^2\dot{I}_{A1}+\alpha\dot{I}_{A2}+\dot{I}_{A0}=-\mathrm{j}\dfrac{\sqrt{3}}{2}\dot{I}_{AL} \\ \dot{I}_{C}=\alpha\dot{I}_{A1}+\alpha^2\dot{I}_{A2}+\dot{I}_{A0}=\mathrm{j}\dfrac{\sqrt{3}}{2}\dot{I}_{AL} \end{cases} \tag{4-20}$$

可以看出，断线故障后故障线路健全相的相电流变为故障前负荷电流的 $\sqrt{3}/2$ 倍，且两相电流的相位相反，故障相电流变为 0。

以上分析是主干线故障时的特征，当分支线发生断线时，假设配电网第 n 条线路某支路 M、N 之间发生单相断线故障后，相当于断口之间叠加了与故障前负荷电流相位相反的电流源。假设该电流源经对称分量变化后所得的负序电流为 i_2，对于有 n 条出线的配电网，第 n 条线路某条分支发生单相断线不接地故障时的负序网络如图 4－9 所示。

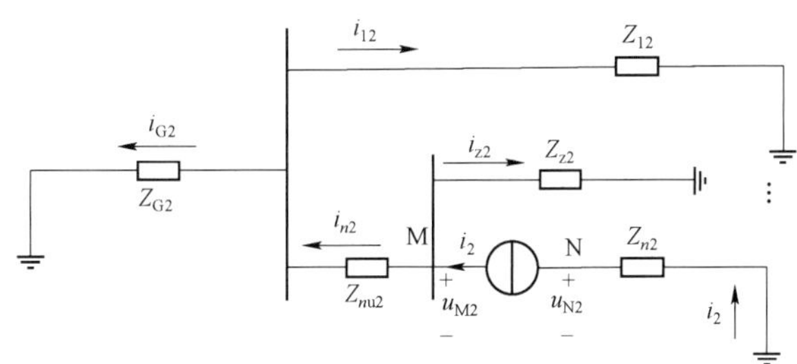

图 4－9　单相断线不接地故障的负序网络

图 4－9 中 Z_{i2}（i=1，2，…，$n-1$）为线路 i 的等效负序阻抗，包括线路阻抗和负荷阻抗，Z_{nu2} 为故障点上游线路的等效负序阻抗，Z_{n2} 为故障线路 n 断口上游和下游的等效负序阻抗，Z_{z2} 为与故障支路并联支路的等效阻抗，u_{M2} 和 u_{N2} 为断口两侧的负序电压，i_{i2}（i=1，2，…，n）表示线路 i 的负序电流，i_{z2} 为与故障支路并联支路的负序电流；Z_{G2} 为高压系统的等效负序阻抗，i_{G2} 为流过高压系统的负序电流。

对于负序电流的分布特征，从图 4－9 可以看出发生断线故障后负序电流的分布有两个特征：

（1）从故障支路经故障点上游区段及母线流向高压系统、中性点以及健全线路，最终经大地从故障点下游线路流回到等效电流源。

（2）从故障支路流向与之并联的健全支路，最终经大地从故障点下游线路流回到等效电流源。

对于故障线路，不管是故障点上游和下游，负序电流都是从线路流向母线，对于健全线路和故障线路中的健全支路，负序电流都是从母线流向线路。

分支线单相断线故障时，主干线会出现三相电流不平衡，具体电流不平衡度（负序电流与正序电流的比值）取决于断线支路负载与整条线路负载的比值，假设二者比值为 k、主干线的负载为 $\dot{I}_{AL}$，同时所有支路负载相位相同，可得主干线的正序电流和负序电流为

$$\begin{cases}\dot{I}_{A1}=(1-0.5k)\dot{I}_{AL}\\ \dot{I}_{A2}=-0.5k\dot{I}_{AL}\end{cases} \tag{4-21}$$

基于式（4－21）可得主干线三相的电流为

$$\begin{cases}\dot{I}_{A}=(1-k)\dot{I}_{AL}\\ \dot{I}_{B}=\alpha^2\dot{I}_{A1}+\alpha\dot{I}_{A2}=-\mathrm{j}\dfrac{\sqrt{3}}{2}k\dot{I}_{AL}+\alpha^2(1-k)\dot{I}_{AL}\\ \dot{I}_{C}=\alpha\dot{I}_{A1}+\alpha^2\dot{I}_{A2}=\mathrm{j}\dfrac{\sqrt{3}}{2}k\dot{I}_{AL}+\alpha(1-k)\dot{I}_{AL}\end{cases} \tag{4-22}$$

基于以上分析，分支线故障时主干线电流不平衡度和各相电流幅值以及健全两相的相位和二者相位差随比值 k 变化的规律分别如图 4－10～图 4－12 所示。

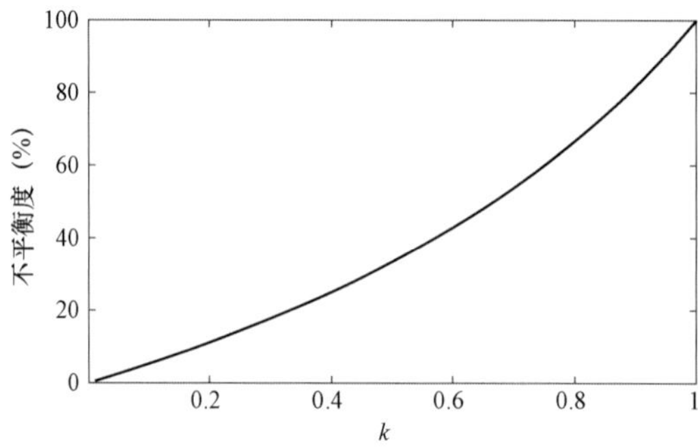

图 4－10　主干线电流不平衡度随分支线所带负载与主干线总负载比值变化的规律

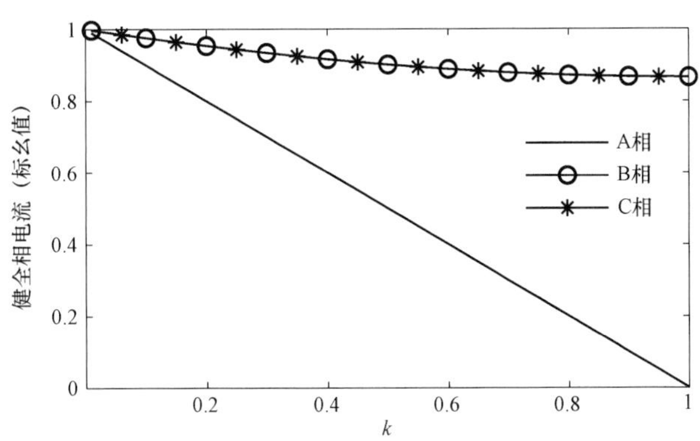

图4－11　主干线各相电流幅值随分支线所带负载与主干线总负载比值变化的规律

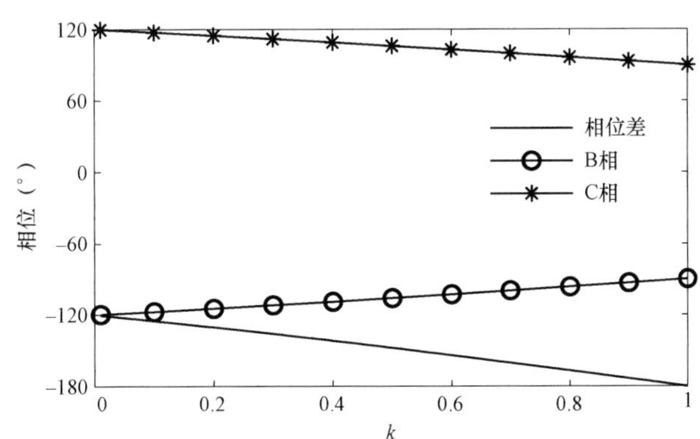

图4－12　主干线健全相电流相位和相位差随分支线所带负载与主干线总负载比值变化的规律

综上可以看出分支线发生断线故障时主干线由于受故障支路的影响，主干线三相电流幅值随着故障支路所带负载与主干线所有负载比值的增大而减小，健全两相的减小程度小于故障相的减小程度且二者相等，两健全相电流相位不再完全相反，相位差从－120°到－180°变化。

断线电源侧接地时的负序网络如图4－13所示。

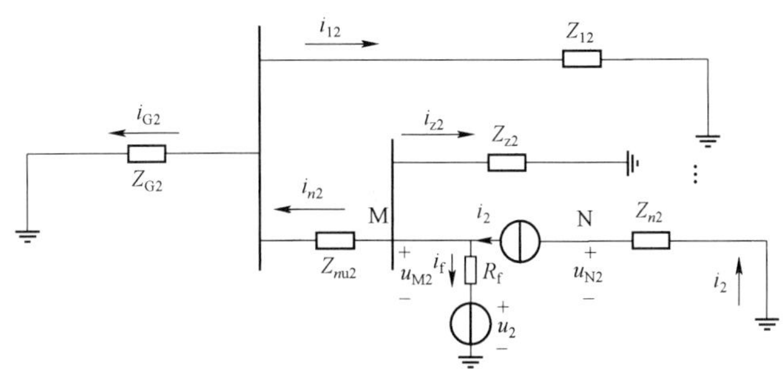

图4－13　单相断线电源侧接地故障的负序网络

图 4-13 中负序等效电压源的电压向量$\dot{U}_{\mathrm{n}}$以及等效电流源的电流向量$\dot{I}_{\mathrm{n}}$可以根据复合序网法求解得到。当得到等效电源向量后，图 4-13 可以根据叠加定理进行求解，其可以分解成图 4-14 的两个电路，将图 4-14 中的两个电路单独求解，然后各测点的向量相加就是实际测量得到的量。

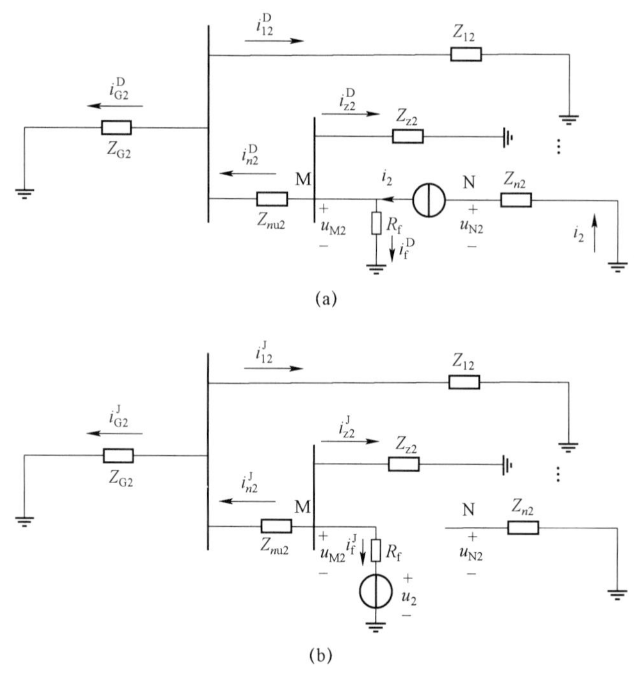

图 4-14　基于叠加定理的单相断线电源侧接地故障负序网络求解电路

（a）等效电流源单独作用；（b）等效电压源单独作用

等效电流源单独作用时，故障点上游的负序电流和正序电流突变量相比与断线不接地时要小，当接地电阻为 0 时，电流全部流入大地，上游正序电流突变量和负序电流为 0，当过渡电阻较大时，可以认为等效电流源的电流大部分流入上游线路，流入过渡电阻上的电流较小。当等效电压源单端作用时，根据边界条件可知此时正负零序网络串联，同样由于零序阻抗较大，整个正序突变量电流和负序电流都较小，幅值等于零序电流，特别是高阻接地时，负序电流和正序突变量电流更小。综合以上分析可以看出高阻接地情况下因断线的负序电流主要流入系统，流进接地点的电流很小，而因接地产生的负序电流在高阻时很小，对电流分布特征影响较小，所以高阻时正序电流突变量和负序电流的分布特征与单相断线不接地时的特征基本相同。

单相断线负荷侧接地故障的负序网络以及断线故障等效电流源以及接地故障等效电压源单独作用的电路图如图 4-15 所示。同样对于正序突变量网络，等效电路同图 4-13 相同。

采用同样的分析方法可以看出接地支路仅影响断线点下游支路的特征，高阻故障时正序电流突变量和负序电流的分布与单相断线不接地时的特征相同。

4.2.3　序分量电压和电流的关系

综上分析可以看出，以母线指向线路为电流正方向，对于健全线路、故障点下游以及与故障线路中的健全支路的各区段（后文统称为健全部分），负序电压就是负序电流流过相应阻抗后的电压降，各区段出口的负序电压和负序电流频域中满足式（4–23）。

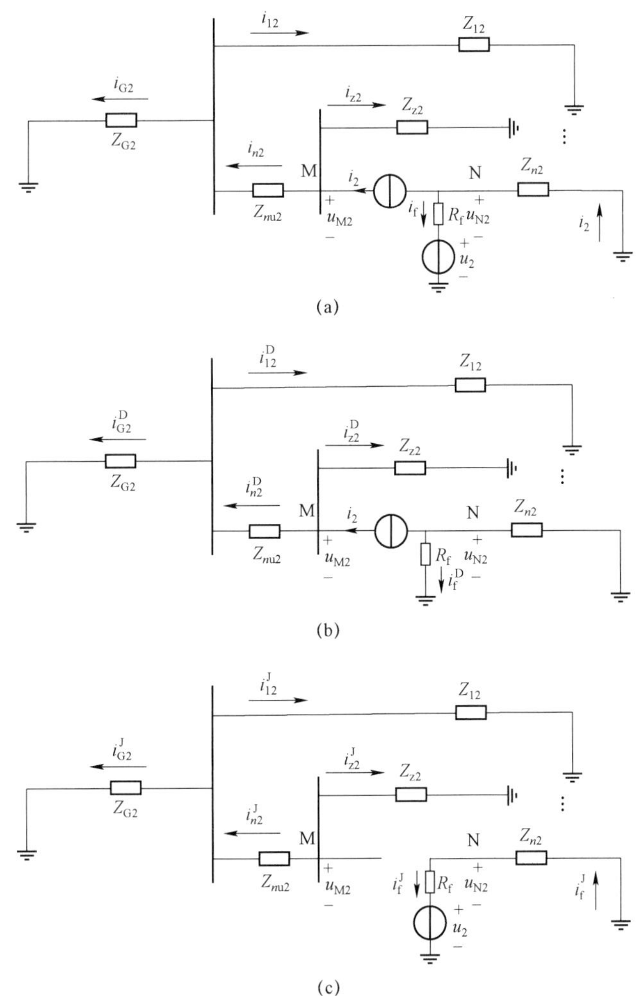

图 4–15　单相断线电源侧接地故障负序网络以及基于叠加定理的求解电路

（a）负序网络；（b）等效电流源单独作用；（c）等效电压源单独作用

$$\dot{U}_{\mathrm{n}} = Z_{\mathrm{n}} \dot{I}_{\mathrm{n}} \tag{4-23}$$

式中：$\dot{U}_{\mathrm{n}}$、$\dot{I}_{\mathrm{n}}$、Z_{n} 分别为各区段出口的负序电压、负序电流向量以及从测点端口看向负荷侧的等效负序阻抗。

故障线路故障点上游各区段（后文统称故障部分）的负序电压和电流满足式（4–24）。

$$\dot{U}_{\mathrm{n}} = -Z_{\mathrm{eq}} \dot{I}_{\mathrm{n}} \tag{4-24}$$

式中：Z_{eq}为故障部分所包含区段出从测点端口看向系统侧的等效负序阻抗，由于系统负序阻抗远大于负荷阻抗，所以主要体现为高压系统的负序阻抗。

根据式（4-23）可以看出，健全部分的负序电压和负序电流的相位差就是从测点端口看向负荷侧的等效负序阻抗的相角，该阻抗角与故障前功率因数有关。根据相关标准，正常运行时要求变压器高压侧功率因数不低于 0.95，再考虑一定的线路阻抗，健全部分负序电压和电流的相位差为一略大于 0° 的数值。但需要说明的是如果在负载较小而无功补偿设备不具备自动控制能力时系统可能过补偿，此时等效阻抗可能会呈现容性，但无论补偿度如何变化，健全部分负序电压和电流的相位差落在第一、四象限中，如图 4-16 所示。由于故障线路故障点上游各区段负序电压和电流满足式（4-24），而从测点端口看向系统侧的等效负序阻抗主要体现为高压系统的负序阻抗，如果高压侧无功欠补偿，则故障线路故障点上游各区段负序电压和电流相位差落在第三象限，相反如果高压侧无功过补偿，则故障线路故障点上游各区段负序电压和电流相位差落在第二象限。

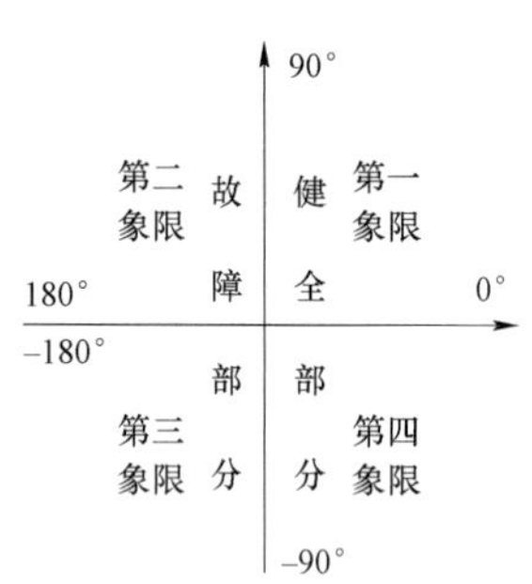

图 4-16　负序电压电流相位关系

根据以上分析可以得出健全部分负序电压电流相位差满足

$$-90^\circ < \arg\left(\frac{\dot{U}_n}{\dot{I}_n}\right) < 90^\circ \tag{4-25}$$

故障部分负序电压和电流相位差满足

$$-180^\circ < \arg\left(\frac{\dot{U}_n}{\dot{I}_n}\right) < -90^\circ \cup 90^\circ < \arg\left(\frac{\dot{U}_n}{\dot{I}_n}\right) < 180^\circ \tag{4-26}$$

根据式（4-25）和式（4-26）所描述的故障特征就可以实现故障的诊断和区段定位。

以上分析过程同样适用于各种断线形态下正序电压突变量和电流突变量的分析，结论与负序电压和电流结论一致。

4.2.4　分布式电源的影响

第 3 章已经指出旋转型分布式电源可以看成是电压源，而逆变型分布式电源可以看成是电流源。不管分布式电源为何种类型，当其接入点为电源侧时，并不影响电压特征的分布。

上文的推导过程表明负荷侧健全相的电压与电源侧一致，而故障相的电压通过配电变压器传导建立，当旋转型分布式电源接入在断线位置负荷侧时，由于其可以支持电压，所以对于电压分布特征影响显著，特别是负荷侧电压降和电源侧电压分布特征一致，断口两侧的电压差异不再明显。对于逆变型分布式电源接入负荷侧的情形，其本质为跟随式电源，即其通过锁相环建立机端电压，所以可以认为对负荷侧电压特征无影响，断口两侧电压差异依然明显。

4.3　单相断线故障的站内选线和保护技术

4.3.1　基于零序电气量的接地故障选线方法对断线故障的适应性

现有针对单相接地故障的选线方法主要基于暂态零序电压和零序电流之间的关系或零序电压的关系。为了分析现有方法对单相断线故障的适应性，需要分析单相断线故障时暂态电压和暂态电流的关系是否与接地故障时相同，如果相同，则接地故障的选线方法适用于单相断线故障的检测，否则不适用。此外，当前接地故障选线方法都是通过零序电压启动的，所以还需要分析单相断线故障时零序电压是否达到启动值，一般零序电压按照 10%的额定电压启动。

单相断线不接地故障时，零序网络形式同图 4−9 所示的负序网络，唯一区别是图 4−9 中负序参数替换为零序参数，且等效电流源不仅包含工频，同时也包含高频分量，此种情况下，故障线路的零序电流是所有健全线路零序电流之和的相反数，健全线路零序电压和零序电流满足电容约束条件。图 4−17 给出了单相断线不接地故障时零序电压导数和零序电流的暂态波形，可以看出单相接地故障时零序电压和零序电流的特征与单相接地故障时的特征相同；同理对于单相断线某一侧接地的情况，零序电气量特征与接地故障时也相同，所以现有的基于零序电气量的接地故障选线方法适用于单相断线故障。

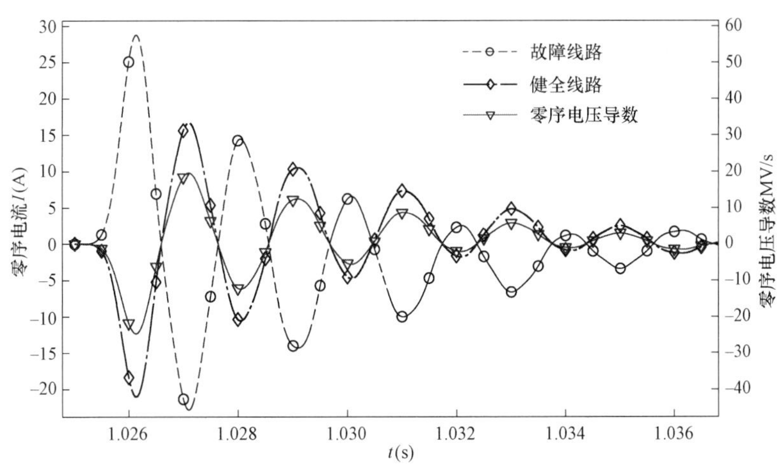

图 4−17　单相断线不接地情况下暂态零序电压和零序电流波形

对于启动判据的适应性，采用 4.1.2 分析工频过电压时的条件，通过蒙特卡罗法扫描 1000 万次，最终得到零序电压低于 10%相电压的概率，见表 4−6。

表 4−6　　零序电压低于 10%相电压的概率

中性点不接地			中性点经消弧线圈接地		
两侧不接地	电源侧接地	负荷侧接地	两侧不接地	电源侧接地	负荷侧接地
20.29%	19.52%	19.96%	1.62%	0.98%	1.32%

4.3.2 基于正/负序电气量的选线方法

单相断线故障选线技术的目的是选出发生断线故障的线路，目标是仅利用站内信息对断线故障进行告警或跳闸，对未配置馈线自动化技术的线路来讲具有重要意义。不用于单相接地故障的选线，由于断线形态的多样性，断线故障选线原则上难度更大，主要体现在单相断线不接地或负荷侧接地时变电站侧的故障特征较弱，但根据前文分析可以看出正/负序电气量具有一定差异，可以实现选线。同小电流接地系统单相接地故障选线中的基于零序电流的群体比幅比相法类似，可以通过比较正/负序电流突变量的幅值或相位实现单相断线故障的选线。

基于正/负序电流突变量的群体比幅算法的基本原理是比较变电站各出线正/负序电流突变量幅值的大小实现断线故障选线，其中幅值最大的线路为故障线路，之所以采用突变量算法是为了克服正常运行时三相不平衡带来的负序分量的影响。该方法具有不受中性点接地方式、断线形态影响的优点，但要受到负载大小的影响。

基于正/负序电流突变量的群体比较相位算法的基本原理是比较变电站各出线/负序电流突变量的相位差异实现断线故障选线，具体为故障线路的正/负序电流突变量的相位与所有健全线路的相位相反，该方法同样不受中性点接地方式、断线形态的影响，但受负荷功率因数的影响。负荷功率因数体现为负载等效阻抗的相位，功率因数不同时正/负序电流突变量的相位也不同。综上，基于相位比较的算法适应性较差。实际上健全线路和故障线路正/负序电流的差异主要体现在阻性分量上，所以为了增强基于相位比较算法的适应性，可以考虑引入电压量作为参考，具体可以通过采用有功功率法，将正/负序电压突变量引入计算，同电流一起计算有功功率即可，也可以采用相关分析法，故障线路电压量和电流量相关系数为负，健全线路相关系数为正。需要说明的是引入电压量后要受到互感器配置的影响，工程上的可行性相对变差。

此外，对于断线故障来讲，启动判据也是比较大的问题。单相接地故障选线方法一般采用零序电压启动，但对于断线不接地以及断线负荷侧接地故障，变电站侧的零序电压要小于单相接地故障的，所以采用零序电压启动时灵敏度相对较低。具体设置启动判据时也可以考虑单相断线故障特征启动。此外需要说明的是仅利用电压特征并不能实现单相断线故障的选线，因为对于断口同一侧的电压特征是一样的，即每条出线出口的电压特征一样，无法区分故障具体在哪一条线路。

4.3.3 基于相电流的站内保护技术

根据故障特征分析部分可知，当发生单相断线时故障线路的三相电流幅值降低，其中一相电流降幅较大，其他两相降幅较小且相位差不再是 120°，据此可以构造以下断线保护判据。

根据单相断线故障后三相电流幅值降低可以构造如式（4－27）所示的判据。

$$\Delta I_{\varphi} < 0 \tag{4-27}$$

式中：ΔI_{φ} 为表示三相电流有效值的变化量。

根据三相负荷不再对称构造如式（4－28）所示的断线故障检测判据。

$$\begin{cases} \lambda = \dfrac{\left|\Delta I_{\varphi}\right|_{\max}}{I_{\mathrm{AL}}} > \lambda_{\mathrm{set}} \\ 180^{\circ} - \varphi_{\mathrm{set}} < \left|\arg \dfrac{\dot{I}_{\min}}{\dot{I}_{\mathrm{mid}}}\right| < 180^{\circ} + \varphi_{\mathrm{set}} \end{cases} \tag{4-28}$$

式中：$\left|\Delta I_{\varphi}\right|_{\max}$ 为幅值降幅最大相对应的突变有效值；λ_{set} 为电流有效值变化率门槛，通常可整定为 20%～30%；$\dot{I}_{\min}$ 表示幅值降幅最小相对应的工频电流；$\dot{I}_{\mathrm{mid}}$ 表示幅值降幅中间相对应的工频电流；φ_{set} 为非故障相电流相角差的整定裕度，通常可整定为 30°～45°。这里需要说明之所以幅值和相位一起引入判据是为了克服正常运行时三相电流的不平衡可能导致的保护误动。

假设正常运行时要求电流不平衡度不能超过 x，当该不平衡由三相电流中某一相电流的幅值造成，其他两相的电流幅值为 A，另一相幅值为 $A+\Delta A$，可以得出

$$\left|\Delta A\right| = \frac{3x}{1-x} A \tag{4-29}$$

当电流不平衡由某一相电流的相位造成时，该相位的偏移量 φ 为

$$\left|\varphi\right| = \arccos\left(\frac{1-2x}{1+x}\right) \tag{4-30}$$

根据式（4－29）和式（4－30）可知当正常运行时因为负荷突变且变化后形成三相电流不平衡时该保护可能会误动。例如，因为负荷波动两相电流幅值从 100A 降低至 95A，另一相电流幅值降为 80A，三相电流相位依然对称，此时不平衡度为 5%，计算得到的 $\lambda = 20\%$，当 $\lambda_{\mathrm{set}} = 20\%$ 虽然幅值满足了判据，但相位不满足判据，保护不会误动，若要相位同时满足式（4－28），则需要电流的不平衡度更大。

对于断线同时伴随一侧或两侧接地的情形，当断线接地过渡电阻较小时，有可能会对断线相的电流特征造成一定不利影响，但实际配电系统中断线接地过渡电阻一般较高，大多数情形一般均在数千欧姆，因而对基于相电流特征的断线故障保护影响有限。

4.4　单相断线故障的区段定位技术

4.4.1　基于相电流不平衡度的级差配合式区段定位方法

对于具备级差配合条件的情况，为了实现级差配合隔离故障线路，采用线电压闭锁的方式；对于故障点上游线路，三个线电压对称；对于故障点下游线路，三个线电压不对称。为了判断三个线电压是否依然对称，引入线电压突变量判据，具体为

$$\Delta U_{\varphi\varphi} < kU_{\varphi\varphi} \tag{4-31}$$

式中：$\Delta U_{\varphi\varphi}$ 为 AB、BC、CA 线电压的突变量幅值；$U_{\varphi\varphi}$ 为线电压的额定值；k 为整定

系数，可取 0.1。

当电流满足式（4-28）且三个线电压满足式（4-31）时可以认为断线故障发生在测点下游。以图 4-18 所示配电网为例，线路出口断路器 QF，主干线路开关 Q1、Q4，分支线路开关 Q2 与 Q5，以及分界开关 Q3 与 Q6 都部署断线故障保护。分界开关动作时限选为 t_0；分支线路开关 Q2 与 Q5 的动作时限增加一个时间级差，设为 $t_0+\Delta t$；主干线路开关 Q4 的动作时限比 Q5 增加一个时间级差，设为 $t_0+2\Delta t$；Q1 动作时限比 Q4 增加一个时间级差，设为 $t_0+3\Delta t$；变电站出口保护的动作时限则设为 $t_0+4\Delta t$。以上时间的整定需要大于相间故障的时间，以免相间故障时误动作，可以考虑与现有的接地保护时间相同。

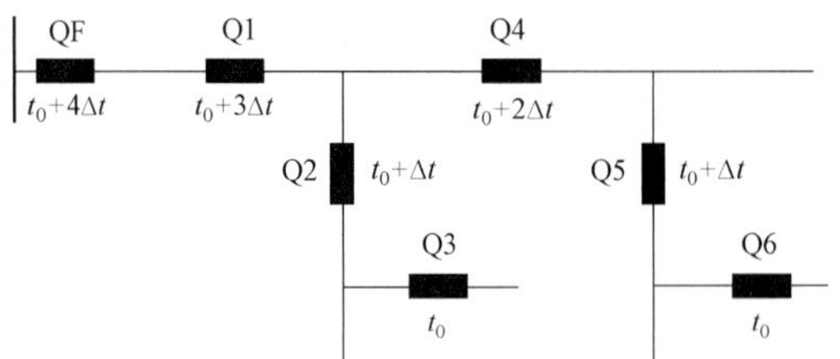

图 4-18　断线故障多级保护动作时限配合示意图

▬ 闭合的断路器或负荷开关

4.4.2　基于正/负序电压电流的区段定位方法

基于正/负序电流突变量特征也可以实现区段定位，核心思想是故障点至变电站母线处线路中的正/负序电流与故障点下游线路以及其他健全线路的相位存在差异。考虑到故障区段定位要通过馈线自动化技术实现，而目前馈线终端一般仅测量线电压，所以实现断线故障区段定位时主要涉及正/负序电流的计算、启动判据以及断线故障检测判据以及区段定位和故障隔离算法，下面以负序分量为例分别展开论述。

1. 基于线电压的负序电压计算方法

通常负序电压可以利用三相电压通过对称分量法计算得到，但在配电网中馈线终端两侧各配置一个 TV，分别测量两个线电压供 FTU 使用，如图 4-19 所示。

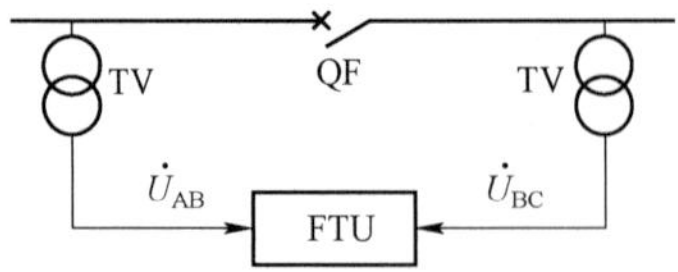

图 4-19　配电网 TV 及 FTU 配置示意图

在此种情况下，负序电压同样是可以由两个线电压通过式（4-32）计算得到的。

$$\begin{aligned}\dot{U}_{\mathrm{n}} &= (\dot{U}_{\mathrm{A}} + \alpha^2\dot{U}_{\mathrm{B}} + \alpha\dot{U}_{\mathrm{C}})/3 = (\dot{U}_{\mathrm{A}} - \dot{U}_{\mathrm{B}} + \dot{U}_{\mathrm{B}} + \alpha^2\dot{U}_{\mathrm{B}} + \alpha\dot{U}_{\mathrm{C}})/3 \\ &= (\dot{U}_{\mathrm{AB}} - \alpha\dot{U}_{\mathrm{B}} + \alpha\dot{U}_{\mathrm{C}})/3 = (\dot{U}_{\mathrm{AB}} - \alpha\dot{U}_{\mathrm{BC}})/3\end{aligned} \tag{4-32}$$

需要说明的是负序电压可以在已知任意两线电压情况下通过类似式（4-32）推导的方法计算得到。

2. 启动判据

根据以上分析可以看出，当发生断线故障时，会出现负序电压，同时考虑到系统正常运行时也会因为负荷不平衡存在负序电压，为此可以通过设置负序电压突变量大小来启动装置，具体如式（4－33）所示。

$$\Delta U_{n}=\left|\dot{U}_{nf}-\dot{U}_{nz}\right|>U_{nset} \tag{4-33}$$

式中：ΔU_{n} 为负序电压突变量的幅值；$\dot{U}_{nf}$ 为断线故障后的负序电压；$\dot{U}_{nz}$ 为正常运行时的负荷不平衡产生的负序电压；U_{nset} 为负序电压整定值。

3. 基于负序电压电流相关系数的定位判据

相关系数可以描述两个正弦信号的相位差，对于任意幅值的两工频信号，其相关系数随相位差变化的规律如图 4－20 所示。

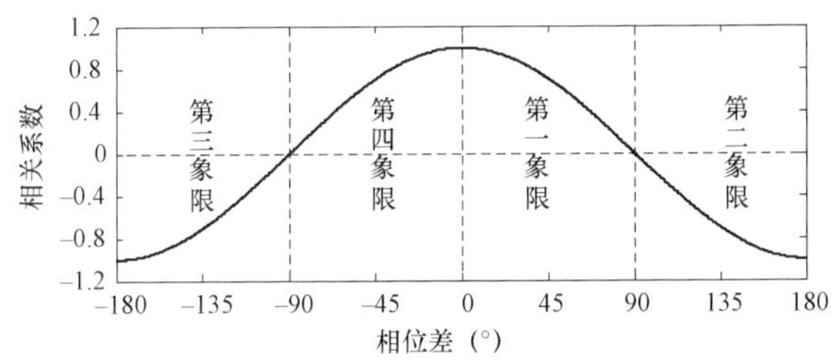

图 4－20　相关系数与相位差的关系

从图 4－20 可以看出相关系数随相位差的变化呈正弦规律。当相位差落在第一和第四象限时相关系数为正，当相位差落在第二和第三象限时相关系数为负，这恰好能反映健全部分和故障部分负序电压与负序电流相位差的关系，也即健全部分负序电压和负序电流的相关系数为正值，故障部分负序电压和负序电流的相关系数为负值。负序电压和电流的相关系数可以通过式（4－34）计算。

$$\rho=\frac{\sum_{k=1}^{N}u_{n}(k)i_{n}(k)}{\sqrt{\sum_{k=1}^{N}u_{n}^{2}(k)\sum_{k=1}^{N}i_{n}^{2}(k)}} \tag{4-34}$$

式中：ρ 为相关系数；N 为一个周波内的采样点数。

4. 基于馈线自动化的断线故障处理

（1）就地定位隔离模式。以图 4－21 所示的配电网为例说明故障定位与隔离过程，图 4－21 中除联络开关 LS 处于常开状态外其余出口断路器以及分段开关都处于常闭状态，各开关处都配置一台 FTU。

假设 QS21 和 QS22 之间发生断线故障，具体故障处理过程如下：

1）QF2 和 QS21 处检测到的负序电压和负序电流相关系数为负，二者分闸，同时 QS22 因为线路失压分闸，LS 一侧失压启动专供逻辑计时（一般整定为 35s）。

2）QF2 在 1s 后重合闸，Y 时限（5s）内未检测到负序电压和电流，闭锁合闸。

3）当 QF2 重合闸后 QS21 一侧会检测到电压，随之启动 X 时限（7s）计时，时限

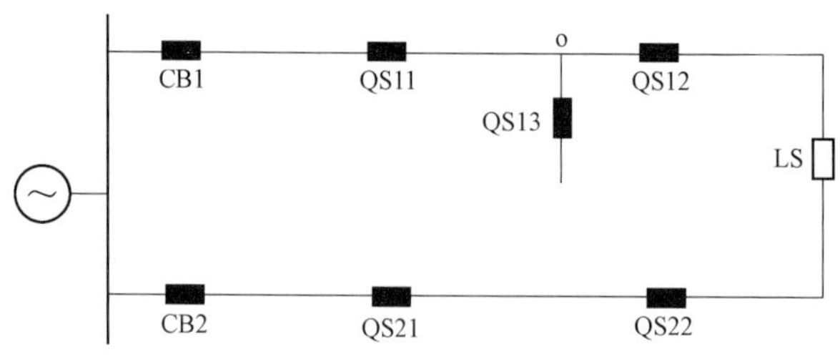

图 4-21　配电网结构示意图

到后合闸，由于前方故障依然存在，会出现负序电压和电流，且在 Y 时限内负序电压和电流相关系数为负，因此再次分闸并闭锁。

4）当 QS21 合闸后 QS22 在 X 时限内检测到残压，因此保持分闸并闭锁合闸。

5）LS 计时到并核算负载容量后，合闸，实现非故障区段负荷的转供。

（2）智能分布式模式。基于正/负序电压电流特征的断线故障检测判据具有自举性，满足两值性以及分化性，即如果终端计算得到的负序电压和电流相关系数为负，则故障点在其下游；相反如果为正，则故障点在其上游，且故障就在两侧终端负序电压电流相关系数发生变化的区段。

所谓智能分布式模式，就是通过上下游终端交换信息判断故障位置。通过两值化处理后，相邻馈线终端仅传输相关系数为正或负的逻辑量。对于处于线路两侧的终端，如图 4-21 中的 QF1、QF2、QS12、QS13 和 QS22 对应的终端，仅有 1 个相邻终端与之交换相关系数符号，如果最终判定结果为两相邻终端相关系数异号，则直接发跳闸信号跳开对应开关，相反如果是同号，则不发跳闸信号。图 4-21 中的 QS21 对应终端有 2 个相邻终端与之交换相关系数的符号，所以可以得到两个判定结果，如果有且仅有 1 个判定结果与相关系数符号相反，则判定为故障发生在两个相关系数符号不同的区段，如果 2 个判定结果都为同号，则不发跳闸信号。对于有分支线存在的情况，图 4-21 中 QS11 需要与上游 QF1、下游的 QS12 以及 QS13 对应的终端交换数据，所以可得 3 个结果，如果与任意一个的相关系数符号相反，则跳开对应开关，比如当故障在 QF1 和 QS11 之间时仅有 QF1 和 QS11 对应终端的相关系数符号相反，跳开 QF1 和 QS11 即可，如果故障发生在 QS11 和 QS12 以及 QS13 围成的区域之间，则 QS11 对应终端和 QS12 以及 QS13 对应终端相关系数符号都相反，则跳开 3 个开关。故障切除后联络开关在失压一定时间后合闸，完成非故障区段负荷的转供。

（3）集中定位与隔离模式。对于故障集中定位与隔离模式，需要各终端就地判定相关系数之后将判别结果上传主站，通信网络同样仅传输相关系数符号这种逻辑量。当主站收到各终端上报的相关系数符号后，采用智能分布模式相同的故障定位方法判定故障区段，当满足跳闸要求时，主站发遥控跳闸信号隔离故障区段，随后主站发遥控信号闭合联络开关，实现非故障区段负荷的转供。

4.4.3　基于中压网络电压特征的区段定位方法

单相断线故障发生后电压特征差异明显，基于相电压、线电压或电压序分量特征都可以实现单相断线故障的区段定位，下面分别介绍。

1. 基于相邻终端电压差动值的区段定位方法

定义两相邻测量终端的电压差为差动电压，对于位于断口同一侧的两个终端，差动电压很小，仅为负荷电流在两终端之间线路上的压降，对于位于断口两侧的终端，一般断线接地时过渡电阻比较大，因此式（4－13）可近似等价为式（4－12），也即故障相的差动电压 $\dot{U}_{dA}$ 满足式（4－12），对于非故障相 B 和 C，差动电压为 0，基于式（4－16）同样可计算基于正序、负序以及零序差动电压 $\dot{U}_{d1}$、$\dot{U}_{d2}$、$\dot{U}_{d0}$，最后可得基于向量的差动电压满足式（4－35）所示的关系。

$$\begin{cases}\dot{U}_{dA}=1.5\dot{E}_A\\ \dot{U}_{dB}=\dot{U}_{dC}=0\\ \dot{U}_{d1}=\dot{U}_{d2}=\dot{U}_{d0}=0.5\dot{E}_A\end{cases}\tag{4-35}$$

式（4－35）说明断口两侧的基于向量的差动电压具有以下特征：

（1）采用相电压向量计算时，故障相的差动电压幅值为 1.5（标幺值），健全两相的差动电压为 0；

（2）采用序电压向量计算时，正负零序的差动电压幅值都为 0.5（标幺值）；

（3）以上关系对于断线不接地和断线电源侧接地故障恒成立，与中性点接地方式以及断线位置无关，但对于断线负荷侧接地情况，则与以上因素有关，通过分析可以发现断口两侧的电压差值依然较大，可以实现区段定位。

原则上根据以上特征即可检测断线故障，且具有适用范围广、灵敏度高的优点，但考虑到配电网通信的同步性，传输向量时误差较大，所以同时两相邻测量终端电压幅值差为基于幅值的差动电压。基于幅值的差动电压如式（4－36）所示。

$$\begin{cases}U_{d\varphi}=\left|\dot{U}_{\varphi M}\right|-\left|\dot{U}_{\varphi N}\right|\\ U_{d1}=\left|\Delta\dot{U}_{M1}\right|-\left|\Delta\dot{U}_{N1}\right|\\ U_{d2}=\left|\dot{U}_{M2}\right|-\left|\dot{U}_{N2}\right|\\ U_{d0}=\left|\dot{U}_{M0}\right|-\left|\dot{U}_{N0}\right|\end{cases}\tag{4-36}$$

同样假设 A 相断线，结合式（4－1）、式（4－16）以及式（4－36）可得基于幅值的差动电压满足式（4－37）。

$$\begin{cases}U_{dA}=\left|\dot{E}_A+\dot{U}_{MO}\right|-\left|\dot{U}_{MO}-0.5\dot{E}_A\right|\\ U_{dB}=U_{dC}=0\\ U_{d1}=U_{d2}=\left|0.5\dot{E}_A\right|\\ U_{d0}=\left|\dot{U}_{MO}\right|-\left|\dot{U}_{MO}-0.5\dot{E}_A\right|\end{cases}\tag{4-37}$$

可以看出基于幅值的差动电压具有以下特征：

（1）故障相电压以及零序电压对应的差动电压幅值与中性点偏移电压相关，而与断线形态、中性点接地方式以及断线位置相关；

（2）健全两相电压对应的差动电压幅值恒为 0，正序和负序电压对应的差动电压幅值恒为 0.5（标幺值），与断线形态、中性点接地方式以及断线位置无关。

假设图 4-2 中系统对地电容为 5.754μF，中性点偏移电压 U_{MO} 以及差动电压 U_{dA}、U_{d0} 标幺值随故障位置如图 4-22 所示。

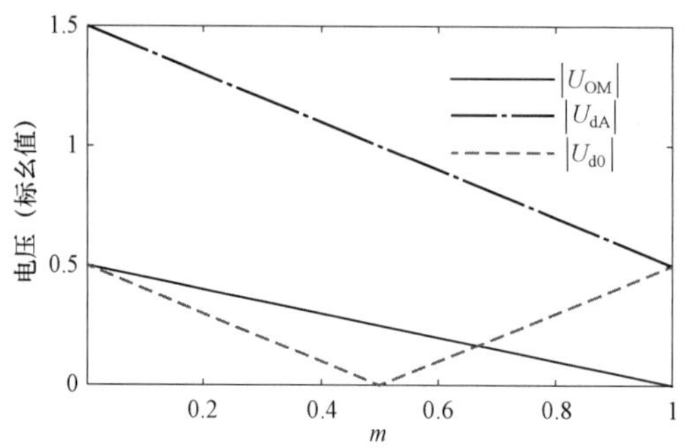

图 4-22　不接地系统 U_{MO}、U_{dA}、U_{d0} 标幺值与故障位置的关系

从图 4-22 可以看出中性点电压 U_{MO} 和差动电压 U_{dA} 的幅值标幺值随着 m 增大而减小，差动电压 U_{d0} 的幅值标幺值在 $m=0.5$ 时为 0，也即若采用零序电压幅值计算差动电压来检测断线故障时会存在死区。根据相同的推导方法分析可以发现其他中性点接地方式下任一断线形态都存在基于相电压幅值或零度电压幅值的差动电压幅值较小的情况，也即采用这两电气量幅值构造差动电压检测断线故障时都存在死区。

综上，在通信同步较好情况下，可以采用相电压或序电压向量计算差动电压实现故障检测和定位，对于通信同步较差情况可以采用正序或负序电压幅值计算差动电压实现故障检测和定位。

借鉴差动电流保护的启动值设置方法，构造式（4-38）的启动判据

$$U_d > U_{op} \tag{4-38}$$

式中：U_d 为式（4-35）～式（4-37）中基于相电压和序电压幅值或向量的任一差动电压的有效值，U_{op} 为启动值。

虽然发生单相接地故障以及单相负荷突变等情况时都会出现零序电压，但由于零序电流很小，整个网络的零序电压基本相等，相邻区段零序电压幅值差较小，所以装置不会误启动。

对于相间接地故障，系统中会出现较大的零序电压，此时线路上的零序电压降落比较明显，相邻区段零序电压幅值会出现较大差别，装置可能误判。为此，可以通过延时出口的方法解决，假设系统处理相间故障的最长时间为 t_{max}，则设置装置告警或者发跳闸信号的时间为 $t_{max}+\Delta t$。

健全区段两相邻终端的差动电压幅值为负荷电流在线路上的压降，所以原则上只要大于最大负荷在相邻终端上的压降即可防止误动，所以动作判据如下

$$\begin{cases} U_{dset} = k_{urel} Z I_{max} \\ U_d > U_{dset} \end{cases} \tag{4-39}$$

式中：U_{dset} 为差动电压整定值；k_{urel} 为可靠系数，可取 1.2；Z 为相邻终端线路的阻抗；I_{max} 为最大负荷电流。

实际上基于电压差动值的区段定位方法也可以基于线电压实现，读者可自行推导。

对于基于电压差动值的单相断线区段定位方法，由于通过相邻测点的电压实现，所以不具有自举性，从而不能通过就地型馈线自动化模式实现，只能基于智能分布式或集中式故障处理模式实现，具体实现方法同 4.4.2 节。但需要说明的是不管是智能分布式还是集中式故障处理模式，都需要采集装置的数据同步，基于向量差动值的判据需要严格数据同步，基于幅值差动值的判据则对同步的要求相对较弱。

2. 基于相/线电压特征差异的区段定位方法

故障区段判据。根据故障特征，可以利用相电压或线电压实现故障区段定位，故障区段定位判据如下：

（1）对于利用相电压的判据，任一断线形态下故障点下游测点的相电压具有以下特点：存在某一相的相电压幅值小于等于其他两相相电压，相位位于其他两相电压之间，且与其中一相电压相位的夹角小于等于 90°。

（2）对于利用线电压的判据，任一断线形态下故障点下游测点的线电压具有以下特点：两线电压幅值之和等于第三线电压且相位与第三线电压相位相反或相同。

实际上以上两个判据都具有自举性，所以可以与三种馈线自动化模式配合使用，具体实现时将满足以上两个判据任一个时判断结果认定为 1，不满足时认定为 0，相邻终端结果不一致所在的区段就是故障区段。利用以上判据时通信网络仅传输逻辑量，通信压力小、同步性要求相对低，具有较高的灵敏度，但以上判据仅针对中性点不接地系统。

4.4.4　基于台区低压侧电压特征的区段定位方法

随着配电台区智能化建设以及营配贯通策略的实施，中压配电网配电自动化主站也可以得到台区的测量信息，所以原则上也可以基于台区低压侧的特征实现断线故障的区段定位。

下面给出一种基于正/负序电压特征的区段定位方法，定义正/负序电压突变量的标幺值，具体为

$$\begin{cases}\Delta U_{p.pu}=\left|U_{pf}-U_{pz}\right|/U_{pz}\\ \Delta U_{n.pu}=\left|U_{nf}-U_{nz}\right|/U_{pz}\end{cases}\tag{4-40}$$

式中：$\Delta U_{p.pu}$、$\Delta U_{n.pu}$ 为正序和负序电压突变量的标幺值；U_{pf}、U_{pz} 为故障前和故障后的正序电压幅值；U_{nf}、U_{nz} 为故障前和故障后的负序电压幅值。

故障特征分析部分已经表明故障后断线下游线路正序和负序电压会出现较大变化，该方法就是通过测量各馈线末端的电压实现故障区段的定位，具体步骤如下。

步骤 1：明确中压配电网的拓扑结构，对中压电网各个节点进行编号；

步骤 2：在所有分支线路末端安装测量装置，当测量得到的正或负序电压大于一定

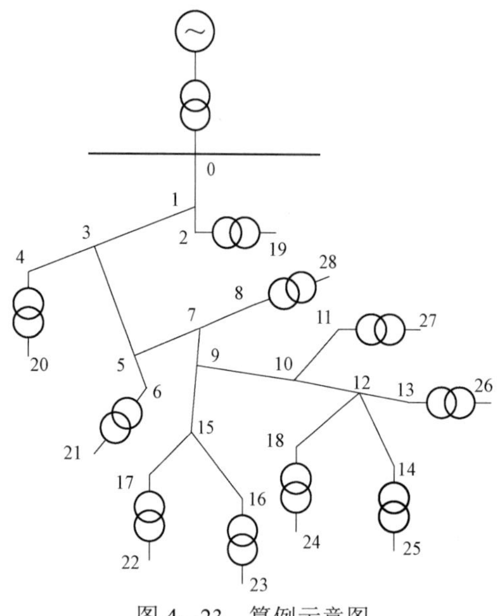

图 4-23 算例示意图

值时认为是故障点下游节点；

步骤 3：从满足故障点下游的节点逐一寻找其到变电站母线节点的最短路径；

步骤 4：寻找所有最短路径上的公共支路；

步骤 5：故障所在区段就是公共支路上距离变电站最远两个节点所在的支路。

下面以图 4-23 所示的示意图为例分析，假设故障发生在节点 9 和节点 10 之间，根据上述步骤，仅采集配电变压器低压侧的电压信息，即在图 4-23 所示的示例中仅采集节点 19～28 的信息，图 4-24 给出了断线电源侧接地时各个节点的正序电压突变量标幺值，可以看出只有 24～27 节点的电压满足故障点下游节点的条件。

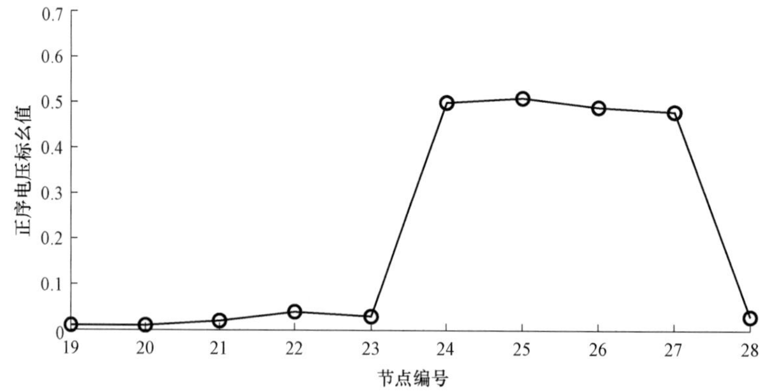

图 4-24 断线电源侧接地时各节点的正序电压标幺值

根据步骤 3，寻找节点 24～27 至变电站母线的最短路径，具体如下：

节点 24：18→12→10→9→7→5→3→1→0；

节点 25：14→12→10→9→7→5→3→1→0；

节点 26：13→12→10→9→7→5→3→1→0；

节点 27：11→10→9→7→5→3→1→0。

比较节点 24～27 至变电站母线的最短路径发现，距离变电站最远的公共支路是 10→9，所以可以确定是节点 9 和 10 所在支路发生了断线故障。

以上是基于低压侧电压序分量特征实现区段定位的方法，实际也可以采用低压侧相电压的特征实现，此外，该方法也可以采用中压线路的电压特征实现，具体为将采集到的配电变压器低压侧的信息改为高压侧的信息即可，比如图 4-23 中将节点 19～28 的信息分别替换成节点 2、4、6、17、16、18、14、13、11、8 的信息即可。

4.5　工程案例

案例：基于负荷监测仪信息的单相断线故障区段定位

上海松江电网的一条 10kV 馈线——张 20 马桥线单相断线故障的实际处理过程。本次故障处理过程中，前期采用传统的巡线和分段试拉杆刀并登杆测量柱上变压器低压侧三相电压的方法，后期采用基于负荷监测系统的故障寻址方法。通过前后 2 种处理方法结果和过程的对比发现基于负荷检测仪信息的单相断线故障处理方法具有巨大优势。张 20 马桥线的拓扑结构如图 4－25 所示，该故障的主要处理过程及其时间节点如下：

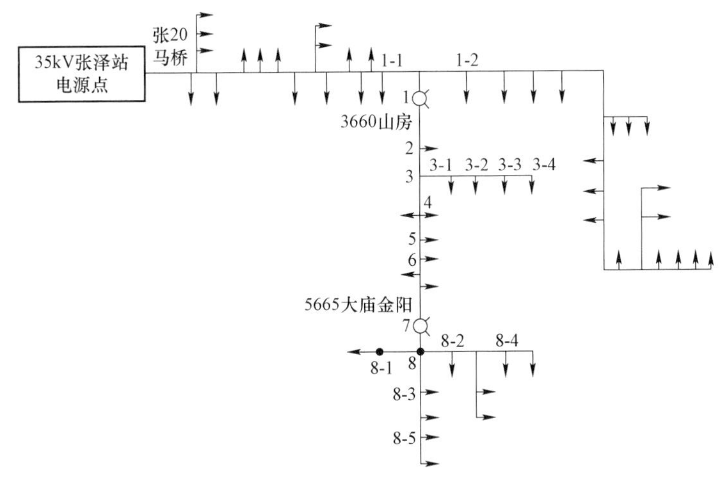

图 4－25　松江张 20 马桥馈线

（1）20:06 时：数据采集与监测系统显示张泽站 10kV 二段母线零序电压为 17V。试拉确定由张 20 马桥线故障引起，同时接到用户报修电话，张 20 马桥线终端用户（图 4－25 中 8－4 号杆柱上变压器）报缺相，因此判定张 20 马桥线存在单相断线事故，通知线运班巡线。

（2）21:05 时：由于线路较长，令操作班试拉馈线杆刀进行分段寻址。试拉 7 号杆 5665 大庙金阳杆刀后，零序电压消失。根据该线路上所有用户报缺相情况，初步判定单相断线故障发生在此杆刀后面的线路上。

（3）22:08 时：令操作班测量 8－1 号杆、8－2 号杆和 8－3 号杆柱上变压器电压。23:48 时汇报这 3 个杆的柱上变压器电压均缺相，初步判定单相断线故障发生在 7 号杆到 8 号杆之间的线路上。

（4）23:59 时：张 20 马桥线上的负荷监测系统数据可以查看，由于用户报过某些柱上变压器位置，因此使用后推法查看负荷监测系统。通过查看负荷监测系统，发现 4 号杆柱上变压器电压缺相，1－1 号杆和 1－2 号杆柱上变压器电压正常，确定 4 号杆柱上变压器和 1 号杆 2660 山房杆刀之间的线路发生单相断线故障。通知线运班重点巡视该段线路。由于 3 号杆支线上的 4 台柱上变压器均未安装负荷测录仪，因此无法排除 3 号杆至 4 号杆之间是否存在缺相问题，进而不能进一步缩小巡线范围。

（5）00:30 时：线运班汇报 1 号杆至 2 号杆之间的线路发生单相断线故障，该地方处于树林茂密处，很难找寻。此时故障点找到，通知集团公司抢修。

从以上处理过程可以看出，由于试拉 7 号杆 5665 大庙金阳杆刀后系统的三相负荷电流基本平衡，因此零序电压消失，但是此时故障点依然处于所试拉杆刀的前面一段线路。由此也可以看出，杆刀测寻故障点的方法并不准确，可能会忽略三相不平衡电流对零序电压的影响。另外，操作班测量柱上变压器低压侧三相电压数值所需的时间较长，每个柱上变压器需耗时约 30min。由于馈线较长，夜间灯光不好且故障点位于树林茂密处，单靠线运班巡线很难发现故障，且需要耗费大量时间。然而利用负荷监测系统测得的张 20 马桥线所有已安装负荷测录仪的柱上变压器低压侧三相电压数值，能够快速、准确地定位单相断线点的故障区域（仅用时约 30min），帮助线运班巡线人员尽快找到断线的故障点，迅速排除故障。

在松江电网借助负荷监测系统成功定位配电变压器内部故障引起的开关跳闸、重合成功的案例已有多次。通过实时调用跳闸线路上所有柱上变压器安装的负荷测录仪低压侧的三相电压数值，若存在某个柱上变压器负荷测录仪突然无法实时获取低压侧三相电压数值，即可初步定位和判定馈线开关跳闸由该柱上变压器内部故障引起。

4.6 小结与展望

本章对配电网断线故障的成因与危害、故障特征、检测和处理方法进行了论述。单相断线故障根据是否接地以及电源侧还是负荷侧接地呈现出多种形态，加上配电网中性点接地方式的多样性，断线位置、接地电阻以及负荷大小和功率因数的随机性，使得单相断线故障的特征影响因素众多，统一的断线故障检测方法要适应以上众多影响因素具有挑战性。

尽管故障特征的影响因素众多，但仍具有一定的普遍性。通过分析发现单相断线故障时断口两侧的相电压及其序分量、线电压以及正负序电流都呈现出一定的特征，基于这些特征可以实现单相断线故障的选线和区段定位。

参考文献

[1] 曹丽丽．不接地系统单相断线故障分析与定位［D］．山东：中国石油大学（华东），2018.

[2] 国网北京市电力公司电力科学研究院．配电网典型故障案例分析［M］．北京：中国电力出版社，2020.

[3] 何金良，曾嵘．配电线路雷电防护［M］．北京：清华大学出版社，2014.

[4] 王茂成，吕永丽，邹洪英，等．10kV 绝缘导线雷击断线机理分析和防治措施［J］．高电压技术，2007，33（1）：102－105.

[5] 李景禄．配电网防雷技术［M］．北京：科学出版社，2013.

［6］屠志健，张一尘．电气绝缘与过电压［M］．北京：中国电力出版社，2005．

［7］肖鸿杰，宋金煜，王如玫，等．电机学［M］．2 版．北京：中国电力出版社，2008．

［8］徐丙垠，王超．森林火灾防治与配电网继电保护［R］．2021 年全国配电故障快速处置与公共安全技术论坛，昆明，2021．

［9］谢松伟，薛永端，吴卫堃，等．单相断线坠地故障暂态特征及暂态选线方法适用性［J/OL］．电力系统自动化：1－16［2021－11－07］．http://kns.cnki.net/kcms/detail/32.1180.TP.20210812.0842.002.html．

［10］王成楷，洪志章．基于线电压判据的配电网单相断线故障定位方法［J］．电气技术，2017，（05）：51－57．

［11］A. M. Ershov，A. V. Khlopova，A. I. Sidorov. The results of power grid research modes in case of 6–10kV overhead lines phase wire breakage［C］. 2017 International Conference on Industrial Engineering，Applications and Manufacturing（ICIEAM），2017：1－4．

［12］刘健，张志华．配电网故障自动处理［M］．北京：中国电力出版社，2020．

［13］朱玲玲，李长凯，张华中，等．配电网单相断线故障负序电流分析及选线［J］．电力系统保护与控制，2009，37（9）：35－38．

［14］盛方正，陈福良，范秉翰，等．小电阻接地系统单相断线故障分析及对策研究［J］．浙江电力，2011，30（7）：6－9．

［15］Yang Xiao，Jinxin Ouyang，Xiaofu Xiong，Yutong Wang and Yongjie Luo. Fault protection method of single-phase break for distribution network considering the influence of neutral grounding modes［J］. Protection and Control of Modern Power Systems，2020，5（2）：111－123．

［16］康奇豹，丛伟，盛亚如，等．配电线路单相断线故障保护方法［J］．电力系统保护与控制，2019，47（08）：127－136．

［17］徐丙垠，李天友，薛永端．配电网继电保护与自动化［M］．北京：中国电力出版社，2016．

［18］常仲学，宋国兵，张维．配电网单相断线故障的负序电压电流特征分析及区段定位［J］．电网技术，2020，44（08）：3065－3074．

［19］刘健，张志华，张小庆，等．基于配电自动化系统的单相接地定位［J］．电力系统自动化，2017，41（1）：145－149．

［20］常仲学，宋国兵，王晓卫．基于零序电压幅值差的配电网断线识别与隔离［J］．电力系统自动化，2018，42（06）：135－139．

［21］张林利，曹丽丽，李立生，等．不接地系统单相断线故障分析及区段定位［J］．电力系统保护与控制，2018，46（16）：9－15．

［22］尤毅，刘东，李亮，等．基于负荷监测仪的 10kV 架空线单相断线不接地故障区域判定［J］．电力系统保护与控制，2012，40（19）：144－149．

［23］武鹏，徐群，沈忠旗，等．基于负荷监测系统的配电网故障测寻方法［J］．电力系统自动化，2012，36（03）：111－115．

［24］E. C. Senger，W. Kaiser，J. C. Santos，et al. Broken conductors protection system using carrier communication［J］. IEEE Transactions on Power Delivery，2000，15（2）：525－530.

［25］L. Garcia-Santander，P. Bastard，M. Petit，et al. Down-conductor fault detection and location via a voltage based method for radial distribution networks［J］. IEE Proceedings-Generation，Transmission and Distribution，2005，152（2）：180－184.

［26］盛万兴，宋晓辉，孟晓丽. 自愈型配电网安全运行主动控制理论［M］. 北京：科学出版社，2019.

第 5 章 低压配电网保护

本章侧重公用变压器（简称公变）低压出线至低压用户电能表之间，额定电压为交流 0.38/0.22kV 的低压配电网（简称低压系统）的保护技术。围绕过电流和接地保护两个核心问题，主要介绍低压配电网的保护类型、定值整定、保护配合策略、保护设备特性以及典型案例，以达到了解低压系统相关保护基本技术及应用等内容的目的。

5.1 低压系统故障分析

5.1.1 低压系统现状分析

低压配电网直接面向电力客户，与广大群众的生产生活息息相关，是保障和改善民生的重要基础设施，是客户对电网服务感受和体验的最直观对象。低压配电网显著特征是规模大且发展迅速，目前国家电网有限公司范围内公用变压器数量已超过 550 万台，智能电能表数量超过 4.7 亿只。随着国家“碳达峰、碳中和”战略的提出，分布式电源将迎来快速发展，终端能源再电气化进程加速，尤其是电动汽车等爆发式发展。目前超过 50%的分布式电源和绝大部分电动汽车充电设施通过低压配电网接入，低压配电网已然成为能源互联网的建设主场。随着物联网技术在低压配电网先行应用和突破，低压配电网的自动化、智能化水平快速提升，然而保障供电可靠性的低压配电网保护技术发展相对迟缓。

与 10kV 及以上电网（高压系统）保护以定时限为主的情况不同，低压系统常用反时限保护。受建设标准、设备选型等因素影响，低压系统保护配合与整定面临的情况较复杂。针对目前低压电网一次装备水平和网络结构形态，低压系统保护仍然处于管理分散、技术标准不够完善、技术装备相对传统、故障处理手段传统而效率不高的应用状态。以下两大特征反映了这些问题的普遍性与事实上存在的不确定和差异性：

（1）各地建设标准差异较大、保护配合与整定要求不统一。建设标准方面，国家电网公司 2014 年 9 月曾发布第一版《国家电网公司 380/220V 配电网工程典型设计》，并于 2018 年 4 月完成修订并发布第二版，南方电网根据各省区情况自定执行标准。因此，现阶段供电企业低压配电网典型设计规范不统一或实施时间不久，各地建设标准及设备选型差异较大。保护配合与整定方面，北京、江苏、山东等地发布了统一的 0.4kV 设备保护定值整定原则，但大部分供电企业仍主要依靠经验或设备厂家建议开展保护配合与整定工作。

（2）多种脱扣方式的断路器及熔断器混合使用，保护配合可靠性面临困难。低压系统设备主要包括低压开关柜、低压电缆分支箱、低压柱上综合配电箱三种。低压开关柜进线一般采用框架式断路器，出线采用塑壳式断路器（断路器采用电子式脱扣器）；低压电缆分支箱进线开关一般选用隔离开关，出线开关选用塑壳断路器或熔断器式隔离开关；低压柱上综合配电箱出线开关选用塑壳断路器或带剩余电流动作保护器（以下称为剩余电流保护器，简称 RCD）或熔断器式隔离开关。塑壳式断路器脱扣器包括电子式和热磁式，其中电子式脱扣器动作一致性较好，热磁式脱扣器动作受温度影响较大，前者价格较贵。低压保护校核主要根据时间–电流特性曲线是否重叠确定，但现阶段不同厂家断路器曲线配合展示还未实现。

低压系统保护主要目的是最大程度降低人身伤害与设备损害，保障可靠供电。针对如何实现这一目的，本书梳理了几个主要问题：

（1）低压配电网常见故障有哪些？

与 10kV 及以上电网采用三相三线输/配电不同，低压配电系统一般采用三相四线或三相五线供电，故障主要包括三相短路、两相短路、两相接地短路、相线对中性线短路、相线对 PE 线或地故障。国家标准或 IEC 标准把故障分为过电流［短路、过载（过负荷）］和接地。它们是如何定义？与常说的速断、过电流有什么区别和联系？弄清这些问题，有助于技术交流和学习。

（2）低压系统保护设备动作特性有哪些？

针对过电流故障，0.4/0.22kV 电力设备内部的断路器、熔断器起到保护作用，一般过载保护为反时限特征，短路保护为瞬断或者短延时动作。断路器常见的有框架、塑壳；脱扣器有电子式、热磁式。这些设备是如何分类、保护的时间–电流特性是什么样、应用趋势是怎么样的？这些都影响到保护配合。

（3）过电流保护配合应考虑哪些因素？

过电流保护（过载、短路保护）主要根据设备允通能量确定，此外还应考虑保护级数、与 10kV 过电流保护配合等因素。确定保护级数、开展短路计算，应了解清楚国内 0.4kV 配电网典型网架结构、10kV 变压器短路电压百分比、导线型号等内容，及其在短路计算中的应用。

（4）降低人身伤害是如何考虑的？

发生人身伤害的情况主要包括直接接触电击、间接接触电击，此时相当于形成接地故障，产生剩余电流。除加强用电防护措施外，一般采用带剩余电流保护功能的断路器或独立剩余电流保护器实现接地故障切除。低压系统接地方式影响剩余电流监测及保护的安装，应了解清楚。此外，10kV 不同接地系统发生对配电变压器外壳单相接地故障时，由地电位上升而传导至用户侧的影响是如何考虑的？涉及低压系统接地电阻问题，非电力部门存在一定误解，认为电力部门重视高压，不重视低压的用电安全。有必要通过分析，加强对低压用电安全考虑的介绍，消除误解。

对于单电源系统，TN 电源系统在电源处应有一点直接接地、TT 系统应只有一个直接接地。除上述 TN 和 TT 系统，低压配电系统还包括 IT 接地方式。

5.1.2　故障类型与保护功能

低压配电网相关标准主要由全国建筑物电气装置标准化技术委员会编制，在部分故障类型、保护功能描述方面，与电力系统相关术语或习惯用语存在部分差异。

建筑电气将低压配电网故障分为过电流及接地故障，对应的保护主要包括过电流保护及剩余电流保护。过电流保护主要用于解决过电流故障，保护线路和母线；剩余电流保护主要用于解决接地故障，防护人身免遭电击。

1. 过电流与过电流保护

过电流即大于导体额定载流量的回路电流。回路绝缘损坏前的过电流称作过载（过负荷）电流；绝缘损坏后的过电流称作短路电流。因所接负载过多或所供设备过载等原因造成线路过载（过负荷），导体或设备发热，进而加速绝缘劣化，造成寿命缩短或故障扩大。当回路电位不相等的导体经阻抗可忽略不计的故障点导通，称之为短路。由于故障点的阻抗很小，致使电流瞬时升高，可产生异常的高温和较大的电动力，可能导致导体变形或破坏电气设备等。从短路定义看，低压系统短路故障除了两相、三相短路外，还包含相对 N 或 PEN 的故障，如图 5－1 所示。图 5－1 中低压系统也通过保护方式隔离故障，一般而言，习惯称短路保护和过载保护，其中过载保护一般为反时限保护。

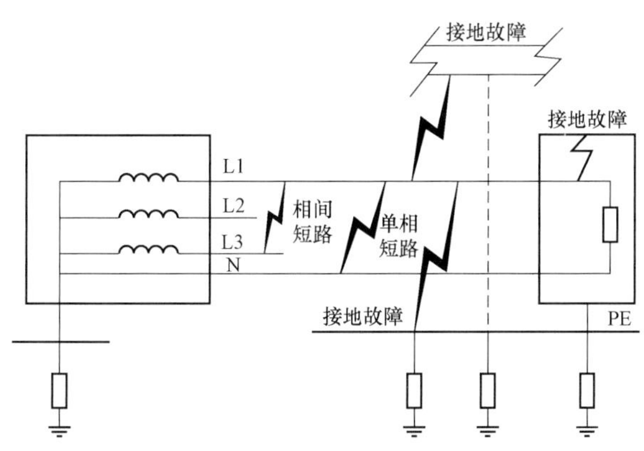

图 5－1　短路故障和接地故障示意图

在高压系统，电磁继电器保护曾广泛使用，其中过电流继电器一般由速断单元和延时单元组成。习惯上把不带延时的保护称作速断保护（简称速断），带延时的保护称作过电流保护（简称过电流），因此在相当长的一段时间，电力部门常称呼速断、过电流。目前微机线路保护中基本由“过电流Ⅰ段”“过电流Ⅱ段”“过电流Ⅲ段”命名所代替。此外微机保护还具有过负荷告警（或保护）功能，通常过负荷与过电流保护原理相同，一般为定时限保护。在低压配电网中，GB 50054—2011《低压配电设计规范》称为过负荷保护和短路保护。

在低压系统通过安装断路器、熔断器等设备，用于防止过载（过负荷）和短路引起的灾害。起短路保护的功能又分为瞬动保护和短延时保护（短路短延时）；起过载（过负荷）保护的功能为长延时保护。断路器、熔断器的时间－电流特性曲线应与被保护回路热承受能力特性曲线的配合，如图 5－2 所示，具体的瞬动保护、短延时保护、长延时保护配置、整定将在 5.2 节阐述。

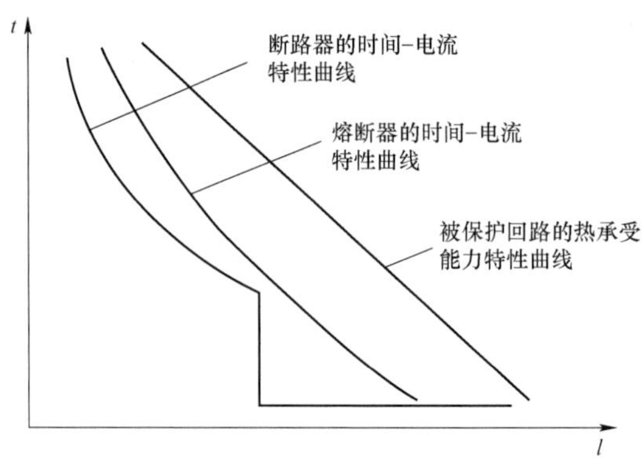

图 5－2　断路器、熔断器与被保护回路的特性曲线配合情况

2. 接地故障与剩余电流保护

接地故障是指相线、中性线等带电导体与地间的短路，如图 5－1 所示。这里的“地”是指大地或电气装置内与大地相连的外漏导电部分、PE 线和装置外导电部分。接地故障引起的间接接触电击事故是最常见的电击事故。接地故障引起的对地电弧、电火花和异常高温则是最常见的电气火灾和爆炸的根源。就引起的电气火灾而言，接地故障比一般短路更具危险性，而对接地故障引起的间接接触电击的防范措施则远比对直接接触电击防范措施复杂。为便于区别和说明，国际电工标准（简称 IEC 标准）不将它称作接地短路而称作接地故障。

将流入故障点的电流称作接地电流，则从接地故障定义可得出：

（1）对于 TN－S 系统，发生对大地的接地故障时，接地电流大小主要由故障点的接触电阻、保护接地电阻以及导线回路电阻等的和决定；发生对 PE 线或与 PE 线相连的装置外导电部分的接地故障时，接地电流大小主要由故障点的接触电阻、导线回路电阻等的和决定，由于导线回路电阻较小，故障相电流会达到过电流，过电流保护可能会动作。

（2）对于 TN－C－S 系统，发生对大地的接地故障时，接地电流大小主要由故障点的接触电阻、系统接地电阻以及导线回路电阻等的和决定；发生对 PE、PEN 线或与 PE 线相连的装置外导电部分的接地故障时，接地电流大小主要由故障点的接触电阻、导线回路电阻等的和决定，由于导线回路电阻较小，故障相电流会达到过电流，过电流保护可能会动作。

（3）对于 TN－C 系统，发生对大地的接地故障时，接地电流大小主要由故障点的接触电阻、保护接地电阻以及导线回路电阻等的和决定，因无法采集剩余电流，此类型故障绝大部分无法切除。此外因转移电位还将威胁其他用户安全，发生对 PEN 线或与 PEN 线相连的装置外导电部分的接地故障时，接地电流大小主要由故障点的接触电阻、导线回路电阻等的和决定，由于导线回路电阻较小，故障相电流会达到过电流，过电流保护可能会动作。

（4）对于 TT 系统，发生对大地的接地故障时，接地电流大小主要由故障点的接触电阻、系统接地电阻以及导线回路电阻等的和决定；发生对 PE 线或与 PE 线相连的装置外导电部分的接地故障时，接地电流大小主要由故障点的接触电阻、保护接地、导线回路电阻等的和决定。

（5）对于 IT 系统，发生第一次接地故障时，接地电流很小，大部分情况下能满足接触电压小于 50V 的要求。

RCD 可用于对直接接触电击事故以及间接接触电击事故的防护。在直接接触电击事故的防护中，RCD 只作为直接接触电击事故基本防护措施的补充保护措施（不包括对相与相、相与 N 线间形成的直接接触电击事故的保护）。用于直接接触电击事故防护时，应选用无延时的 RCD，其额定剩余动作电流不超过 30mA。间接接触电击事故防护的主要措施是采用自动切断电源的保护方式，以防止由于电气设备绝缘损坏发生接地故障时，电气设备的外露可接近导体持续带有危险电压而产生有害影响或电气设备损坏事故。当电路发生绝缘损坏造成接地故障，其接地故障电流值小于过电流保护装置的动作电流值时应安装 RCD。RCD 用于间接接触电击事故防护时，应正确地与电网系统接地形式相配合。RCD 分别装设在电源端、低压干线或分支线、负荷端，构成两级及以上级联保护系统，且各级 RCD 的主回路额定电流值、剩余电流动作值与动作时间协调配合，实现具有选择性的分级保护。剩余电流保护的原理如图 5－3 所示，根据不同的接地形式，剩余电流保护与接地形式关系如下：

（1）TN－S 系统，可以安装剩余电流保护。

（2）TN－C－S 系统，在 PE 与 N 线分开后，可以安装剩余电流保护。

（3）TN－C 系统，发生相线对大地的情况较少，绝大部分接地故障为对 PEN 线或与 PEN 线相连的装置外导电部分故障。对于后者，相线与 PEN 线在零序电流互感器内

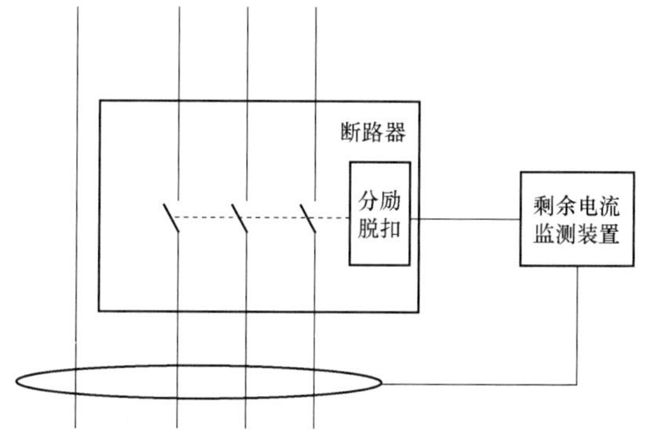

图 5－3　剩余电流保护的原理示意图

的磁场互相抵消，而使剩余电流保护装置拒动，因不能安装剩余电流保护。

（4）TT 系统，应安装剩余电流保护，作为防电击事故的保护措施。

（5）IT 系统，若配出 N 线，发生 N 线接地故障而隔离故障时，此 IT 系统可按照 TT 或 TN 系统考虑，当发生第二次接地故障时，在安装剩余电流保护器的情况下，可切除接地故障。

此外，TN 发生接地故障时转移电位，对本台区用电安全具有一定的风险；此外发生 10kV 对变压器外壳的接地故障，也可发生转移电位的问题，本章 5.3 节中详细阐述目前的解决措施。

5.2 过电流保护

低压配电线路应装设短路保护、过载（过负荷）保护，保护电器应能在故障造成危害之前切断供电电源或发出告警信号。上文描述了过电流保护功能和故障的对应关系，为保障各级保护电器间配合的选择性，需要对低压系统、保护电器特性有较深入的了解。

5.2.1 公用低压系统

根据 10kV 变压器安装位置的不同，主要包括配电室、箱式变电站（简称箱变）、柱上变压器（简称柱上变）等配出的 0.4kV 系统，采用放射状网架结构，开环运行。根据区域负荷密度不同，低压线路供电半径，原则上 A+、A 类供电区域供电半径不宜超过 150m，B 类不宜超过 250m，C 类不宜超过 400m，D 类不宜超过 500m，E 类供电区域供电半径应根据需要经计算确定。低压配电网根据线路类型不同，分为低压电缆线路与低压架空线路，其中配电室、箱式变电站出线一般为低压电缆线路，柱上变压器出线一般为低压架空线路。

1. 配电室配出的低压系统

配电室配出的公用低压系统一般包括配电室、派接室（部分省市有）、配电间、计量表箱、住户配电箱、电缆等。配电室一般采用两路或单路电源进线，采用双电源时，一般配置两组环网柜，10kV 为两条独立母线，一般采用负荷开关－熔断器组合电器用于保护变压器，两台变压器，低压为单母线分段；采用单电源时，按规划建设构成单环式接线，一般配置一组环网柜，10kV 为单条母线，一般采用负荷开关－熔断器组合电器用于保护变压器，一台或两台变压器，低压采用单母线或单母线分段；变压器绕组联结组别应采用 Dyn11，单台变压器容量不宜超过 800kVA。配电室低压柜一般采用全封闭固定分隔式开关柜，低压进线开关采用框架式断路器、出线开关采用塑壳式断路器，断路器采用电子式脱扣器。派接室为供电部门和用户的产权分界点，一般进线采用隔离开关、出线采用熔断器式隔离开关，同时具备低压线路联络作用。配电间一般内设落地式低压电缆分支箱，进线采用隔离开关、出线采用塑壳断路器；计量表箱进线采用隔离开关、出线采用带剩余电流保护功能的微型断路器，如图 5－4 所示。配电室和派接箱进出线设备应用情况分别见表 5－1 和表 5－2。

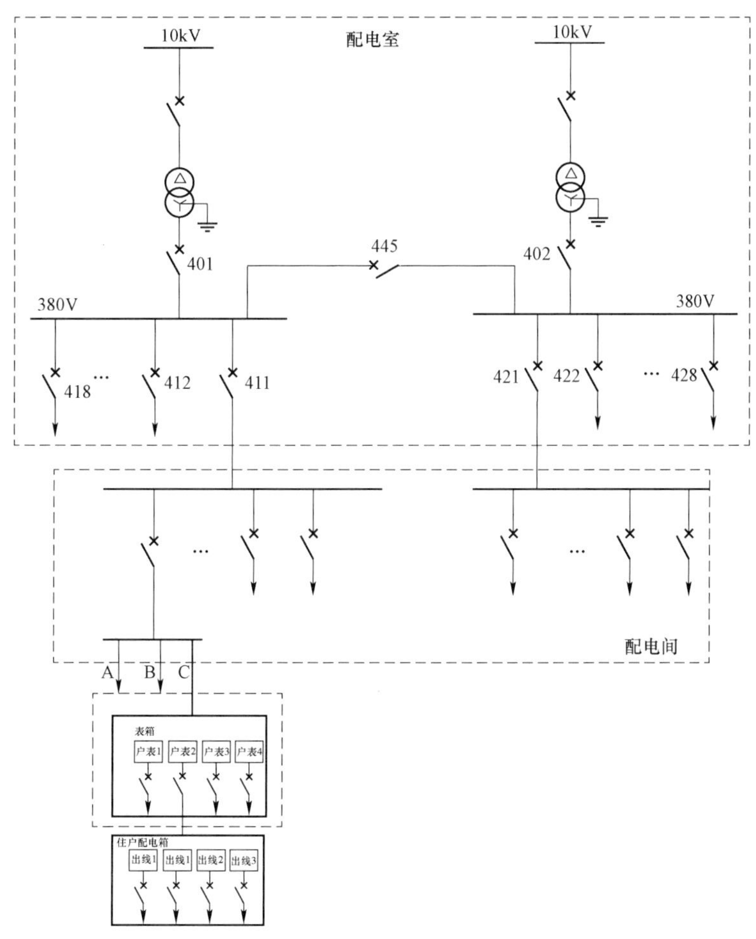

图 5-4　配电室配出的低压系统示意图

表 5-1　　配电室进出线设备应用情况

设备名称	型式及主要参数	备注
进线开关	框架式断路器：1000A，1250A，1600A，2000A，2500A	
分段开关	框架式断路器：1000A，1250A，1600A，2000A，2500A	
出线开关	塑壳断路器：250A，400A，630A	

表 5-2　　派接箱进出线设备应用情况

设备名称	型式及主要参数	备注
进线开关	隔离开关：400A，630A	
出线开关	隔离开关：400A，630A	

2. 箱式变电站配出的低压系统

箱式变电站配出的公用低压系统一般包括箱式变电站、落地低压电缆分支箱、挂墙低压电缆分支箱、计量表箱、住户配电箱、电缆等，此外箱式变电站出线也可能进入楼内，楼内与上文提到的派接室以后接线类似。箱式变电站一般配置单台变压器，采用一组环网柜，配出一般采用负荷开关－熔断器组合电器用于保护变压器，变压器绕组联结组别应采用 Dyn11，变压器容量一般不超过 630kVA。箱式变电站低压出线采用塑壳式断路器，落地式低压电缆分支箱和挂墙低压电缆分支箱的进线一般采用隔离开关、出线采用熔断器式隔离开关或塑壳断路器，计量表箱进线采用隔离开关、出线采用带剩余电流保护功能的微型断路器。箱式变电站配出的低压系统如图 5－5 所示。箱式变电站和低压电缆分支箱进出线设备应用情况分别见表 5－3 和表 5－4。

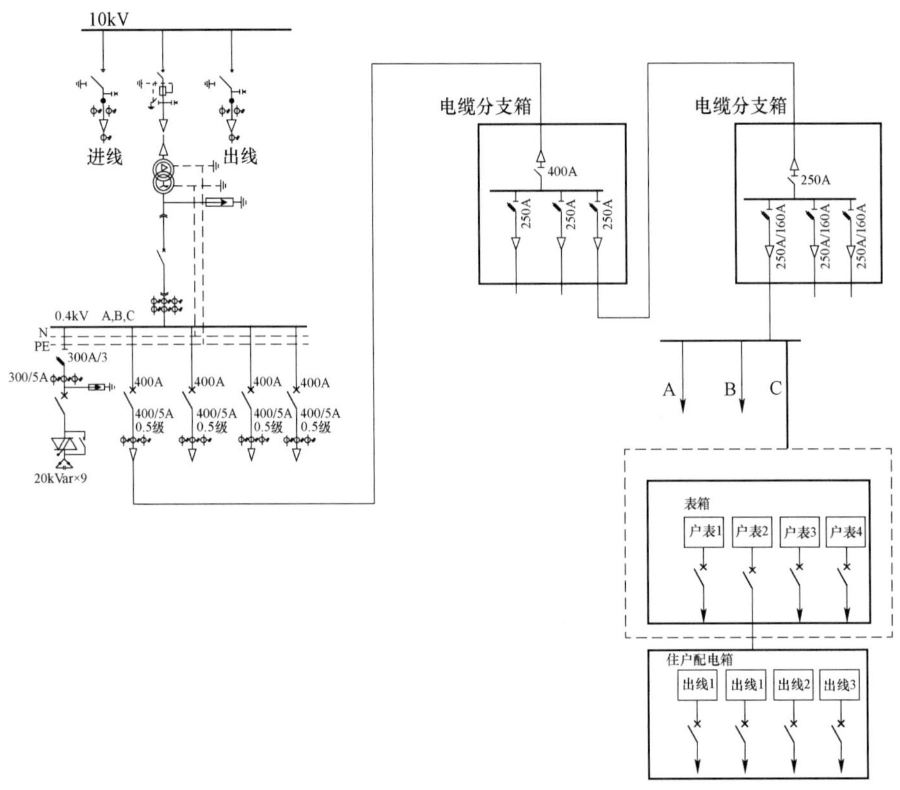

图 5－5 箱式变电站配出的低压系统示意图

表 5－3 **箱式变电站进出线设备应用情况**

设备名称	型式及主要参数	备注
出线开关	塑壳断路器：250A，400A，630A	

表 5－4 **低压电缆分支箱进出线设备应用情况**

项目名称	方案分类			
	DF－1	DF－2	DF－3	DF－4
进出线回路数	一进二出	一进三出	一进四出	一进六出
额定电流	进线 400A，出线 250A/160A			
进线开关	隔离开关			
出线开关	塑壳断路器	熔断器式隔离开关	塑壳断路器	熔断器式隔离开关
安装型式	落地		挂墙	

3. 柱上变压器配出的低压系统

柱上变压器配出的公用低压系统一般包括柱上变压器（含低压柱上综合配电箱）、架空导线、计量表箱、住户配电箱、低压电缆等，此外柱上变压器出线也可能进入楼内，楼内与上文提到的派接室以后接线类似。柱上变压器 10kV 侧配置熔断器保护，采用肘型头进线，低压侧进出线开关布置于柱上综合配电箱，柱上综合配电箱进线一般采用熔断器式隔离开关、出线采用塑壳断路器（或带剩余电流动作保护器）。计量表箱进线采用隔离开关、出线采用带剩余电流保护功能的微型断路器。柱上变压器配出的低压系统如图 5－6 所示。低压柱上综合配电箱设备应用情况见表 5－5。

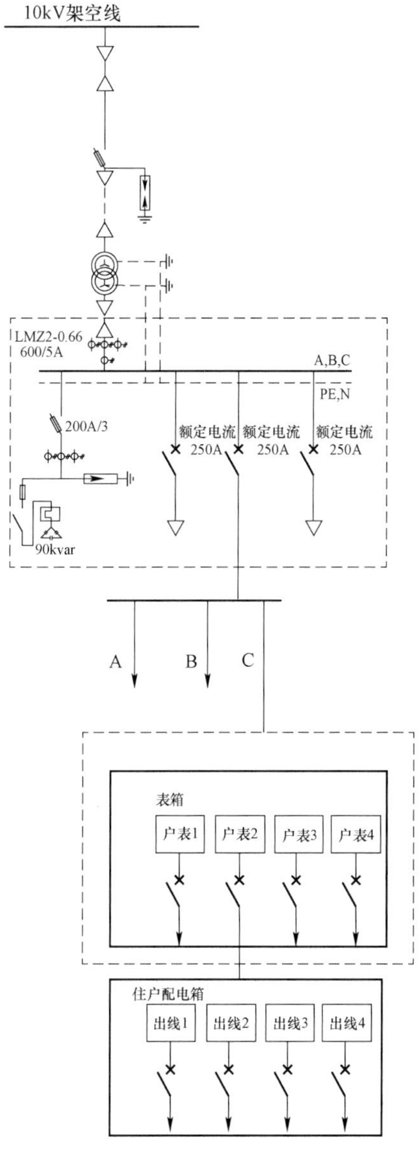

图 5－6　柱上变配出的低压系统示意图

表 5－5　　　　低压柱上综合配电箱设备应用情况

<table>
<tr><th>序号</th><th>设备名称</th><th>设备类型</th><th colspan="2">主要参数</th><th>备注</th></tr>
<tr><td rowspan="4">1</td><td>进线开关</td><td>熔断器式隔离开关</td><td colspan="2">200～400kVA：630A（800A）；200kVA 以下：400A</td><td rowspan="4">公用柱上变压器台区，一进两出、一进三出，TT 系统配置剩余电流动作保护器，TN－C－S 系统不应配置剩余电流动作保护器</td></tr>
<tr><td rowspan="3">出线开关</td><td rowspan="3">塑壳断路器</td><td>变压器容量</td><td>三出</td></tr>
<tr><td>400kVA</td><td>630A＋400A×2</td></tr>
<tr><td>200kVA 及以下</td><td>400A＋250A×2</td></tr>
<tr><td>2</td><td>出线开关</td><td>熔断器式隔离开关或熔断器式隔离开关加剩余电流动作保护器</td><td colspan="2">熔断器式隔离开关（适用 TN 系统）：额定电流 250A，熔断器开断能力不小于 100kA；剩余电流动作保护器（适用 TT 系统）：250A 或 100A</td><td>适用于 100kVA 及以下公用柱上小容量变压器台区，一进一出，进线不带开关</td></tr>
<tr><td rowspan="2">3</td><td>进线开关</td><td>熔断器式隔离开关</td><td colspan="2">100kVA：200A</td><td>适用于机井通电柱上变压器台区，一进三出，进出线全部采用电缆</td></tr>
<tr><td>出线开关</td><td>塑壳断路器</td><td colspan="2">100kVA：160A，带剩余电流动作保护器</td><td>配置三段式保护功能的电子脱扣器，带剩余电流动作保护器</td></tr>
</table>

5.2.2 短路电流计算

通常情况下，应计算两种不同幅值的短路电流：

（1）最大短路电流，用于选择电气设备的容量或额定值，校验电气设备的动稳定、热稳定及分断能力。

（2）最小短路电流，用于选择熔断器、设定保护定值或作为校验保护电器灵敏度的依据。

目前精确的短路电流计算方法有两种：

（1）参考 GB/T 15544.1—2013《三相交流系统短路电流计算 第 1 部分：电流计算》。该标准等同采用 IEC60909，优点是采用等效电压源法，不需要考虑发电机励磁特性，远端和近端短路计算均适用。该方法在国际上广泛应用，在国内已在独资、合资项目及对外工程设计中使用。

（2）参见 DL/T 5153—2014《火力发电厂厂用电设计技术规程》和 DL/T 5222—2021《导体和电器选择设计规程》的短路电流实用计算。该方法特点是在国产同步发电机参数和容量配置的基础上，用概率统计方法，制订了短路电流周期分量运算曲线，计算过程较为简便，在国内电力行业广泛应用。

1. 最大短路电流估算方法

对于一般工程技术人员，获取电源参数较困难，且仅需估算电气设备选型与保护整定是否合理时，可通过 10kV 配电变压器铭牌参数短路电压百分数 $U_k\%$［数值上等于配电变压器铭牌上的短路阻抗（或阻抗电压）］、基准容量 S_B（无特殊说明，一般为变压器额定容量）、线路参数等参数，忽略导线连接点、开关设备和电器的接触电阻等参数，估算变压器低压出口、线路末端短路电流，计算公式如式（5－1）和式（5－2）

所示：

变压器低压出口短路电流：

$$I_{ks}=\frac{U_k\%\times S_B}{100\sqrt{3}\times U_B} \tag{5-1}$$

线路末端短路电流：

$$I_k=\frac{U}{U/I_{ks}+Z_C}=I_{ks}\frac{U}{U+I_{ks}Z_C} \tag{5-2}$$

式（5－1）和式（5－2）中：S_B 为系统基准容量；U_B 为低压侧基准电压；$U_k\%$ 为变压器短路电压百分数；U 为系统运行电压；Z_C 为线路回路阻抗。

此外还可以通过查表方法，确定短路电流，方便工程人员应用，短路电流速查表见表 5－6。

表 5－6　　短路电流速查表

铜导线 230V/400V 每根导线的横截面积（mm^2）	电缆长度（m）																					
1.5														1.3	1.8	2.6	3.6	5.2	7.3	10.3	14.6	21
2.5												1.1	1.5	2.1	3	4.3	6.1	8.6	12.1	17.2	24	34
4											1.2	1.7	2.4	3.4	4.9	6.9	9.7	13.7	19.4	27	39	55
6											1.8	2.6	3.6	5.2	7.3	10.3	14.6	21	29	41	58	82
10										2.2	3	4.3	6.1	6.8	12.2	17.2	24	34	49	69	97	137
16								1.7	2.4	3.4	4.9	6.9	9.7	13.8	19.4	27	39	55	78	110	155	220
25						1.3	1.9	2.7	3.8	5.4	7.6	10.8	15.2	21	30	43	61	86	121	172	243	343
35						1.9	2.7	3.8	5.3	7.5	10.6	15.1	21	30	43	60	85	120	170	240	340	480
47.5					1.8	2.6	3.6	5.1	7.2	10.2	14.4	20	29	41	58	82	115	163	231	326	461	
70					2.7	3.8	5.3	7.5	10.7	15.1	21	30	43	60	85	120	170	240	340			
95				2.6	3.6	5.1	7.2	10.2	14.5	20	29	41	58	82	115	163	231	326	461			
120		1.6	2.3	3.2	4.6	6.5	9.1	12.9	18.3	26	37	52	73	103	146	206	291	412				
150	1.2	1.8	2.5	3.5	5	7	9.9	14	19.8	28	40	56	79	112	159	224	317	448				
185	1.5	2.1	2.9	4.2	5.9	8.3	11.7	16.6	23	33	47	66	94	133	187	265	374	529				
240	1.8	2.6	3.7	5.2	7.3	10.3	14.6	21	29	41	58	83	117	165	233	330	466	650				
300	2.2	3.1	4.4	6.2	8.8	12.4	17.6	25	35	50	70	99	140	198	280	396	561					
2×120	2.3	3.2	4.6	6.5	9.1	12.9	18.3	26	37	52	73	103	146	206	292	412	583					
2×150	2.5	3.5	5	7	9.9	14	20	28	40	56	79	112	159	224	317	448	634					
2×185	2.9	4.2	5.9	8.3	11.7	16.6	23	33	47	66	94	133	187	265	375	530	749					
553×120	3.4	4.9	6.9	9.7	13.7	19.4	27	39	55	77	110	155	219	309	438	619						
3×150	3.7	5.3	7.5	10.5	14.9	21	30	42	60	84	119	168	238	336	476	672						
3×185	4.4	6.2	8.8	12.5	17.6	25	35	50	70	100	141	199	281	398	562							

续表

上级短路电流值（kA）	下级短路电流值（kA）																					
100	93	90	87	82	77	70	62	54	45	37	29	22	17	12.6	9.3	6.7	4.9	3.5	2.5	1.8	1.3	0.9
90	84	82	79	75	71	65	58	51	43	35	28	22	16.7	12.5	9.2	6.7	4.8	3.5	2.5	1.8	1.3	0.9
80	75	74	71	68	64	59	54	47	40	34	27	21	16.3	12.2	9.1	6.6	4.8	3.5	2.5	1.8	1.3	0.9
70	66	65	63	61	58	54	49	44	38	32	26	20	15.8	12	8.9	6.6	4.8	3.4	2.5	1.8	1.3	0.9
60	57	56	55	53	51	48	44	39	35	29	24	20	15.2	11.6	8.7	6.5	4.7	3.4	2.5	1.8	1.3	0.9
50	48	47	46	45	43	41	38	35	31	27	22	18.3	14.5	11.2	8.5	6.5	4.6	3.4	2.4	1.7	1.2	0.9
40	39	38	38	37	36	34	32	30	27	24	20	16.8	13.5	10.6	8.1	6.1	4.5	3.3	2.4	1.7	1.2	0.9
35	34	34	33	33	32	30	29	27	24	22	18.8	15.8	12.9	10.2	7.9	6	4.5	3.3	2.4	1.7	1.2	0.9
30	29	29	29	28	27	27	25	24	22	20	17.3	14.7	12.2	9.8	7.6	5.8	4.4	3.2	2.4	1.7	1.2	0.9
25	25	24	24	24	23	23	22	21	19.1	17.4	15.5	13.4	11.2	9.2	7.3	5.6	4.2	3.2	2.3	1.7	1.2	0.9
20	20	20	19.4	19.2	18.8	18.4	17.8	17	16.1	14.9	13.4	11.8	10.1	8.4	6.8	5.3	4.1	3.1	2.3	1.7	1.2	0.9
15	14.8	14.8	14.7	14.5	14.3	14.1	13.7	13.3	12.7	11.9	11	9.9	8.7	7.4	6.1	4.9	3.8	2.9	2.2	1.6	1.2	0.9
10	9.9	9.9	9.8	9.8	9.7	9.6	9.4	9.2	8.9	8.5	8	7.4	6.7	5.9	5.1	4.2	3.4	2.7	2	1.5	1.1	0.8
7	7	6.9	6.9	6.9	6.9	6.8	6.7	6.6	6.4	6.2	6	5.6	5.2	4.7	4.2	3.6	3	2.4	1.9	1.4	1.1	0.8
5	5	5	4.9	4.9	4.9	4.9	4.9	4.8	4.7	4.6	4.5	4.3	4	3.7	3.4	3	2.5	2.1	1.7	1.3	1	0.8
4	4	4	4	4	4	3.9	3.9	3.9	3.8	3.7	3.6	3.5	3.3	3.1	2.9	2.6	2.2	1.9	1.6	1.2	1	0.7
3	3	3	3	3	3	3	2.9	2.9	2.9	2.9	2.8	2.7	2.6	2.5	2.3	2.1	1.9	1.6	1.4	1.1	0.9	0.7
2	2	2	2	2	2	2	2	2	2	1.9	1.9	1.9	1.8	1.8	1.7	1.6	1.4	1.3	1.1	1	0.8	0.6
1	1	1	1	1	1	1	1	1	1	1	1	1	1	0.9	0.9	0.9	0.8	0.8	0.7	0.6	0.6	0.5

2. 最小短路电流近似计算方法

计算下路末端最小短路电流，可由式（5－3）和式（5－4）近似计算。

当未引出中性线时：

$$I_{\mathrm{kmin}}=\frac{0.8U_{\mathrm{r}}k_{\mathrm{sec}}k_{\mathrm{par}}}{1.5\rho\dfrac{2L}{S}} \tag{5-3}$$

当引出中性线时：

$$I_{\mathrm{kmin}}=\frac{0.8U_{\mathrm{o}}k_{\mathrm{sec}}k_{\mathrm{par}}}{1.5\rho(1+m)\dfrac{L}{S}} \tag{5-4}$$

式中：I_{kmin}为预期短路电流的最小值，kA；U_{r}是电源电压，V；U_{o}为相对地电源电压，V；ρ是温度为20℃时导体材料的电阻率，Ω·m，铜为0.018Ω·m、铝为0.027Ω·m；L是被保护导体的长度，m；S为导体的截面积，mm^2；k_{sec}是在截面积大于95mm^{2}时考

虑了电缆电抗的校正系数，见表 5－7；k_{par} 是并联导体的校正系数，$k_{par}=4(n-1)/n$，其中 n=每相并联的导体数量，见表 5－8；m 是中性线和相导线之间的电阻之比（如果它们均由相同材料成，m 为相导线截面积和中性线截面积之比）。

表 5－7　　大于 95mm² 时考虑了电缆电抗的校正系数 k_{sec}

S（mm²）	120	150	185	240	300
k_{sec}	0.9	0.85	0.80	0.75	0.72

表 5－8　　并联导体的校正系数 k_{par}

并联的导体数量	2	3	4	5
k_{par}	2	2.7	3	3.2

5.2.3　保护电器特性

5.2.3.1　低压交流断路器

GB/T 14048.2—2020《低压开关设备和控制设备　第 2 部分：断路器》、GB/T 10963.1—2020《电气附件　家用及类似场所用过电流保护断路器　第 1 部分：用于交流的断路器》与 GB/T 22710—2008《低压断路器用电子式控制器》对低压交流断路器的分类、特性有明确要求。考虑分断能力、短时耐受电流、操作的便捷性、接线等因素，在工业控制领域，额定电流超过 630A 时，一般选用万能式断路器；不超过 630A 时，一般选用塑壳断路器。家用、电力二次及类似用途领域，额定电流不超过 125A 时，一般选用微型断路器。针对公用低压系统，配电室低压进线、联络开关一般选用万能式断路器（框架断路器）；配电室、箱式变电站、柱上变压器、分支箱的低压馈出线一般选用塑壳断路器；计量表箱出线一般采用微型断路器。断路器用电子式控制器基本保护功能包括过载长延时保护、短路短延时保护、短路瞬时保护，统称过电流保护，通过脱扣器跳开断路器。脱扣器的型式包括热磁式、电子式，其中国家电网有限公司范围内配电室进出线断路器要求采用电子式脱扣器，其他位置断路器根据各地经济发展水平和应用需求，选用电子式脱扣器或热磁式脱扣器。

1. 框架及塑壳断路

断路器的应用一般先初步选择类别、极数、额定电流、分断能力等，再根据保护特性要求确定过电流脱扣器的额定电流并整定其动作电流。过电流脱扣器包括瞬时过电流脱扣器、定时限过电流脱扣器（又称短延时过电流脱扣器）、反时限过电流脱扣器（又称长延时过电流脱扣器）。瞬时或定时限过电流脱扣器在达到电流整定值时应瞬时（固有动作时间）或在规定时间内动作。反时限过电流脱扣器在基准温度下的断开动作特性见表 5－9。应用过程中，需合理整定三种脱扣器对应的保护定值，方可实现选择性保护。

表 5-9　　反时限过电流脱扣器在基准温度下的断开动作特性

所有相极通电		约定时间（h）
约定不脱扣电流	约定脱扣电流	
1.05 倍整定电流	1.30 倍整定电流	2*

注　1. 如果制造商申明脱扣器实质上与周围温度无关，则表中的电流将在制造商公布的温度带内适用，允许误差范围在 0.3%K 内。

2. 温度带宽至少为基准温度±10K。

*　当 I_{set}≤63A 时，为 1h。

时间－电流特性（TCC）曲线描述的是断路器自动断开所需的时间与通过它的电流的关系。曲线主要是跳闸装置类型及其设置的函数。反时间特性的名称来源于操作时间与流过断路器的电流大小的反比例关系。换言之，当过电流条件较高时，开路速度更快。反时限过电流脱扣器时间－电流特性应以制造厂提供的曲线形式给出，部分制造厂的时间－电流曲线示例如图 5-7～图 5-10 所示。这些曲线表明从冷态开始的断开时间与脱扣器动作范围内的电流变化关系。

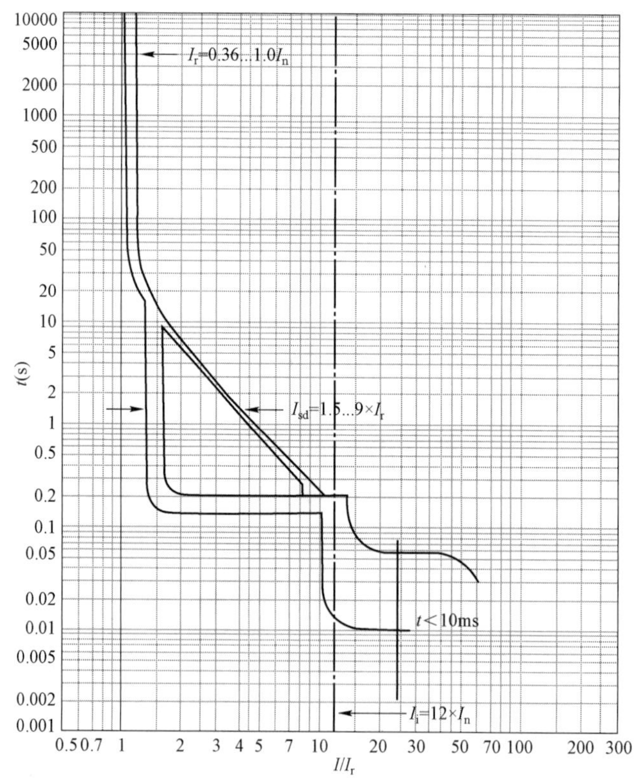

图 5-7　施耐德 NSX 电子式塑壳断路器脱扣曲线

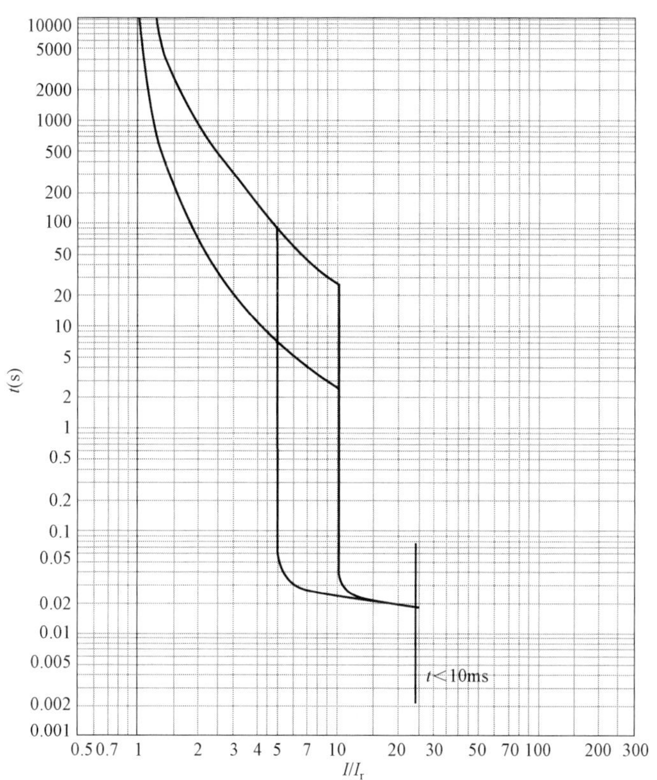

图 5－8　施耐德 NSX 系列热磁式塑壳保护曲线

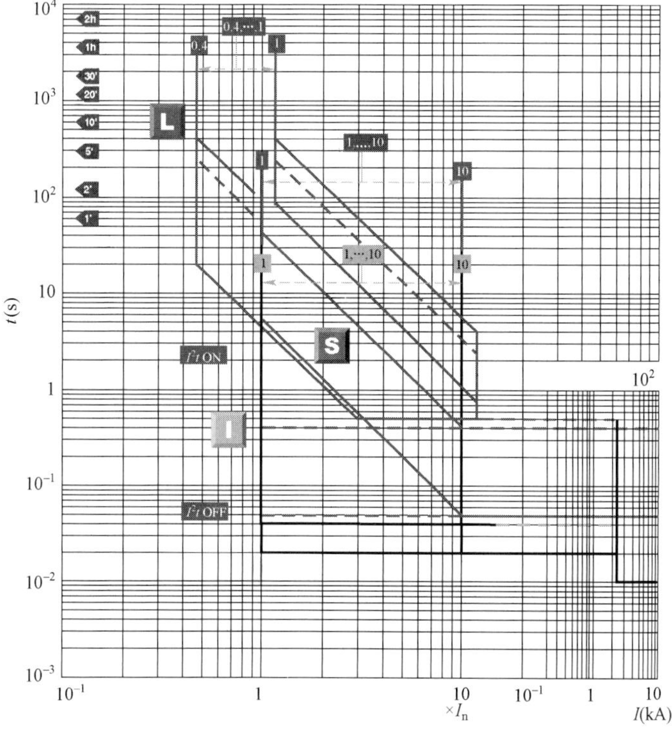

图 5－9　ABB Tmax XT 电子式脱扣曲线

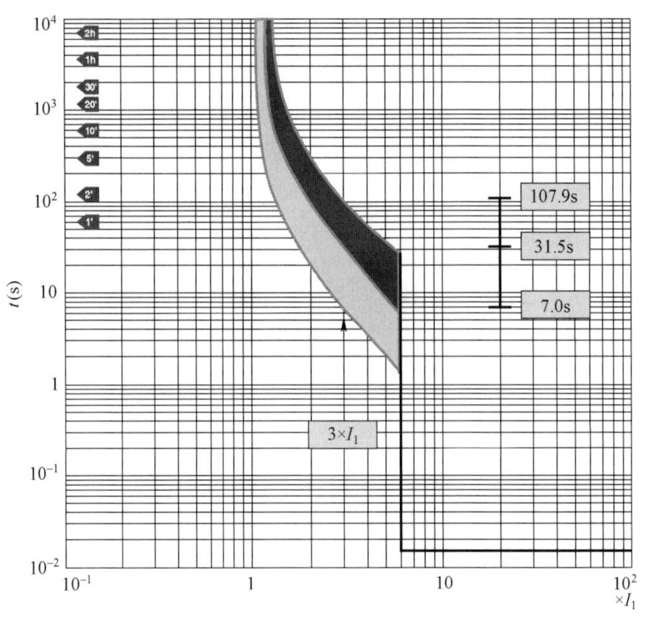

图 5–10　ABB Tmax XT 热磁式脱扣曲线

电子式脱扣器时间–电流曲线分为三个区域：

（1）长时间，根据断路器的大小和过电流的程度，以分钟为单位计时，最长可达 60min 或 120min，以提供反时限特性。所提供的时间延迟允许在不引起中断的情况下携带高于采样电流的间歇性或周期性负载。它在持续的过电流下跳闸，以保护导体和其他设备。

（2）短时间，断路器断开时间以秒或十分之几秒计时。过电流可能在电机堵转或电弧接地故障情况下的预期范围内。该区域中的时间延迟允许启动和涌入瞬态电流，或者允许选择性地与电源侧或负载侧设备协调。

（3）瞬时的，其中开断不是故意延迟的，以毫秒为单位计时。典型的操作是金属性短路引起的短路。

对于热磁式脱扣器，不存在真正的短时间区域，即与电子式脱扣器相比，少一个短延时保护。对于许多热磁断路器，瞬时跳闸电流水平（或磁跳闸水平）可以调高或调低。在图 5–8 和图 5–10 中，显示了两条曲线，一条在低（最小）设置下进行调整，另一条在高（最大）设置下进行调整。这种调整有助于将瞬时跳闸设置在启动或涌流瞬变之上。一些磁瞬变元件即使经过均方根校准也具有峰值灵敏度。如果存在谐波，应小心使用。

2. 微型断路器

微型断路器与熔断器类似，主要用于保护建筑物线路设施的过电流及类似用途，供未受过训练的人员使用，其额定电流一般不超过 125A，额定短路分断能力不超过 25kA，具备瞬时和反时限过电流脱扣能力，瞬时脱扣型式包括 B、C、D 三种类型，脱扣范围见表 5–10。继电保护及自动化等二次系统一般选用 B 型；带有冲击负荷的一般先用 D 型；公用低压系统一般选用 C 型，时间–电流动作特性见表 5–11。

表 5-10　　瞬时脱扣范围

脱扣型式	脱扣范围
B	$3I_n$～$5I_n$（含 $5I_n$）
C	$5I_n$～$10I_n$（含 $10I_n$）
D	$10I_n$～$20I_n$（含 $20I_n$）

表 5-11　　时间-电流动作特性

型式	试验电流	起始状态	脱扣或不脱扣时间极限	预期结果	附注
B、C、D	$1.13I_n$	冷态*	$t \geqslant 1h$（$I_n \leqslant 63A$） $t \geqslant 2h$（$I_n > 63A$）	不脱扣	
B、C、D	$1.45I_n$	紧挨着前门试验	$t < 1h$（$I_n \leqslant 63A$） $t < 2h$（$I_n > 63A$）	脱扣	电流在 5s 内稳定上升
B、C、D	$1.13I_n$	冷态*	$1s < t < 60s$（$I_n \leqslant 32A$） $1s < t < 120s$（$I_n < 32A$）	脱扣	
B、C、D	$3I_n$ $5I_n$ $10I_n$	冷态*	$t \geqslant 0.01s$	不脱扣	闭合辅助开关接通电源
B、C、D	$3I_n$ $5I_n$ $10I_n$	冷态*	$t < 0.01s$	脱扣	闭合辅助开关接通电源

* 冷态指在基准校正温度下，进行试验前不带负荷。

5.2.3.2 低压熔断器

熔断器是一种过电流保护装置，被过电流加热而熔断来保护电路，具有高分断能力、高限流特性、经济有效等特点，但同时存在熔断后不能复位等缺点。按照结构分，低压供电系统常用熔断器包括刀型触头熔断器、带撞击器的刀型触头熔断器等；按照分断范围和使用类别组合分，低压供电系统线路保护常用 G 型，变压器保护常用 Tr 型的熔断体。

发生短路时，熔断器的狭颈（断口）全部同时熔化，形成与狭颈大小相同的电弧，结果电弧电压保证了电流快速减小并直至为零，这种现象称作限流。熔断器熔断分为两个阶段，一是弧前（熔化）阶段，狭颈发热至熔点，然后材料汽化；二是燃弧阶段，断口开始起弧，然后电弧被填料熄灭。熔断时间为弧前时间和燃弧时间之和。发生过负荷时，熔化效应使得熔丝熔化，在熔丝的两个部分之间形成电弧。围绕熔丝填料快速熄灭电弧，并使电流降至零。

熔断器的应用，一般先初步选择类别、额定电流、分断能力等，再根据保护特性要求确定熔断器的熔体电流。低压供电系统常用的“gG”熔断体的约定时间和约定电流见表 5-12。时间电流特性、时间-电流带与熔断体的结构有关，制造厂提供时间-电流特性在电流方向的误差不应大于±10%，ABB 的 OFA 型熔断器时间电流特性曲线带如图 5-11 所示。

表 5-12　　“gG”熔断体的约定时间和约定电流

“gG”额定电流 I_n（A）	约定时间（h）	约定电流（A）	
		I_{nf}	I_f
$16 \leq I_n < 63$	1	$1.25I_n$	$1.6I_n$
$63 \leq I_n < 160$	2		
$160 \leq I_n < 400$	3		
$400 < I_n$	4		

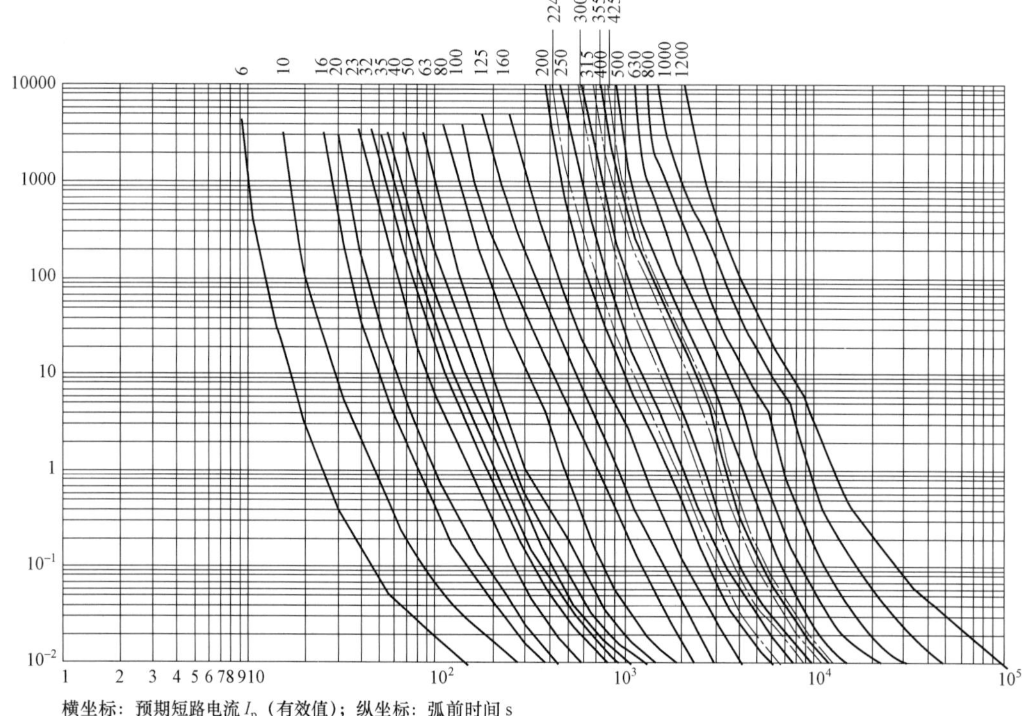

图 5-11　ABB 的 OFA 型熔断器时间电流特性曲线带（弧前时间电流特性曲线）

5.2.4　保护整定与配合

按照 GB 50054—2011《低压配电设计规范》的要求，应装设过载（过负荷）保护、短路保护和故障防护（间接接触防护），使供电系统断电或发出故障告警信号。配电线路装设的上下级保护电器，其动作特性应具有选择性，且各级之间应能协调配合，同时还应满足可靠性、速动性、灵敏性的要求。

5.2.4.1　过载（过负荷）保护整定

1. 过载（过负荷）保护电器特性

电气线路短时间的过负荷（如电动机启动）是难免的，它并不会对线路造成损害，但长时间即使不大的过负荷电流也将对线路的绝缘、接头、端子造成损害。绝缘因长期超过允许温升将因老化加速缩短线路使用寿命。线路导体的绝缘热承受能力一般呈反时限特性，与之相适应，过载（过负荷）保护一般选用反时限特性，以实现热效应的配合，一般配置熔断器或投入断路器长延时保护。过载（过负荷）保护整定电流 I_n 和约定动作电流 I_2 及其关系如图 5－12 所示。

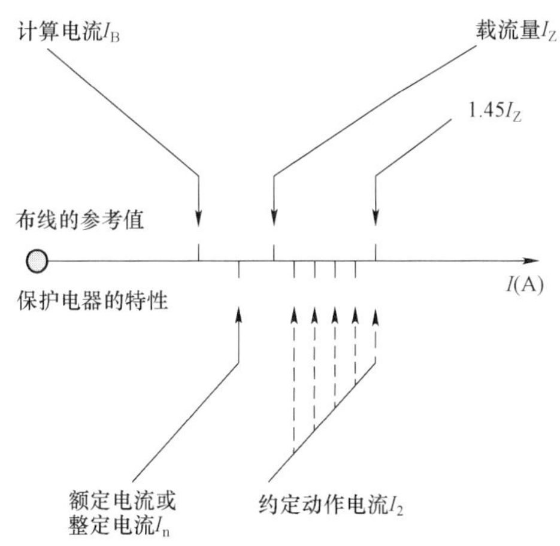

图 5－12　过载（过负荷）保护电器的动力特性关系图

过载（过负荷）保护电器的动作特性，应符合式（5－5）和式（5－6）的要求：

额定电流：　$$I_B \leqslant I_{r1} \leqslant I_Z \tag{5-5}$$

约定动作电流：　$$I_2 \leqslant 1.45I_Z \tag{5-6}$$

式中：I_B 为回路计算电流，A；I_{r1} 为熔断器熔体额定电流或断路器整定电流，A；I_Z 为导体允许持续载流量，A；I_2 为保证保护电器可靠动作的电流，A。

当保护电器为断路器时，约定时间内的约定动作电流一般为 $I_2=1.3I_{r1}$；当为熔断器时，约定时间内的约定熔断电流一般为 $I_2=1.6I_{r1}$。

2. 断路器长延时保护整定

反时限保护整定时一般需确定三个参数：曲线类型、保护整定电流值、延时时间。根据 GB/T 14048.2—2020《低压开关设备和控制设备　第 2 部分：断路器》的规定，断路器约定动作电流 I_2 为 $1.3I_{r1}$，只要满足 $I_{r1} \leqslant I_Z$，即可满足 $I_2 \leqslant 1.45I_Z$，所以低压断路器长延时保护整定值（I_{r1}）只需满足式（5－5）即可。

反时限保护其意义为故障电流到达保护整定定值之前脱扣器不会动作，电流到达该定值之后脱扣器延时动作，跳开该断路器延时时间由长延时时间定值 t_r 和短延时电流定值 I_r 确定。IEC 60255－151—2009《测量继电器和保护设备 第 151 部分：过/欠电流保护的功能要求》标准推荐了反时限特性曲线类型及其对应的曲线参数值，但要求不是强制性的，某品牌低压断路器保护动作特性方程见表 5－13。低压系统断路器长延时保护一般采用的是 EIT 型极端反时限特性曲线，近似特性为“I^2t”定为常数的反时限曲线。断路器延时时间设置一般为电流在 NI_r 时动作电流的延时时间，不同厂家一般 N 会选取不同的值，如施耐德和西门子通常用 $6I_r$、ABB 通常用 $3I_r$、威胜电气通常用 $2I_r$ 时动作电流确定延时时间。长延时保护功能一般为将允通能量（I^2t）定为常数的反时限曲线，可以根据此常数确定不同厂家延时时间的整定。

表 5-13　　某品牌低压断路器保护动作特性方程

保护动作特性类型	英文简称	方程式
定时限动作时间特性（definite time）	D.T	$t=t_r$
标准反时限动作时间特性（standard inverse time）	S.I.T	$t=\dfrac{1.449t_r}{\left(\dfrac{I}{I_r}\right)^{0.5}-1}$
非常反时限作时间特性（very inverse time）	V.I.T	$t=\dfrac{5t_r}{\left(\dfrac{I}{I_r}\right)-1}$
极端反时限作时间特性（extremely inverse time）	E.I.T	$t=\dfrac{35t_r}{\left(\dfrac{I}{I_r}\right)^{2}-1}$
高压熔断器 FC 配合反时限动作特性（high voltage fuse）	H.V.F	$t=\dfrac{1295t_r}{\left(\dfrac{I}{I_r}\right)^{4}-1}$

注　t—长延时保护动作时间，s；I—最大相电流，A；I_r—长延时保护一次动作电流整定值，A；t_r—长延时保护动作时间整定值，s。

3. 熔体额定电流 I_n 的确定

先按一般要求初步选择类别、额定电流、分断能力，然后根据保护特性要求确定熔断器的熔体电流。

（1）按正常工作电流确定

$$I_B \leqslant I_n \leqslant I_N \tag{5-7}$$

式中：I_B 为回路计算电流，A；I_N 为熔断器的额定电流，A。

（2）按启动尖峰电流确定：

1）保护配电线路时

$$I_n \geqslant K_r[I_{rM}+I_{b(n-1)}] \tag{5-8}$$

式中：K_r 为计算系数，见表 5-14；I_{rM} 为线路中启动电流最大的电动电流，A；$I_{b(n-1)}$ 为除这台电动机以外的线路计算电流，A。

表 5-14　　配电线路熔断体选择计算系数 K_r

Ir.M/I_b	≤0.25	0.25～0.4	0.4～0.6	0.6～0.8
K_r	1.0	1.0～1.1	1.1～1.2	1.2～1.3

2）保护单台电动机时：宜采用“aM”类熔断体，电动机的启动电流不超过熔体额

定电流 I_r 的 6.3 倍时，只要 $I_r \geqslant I_{rM}$ 即可；若采用"gG"类熔断体，宜按熔体允许通过的启动电流选择。

3）保护照明配电线路时：$I_n \geqslant K_m I_B$，其中，K_m 为计算系数，具体见表 5－15。

表 5－15　　照明线路熔断体选择计算系数 K_m

熔断器型号	熔体额定电流（A）	K_m		
		白炽灯、卤钨灯、荧光灯	高压钠灯、金属卤化物灯	荧光高压汞灯
RL7、NT	≤63	1.0	1.2	1.1～1.5
RL6	≤63	1.0	1.5	1.3～1.7

5.2.4.2　短路保护整定

1. 短路保护电器特性

配电线路的短路保护电器，应在短路电流对导体和连接处产生的热作用和机械作用造成危害之前切断电源。每个短路保护电器都应满足以下两个条件：

（1）短路保护电器应能分断其安装处的预期短路电流。当短路保护电器的分断能力小于其安装处预期短路电流时，在该段线路的上一级应装设具有所需分断能力的短路保护电器；其上下两级的短路保护电器的动作特性应配合，使该段线路及其短路保护电器能承受通过的短路能量。

（2）在回路任一点短路引起的电流，使导体达到允许极限温度之前应分断电路。

1）对于持续时间不超过 5s 的短路，由已知的短路电流使导体从正常运行时的最高允许温度上升到极限温度的时间 t 可近似地用式（5－9）计算

$$t = \left(\frac{kS}{I}\right)^2 \tag{5-9}$$

式中：t 为持续时间，s；S 为导体截面积，mm^2；I 为预期短路电流交流方均根值（有效值），A；k 为计算系数，取决于导体材料的电阻率、温度系数和热容量以及短路时初始和最终温度，见表 5－16。

表 5－16　　导 体 的 k 值

特性/状况	导体绝缘的类型					
	PVC 热塑型塑料		EPR/XLPE 热固型	橡胶 60℃ 热固型	矿物质	
					PVC 护套	无护套
导体截面积（mm^2）	≤300	＞300				
初始温度（℃）	70		90	60	70	105
最终温度（℃）	160	140	250	200	160	250

续表

特性/状况		导体绝缘的类型					
		PVC 热塑型塑料		EPR/XLPE 热固型	橡胶 60℃ 热固型	矿物质	
						PVC 护套	无护套
导体材料	铜	115	103	143	141	115	135～115[a]
	铝	76	68	94	93	—	—
	铜导体的锡焊接头	115	—	—	—	—	—

注　PVC—聚氯乙烯；EPR—乙丙橡胶；XLPE—交联聚乙烯。

[a] 此值用于易被触摸的裸电缆。

2）对于持续时间小于 0.1s 的短路，应计入短路电流非周期分量对热作用的影响，以保证保护电器在分断短路电流前，导体能承受包括非周期分量在内的短路电流的热作用。这种情况下应按式（8-10）校验

$$k^2S^2 \geqslant I^2t \tag{5-10}$$

式中：k 为计算系数；S 为导体截面积，mm²；I^2t 为保护电器允许通过的能量值，由产品标准或制造厂提供。

2. 断路器短路保护整定

电子式脱扣器具备长延时、短延时和瞬时保护功能，热磁式脱扣器仅具备长延时、瞬时保护功能。

（1）短延时过电流脱扣器整定电流 I_{r2} 及时间。短延时过电流脱扣器整定电流应躲过短时间出现的负荷尖峰电流，即

$$I_{r2} \geqslant K_{set2}[I_{stM}+I_{c(n-1)}] \tag{5-11}$$

式中：K_{set2} 为低压断路器定时限过电流脱扣器的可靠系数，考虑可取 1.2；I_{stM} 为线路上最大一台电动机的启动电流周期分量有效值，A；$I_{c(n-1)}$为除这台电动机以外的线路计算电流，A。

此外，I_{r2} 还应满足与下级线路保护电器的选择性配合要求。短延时过电流脱扣器的整定时间通常有 0.1、0.2、0.3、0.4、0.6、0.8s 等几种，根据选择性要求确定。上下级时间级差不小于 0.1～0.2s。

（2）瞬时过电流脱扣器整定电流 I_{r3}。瞬时过电流脱扣器整定电流，应躲过配电线路的尖峰电流。根据低压断路器安装位置不同，一般长延时过电流脱扣器整定电流 I_n 如下：

1）保护配电线路的断路器：

$$I_{r3} \geqslant K_{set3}[I'_{stM}+I_{c(n-1)}] \tag{5-12}$$

式中：K_{set3} 为低压断路器定时限过电流脱扣器的可靠系数，考虑电动机启动电流误差和断路器瞬时电流误差，可取 1.2；I'_{stM} 为线路上最大一台电动机的全启动电流，A，它包括周期分量和非周期分量，可取为电动机启动电流周期分量的 2 倍；$I_{c(n-1)}$ 为除这台电

动机以外的线路计算电流，A。

2）保护单台电动机的断路器：$I_{r3} \geqslant 2.2I_{stM}$。

3）保护照明线路的断路器：$I_{r3} \geqslant K_{rel3}I_B$，其中 K_{rel3} 为反时限电流脱扣器的可靠系数，取决于光源启动特性和低压断路器特性，其值见表 5－17。

表 5－17　　照明线路保护用断路器的反时限过电流脱扣器的可靠系数

低压断路器脱扣器种类	可靠系数	卤钨灯	荧光灯	高压钠灯、金属卤化物等	LED 灯
反时限过电流脱扣器	K_{rel3}	10～12	3～5	3～5	10～12

（3）保护灵敏度的检验。根据 GB/T 14048.2—2020《低压开关设备和控制设备 第 2 部分：断路器》的规定，断路器的制造误差为±20%，再加上计算误差、电网电压偏差等因素，因此规定被保护线路末端的短路电流不应小于断路器瞬时或短延时过电流脱扣器整定电流的 1.3 倍，因此保护灵敏度（S_p）应满足

$$S_p = \frac{I_{k \cdot min}}{I_{r3}} \geqslant 1.3 \text{ 或 } \frac{I_{k \cdot min}}{I_{r2}} \geqslant 1.3 \tag{5-13}$$

式中：$I_{k \cdot min}$ 为被保护线路末端的最小短路电流，A。

（4）与被保护线路的配合。采用断路器保护时，导体热稳定的校验如下：

1）短延时脱扣器的动作时间一般为 0.1～0.4s，根据经验，选用带短延时脱扣器的断路器所保护的配电干线截面积不会太小，均能满足式（5－9）要求，可不校验。

2）瞬时脱扣器的全分断时间（包括灭弧时间）极短，一般为 10～30ms，即 $t<0.1s$，应按式（5－10）校验。

3. 熔断器保护灵敏度与热稳定检验

（1）保护灵敏度的检验。熔断器保护灵敏度（S_p）应满足

$$S_p = \frac{I_{k \cdot min}}{I_n} \geqslant K_i \tag{5-14}$$

式中：$I_{k \cdot min}$ 为被保护线路末端的最小短路电流，A；K_i 为熔断器保护灵敏度的最小值，见表 5－18。

表 5－18　　检验熔断器保护灵敏度的最小值 K_i

熔体额定电流（A）		4～10	16～32	40～63	80～200	250～500
最大熔断时间（s）	5	4.5	5		6	7
K_i	0.4	8	9	10	11	—

（2）与被保护线路的配合。采用熔断器保护时，由于熔断器的反时限特性，用式（5－14）校验较麻烦。要计算预期短路电流值，再按选择的熔断体电流值查熔断器特性

曲线，找出相应的全熔断时间 t，代入式（5-9）。

5.2.4.3 过电流保护配合

低压配电系统各级脱扣器保护应具备良好的上下级配合关系，以确保故障时，各级脱扣器、熔体保护动作的选择性，避免停电范围扩大。为保证上下级良好的配合关系，一般情况下，同一电源上下级时间-电流特性曲线没有交叉点。上下级时间-电流特性曲线根据各定值确定。根据公用低压系统应用现状，上下级保护电器通常采用电流选择性和时间（或电流-时间）选择性配合。

按照电流配合时，在同一故障下，上下级保护装置的电流之比一般需大于 1.1；按照时间配合时，上下级保护电器动作时间级差Δt，对于定时限保护之间的Δt 一般为 0.5s，反时限保护之间、定时限与反时限保护之间Δt 一般为 0.5～0.7s，瞬时保护之间Δt 一般为 0.1～0.2s，常见情况包括：

（1）熔断器与熔断器的级间配合。常见于箱式变电站出线的低压系统中，上下级电缆分支箱采用熔断器保护配合。上下级熔体额定电流比只要满足 1.6:1，即可保证选择性。标准规定熔断体额定电流值也是近似按这个比例制定的，如 25、40、63、100、160、250A 相邻级间，以及 32、50、80、125、200、315A 相邻级间，均有选择性。

（2）选择型断路器与非选择型断路器的级间配合。常见于配电室出线的低压系统中，出线断路与下级配电间出线保护配合。上级短延时整定值一般要求大于下级瞬时保护整定值的 1.3 倍，主要考虑断路器制造误差的影响，此时短延时的时间没有特别要求。上级瞬时保护应在满足动作灵敏性前提下，尽量整定得大些，以免在故障电流很大时导致上下级均瞬时动作，破坏选择性。

（3）选择型断路器与熔断器的级间配合。常见于箱式变电站出线的低压系统中。过负荷时，只要熔断器的反时限特性和断路器长延时脱扣器的反时限动作特性不相交，且长延时脱扣器的整定电流值比熔断体的额定电流值大一定数值，则能满足过负荷选择性要求。短路时，由于上级断路器具有短延时功能，一般能实现选择性动作。但必须整定正确，不仅短延时脱扣整定电流及延时时间要合适，还要正确整定其瞬时脱扣整定电流值。

（4）上级熔断器与下级非选择型断路器的级间配合。常见于柱上变压器出线的低压系统中，柱上变压器低压进线与出线断路器的保护配合。过负荷时，要求断路器时间-电流特性和熔断器的反时限特性不交叉，且熔体额定电流值比长延时脱扣器的整定电流值大一些，一般能满足选择性要求；短路时，预期短路电流情况下，熔体动作时间比对应的断路器瞬时脱扣器的动作时间大 0.1s 以上，一般能满足选择性要求。

5.2.4.4 案例分享

1. 整定规范案例

以北京地区为例，为保障 0.4kV 出线附近短路时，进线开关、联络开关与出线开关具备选择性，在应用过程中退出进线与联络开关的瞬时保护，只投入短延时和长延时保护；为给下级提供较好的配合，一般出线路长度满足瞬动配合要求，出线开关退出短延时，只投入瞬时和长延时保护。

（1）低压进线开关定值整定原则。考虑母线阻抗较小，投入瞬时保护时，进线开关与出线开关可能同时动作，无选择性，因此低压进线开关一般投入长延时、短延时保护功能，其余保护功能退出。

1）长延时保护一般应采用反时限，应可靠躲过变压器负荷电流，具体如下：

a. 电流定值一般取 1.2～1.3 倍变压器额定电流。当变压器允许最大负荷电流超过变压器额定电流时，电流定值取 1.2～1.3 倍最大负荷电流（变压器最大负荷电流不宜超过变压器额定电流的 1.3 倍，下同）。

b. 当变压器低压有联络开关并投入自投设备时，长延时电流定值应充分考虑自投后带两台变负荷的情况。

c. 长延时时间定值在 6 倍长延时电流时应在 5～10s 之间。

2）短延时保护一般应采用定时限，具体如下：

a. 短延时电流定值一般取 3.5～4 倍变压器额定电流。

b. 短延时时间定值一般取 0.3s。

3）应校核并保证低压进线开关定值与配电变压器高压侧继电保护定值之间的配合关系，必要时可适当提高变压器高压侧过电流保护的电流定值，以确保低压设备故障时，高压侧继电保护设备不越级掉闸。

（2）低压联络开关定值整定原则。一般投入长延时、短延时保护功能，其余保护功能退出。

1）长延时保护一般应采用反时限，具体如下：

a. 长延时电流定值一般取低压进线开关最小长延时电流定值的 75%～80%。

b. 长延时时间定值一般取同低压进线开关长延时时间定值。

2）短延时保护一般应采用定时限，具体如下：

a. 短延时电流定值一般取低压进线开关最小短延时电流定值的 75%～80%。

b. 短延时时间定值一般取 0.1s。

（3）低压馈线定值整定原则。考虑低压出线至分支开关之间一般有 40m 以上，分支处的最大短路电流较线路始端一般下降 30%，且塑壳开关具备限流作用，可利用电流实现瞬时保护的配合。

一般投入长延时、瞬时保护功能，其余保护功能退出。

1）长延时保护一般应采用反时限，具体如下：

a. 长延时电流定值不应大于进线开关长延时最小电流定值的 75%～80%；有联络开关时，不应大于联络开关长延时电流定值的 75%～80%。

b. 长延时电流定值应可靠躲过馈线正常可能出现的最大负荷电流。馈线最大负荷电流获取困难时，可考虑一次设备最大允许负荷。

c. 长延时电流定值应保证馈线路末端故障（含相线对中性线短路故障）有足够的灵敏度，灵敏度建议不小于 3。

d. 长延时时间定值不应大于进线开关最小长延时时间定值，有联络开关时不应大于联络开关长延时时间定值。

2）瞬时保护电流定值一般不应大于 2 倍变压器额定电流。

2. 整定案例

配电室进出线整定。以某重要用户配电室低压保护配合为例，Q1、Q2 开关分别与两段 0.4kV 母线直连，为负荷开关，作为隔离开关使用，不配置保护出口；出线开关 Q3 与同一柜内分电作用母线连接，为 630A 塑壳开关；Q3－1、Q3－2 馈出开关分配电能，分别为 400A 和 250A 的塑壳开关；两个旁路开关 Q1BP、Q2BP 与同一柜内分电作用母线连接，可手动转至旁路工作状态，均为 630A 塑壳开关。根据要求 0.4kV 进线开关、联络开关、Q3、Q3－1 与 Q3－2 应具有选择性保护配合，电气拓扑图如图 5－13 所示。

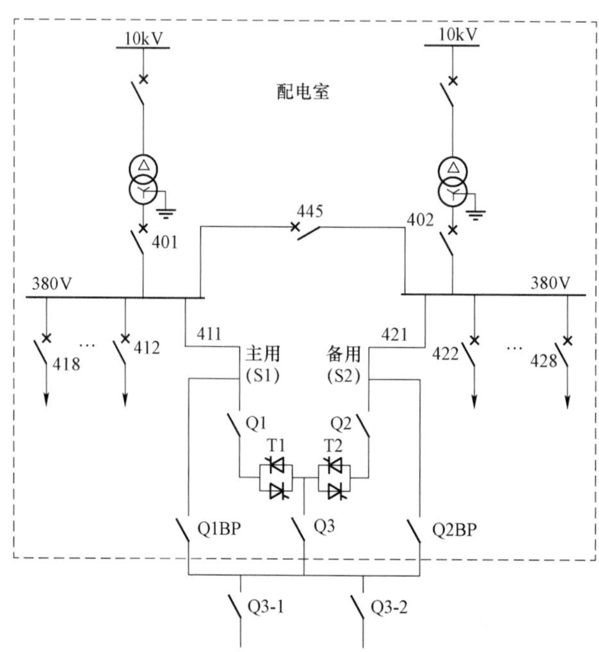

图 5－13　某重要用户配电室低压拓扑图

0.4kV 进线开关 401、联络开关 445、Q3、Q3－1 保护配合，保护定值见表 5－19。

表 5－19　　保　护　定　值

开关	长延时电流定值（A）	长延时时间（s）	短延时电流定值（A）	短延时时间（s）	瞬动电流定值（A）
进线开关 401	3600	8	8640	0.3	—
联络开关 445	2800	8	6720	0.1	—

续表

开关	长延时电流定值（A）	长延时时间（s）	短延时电流定值（A）	短延时时间（s）	瞬动电流定值（A）
Q1/Q2 开关	630	8	6300	0.4	5670
Q3/Q1BP/Q2BP 开关	500	8	5000	0.4	4095
Q3－1 开关	400	8	4000	0.4	2205

0.4kV 进线开关 401、联络开关 445、Q3－1 三级断路器脱扣曲线基本无交叉，可实现保护配合，如图 5－14 所示。

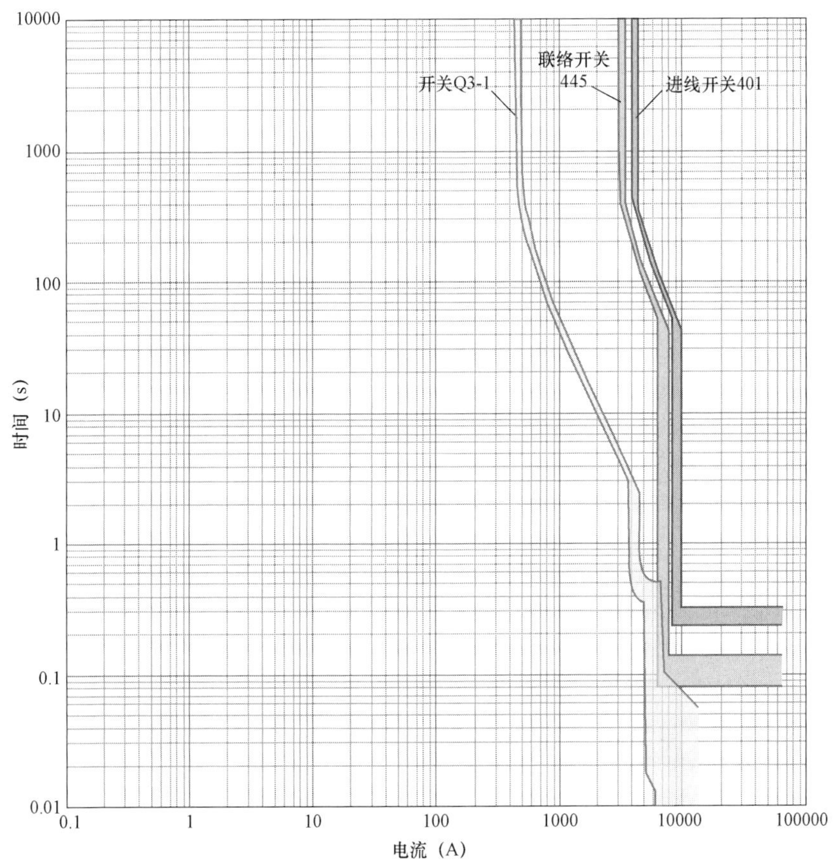

图 5－14　401、445、Q3－1 配合脱扣曲线

Q1/Q2：$I_r = 630A$，$T_r = 8s$；$I_i = 5670A$（2 倍变压器额定制）；$I_{sd} = 6300$，$t_{sd} = 0.4$（大于瞬动值，相当于短延时保护退出）；Q3：$I_r = 500A$，$t_r = 8s$；$I_i = 4095A$（接近 1.5 倍变压器额定制）；$I_{sd} = 5000$，$t_{sd} = 0.4$（大于瞬动值，相当于短延时保护退出）；Q3－1：$I_r = 400A$，$t_r = 8s$；$I_i = 2205A$（接近 0.5 倍 Q3 瞬动值）；$I_{sd} = 4000$，$t_{sd} = 0.4$（大于瞬动值，相当于短延时保护退出）；根据脱扣曲线（如图 5－15 所示）可看出，进线开关（401）、联络开关（445）与塑壳开关（Q1/Q3/Q3－1）间曲线基本无交叉，

可实现保护配合；Q1、Q3 脱扣曲线在瞬动保护区间（5000～6000A）段重叠，此时 SSTS 进出线开关无选择性；Q1/Q3 与 Q3－1 间基本实现选择性，避免低压负荷母线受故障影响。

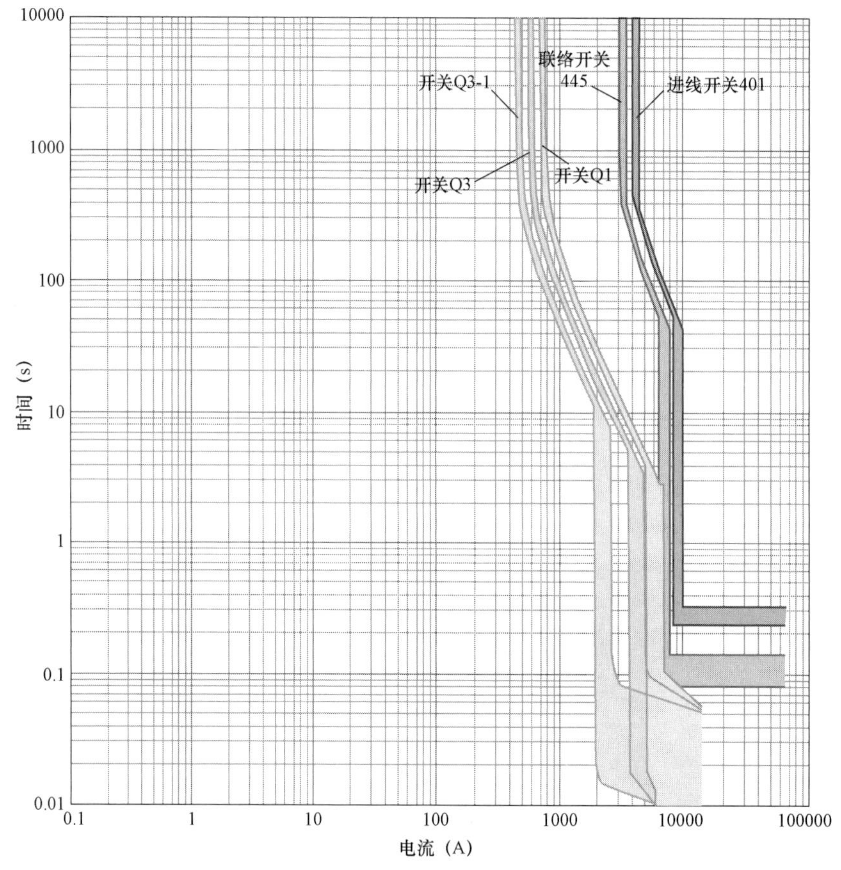

图 5－15　401、445、Q1、Q3、Q3－1 配合脱扣曲线

5.3　剩余电流保护与人身安全

5.3.1　电流通过人体的效应

人体触电分为电伤和电击两种伤害形式。电伤时电流对人体表面的伤害，一般不危及生命安全；而电击则是电流通过人体内部，直接造成内部组织伤害，往往导致严重后果。电击可分为直接接触电击和间接接触电击。直接接触电击是人体直接接触电气设备或线路的带电部分而遭受的电击，其危害最严重；间接接触电击是电气设备或线路发生接地故障时，其外漏金属部件存在对地故障电压，人体接触金属部件而遭受电击，可能导致人身伤亡。剩余电流保护器主要功能是提供故障防护（间接接触）。具有足够灵敏度的电器（如剩余电流动作电流不超过 30mA），对与带电的导电部件直接接触的使用

者能提供保护，但不能单独作为直接接触防护措施，仍应以预防为主，一般采取将带电部分绝缘、采用遮拦或外护物、阻挡物、置于伸臂范围之外等措施。电流对人体的生理效应和伤害程度，由通过人体的电流大小、持续时间长短等因素决定，电气专业人员应了解电流通过人体的效应，才能采取正确有效的防范措施，避免发生电击事故。

通过人体的电流与接触电压、人体阻抗等有关，其中人体阻抗值取决于多种因素，尤其是电流的路径、接触电压、电流的持续时间、频率、皮肤的潮湿程度、接触面积、施加的压力和温度等。人体阻抗由人体内阻抗和皮肤阻抗组成。对于较低的接触电压，皮肤阻抗具有显著的变化，而人体总阻抗也随之有很大类似的变化；对于较高的接触电压，皮肤阻抗对于总阻抗的影响越来越小。人体总阻抗在直流时较高，随着频率的增加而减少。在接触电压出线瞬间，忽略皮肤电容影响，人体初始内电阻约等于人体内阻抗。接触电压为 220V 且大接触面积时，人体总阻抗一般为 1900Ω；接触电压为 400V 且大接触面积时，人体总阻抗一般为 1200Ω。交流电流对人体的效应基本上以电气装置中常用的频率为 50Hz 或 60Hz 的交流电流效应的有关研究结果为依据，所得出的数据被认为可适用于 15Hz 至 100Hz 的频率范围。GB/T 13870.1—2022《电流对人和家畜的效应 第 1 部分：通用部分》的测试结果，交流电流通过人体时有以下几个主要的效应数值：

（1）反应阈值：能引起肌肉不自觉收缩的接触电流最小值。此值大小一般为 0.5mA，与电流通过人体的持续时间长短无关。

（2）摆脱阈值：人手握电极能自行摆脱电极时接触电流的最大值。此值因人而异，对于成年男性约为 10ms，适用于所有人时取值 5ms。如不能摆脱带电导体，在较大电流长时间作用下人体将遭受伤害甚至死亡。人体接触带电导体时如能及时摆脱带电导体，可不致电击死亡，但可能引起二次伤害，如因电击而惊跳自高处坠地而导致伤亡。

（3）心室纤维性颤动阈值：电流通过人体时引起的心室纤维性颤动的接触电流最小值。引起心室纤维性颤动是电击致死的最常见原因。心室纤维性颤动阈值取决于生理参数（人体结构、心脏功能状态等）以及电气参数（电流的持续时间和路径、电流的特性等）。GB/T 13870.1—2022《电流对人和家畜的效应 第 1 部分：通用部分》按测试得出的导致心室纤颤的通过人体的 15～100Hz 交流电流 I_s，与持续时间 t 的关系曲线如图 5－16 曲线 C1～C3 所示。

从图 5－16 可知，如果流过人体电流和其持续时间在 AC－4 区内，人就会有生命危险。通常曲线 C1 左侧作为人体是否安全的界限，从曲线 C1 可知，只要流过人体的电流 I_s 小于 30mA，人体就不致因发生心室纤颤而电击致死，因此将防电击的高灵敏度剩余电流动作保护器的额定动作电流值取为 30mA。由于人体的阻抗随接触电压而变化，通过人体的电流与电压关系不是线性的，且该电流计算困难。在许多情况下，不是直接利用上述时间/电流区域做电击防护设计，而是以时间为函数的接触电压（即通过人体的电流与人体阻抗的乘积）的允许极限值作为判据。为此 IEC 标准给出了干燥和潮湿环境条件下相应的预期接触电压与持续时间的关系曲线（U_f-t 曲线）L1（干燥环境）和 L2（潮湿环境），如图 5－17 所示。

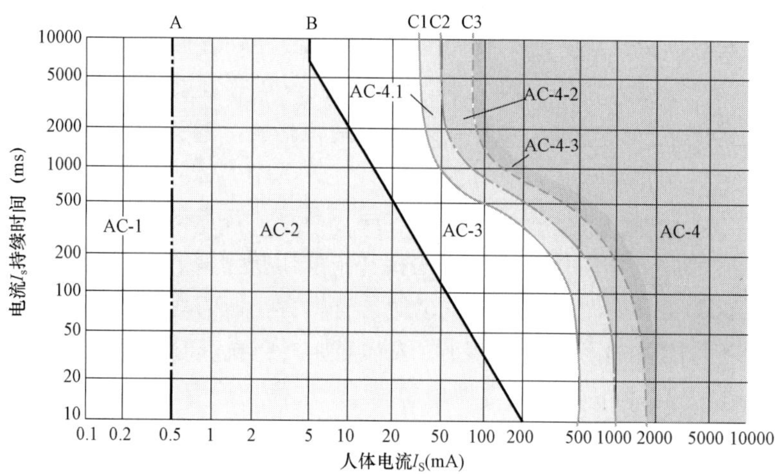

AC-1区：无知觉
AC-2区：有知觉
AC-3区：可逆效应：肌肉收缩
AC-4区：可能出现不可逆效应
AC-4-1区：心脏纤维性颤动可达5%概率
AC-4-2区：心脏纤维性颤动可达50%概率
AC-4-3区：心脏纤维性颤动可超过50%概率

A曲线：电流感知阈
B曲线：肌肉反应阈
C1曲线：0%几率的心室纤维性颤动阈
C2曲线：5%几率的心室纤维性颤动阈
C3曲线：50%几率的心室纤维性颤动阈

图 5－16　交流电流（15～100Hz）通过人时的效应

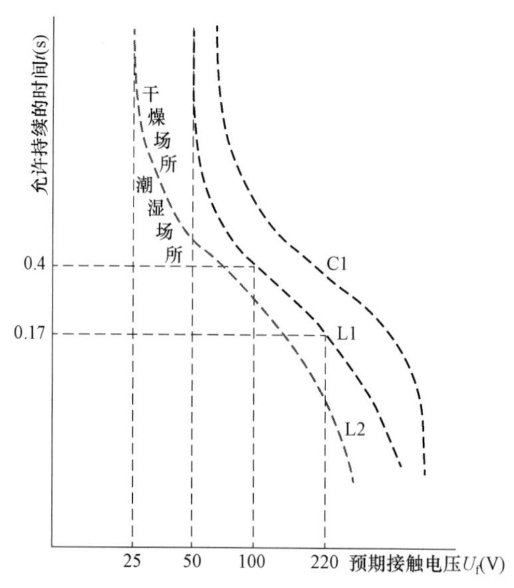

图 5－17　干燥和潮湿条件下预期接触电压 U_f 和允许持续时间 t 的关系曲线

在电击防护计算中求出的是预期接触电压 U_f。电流路径为一手到脚的情况，考虑鞋袜、大地等阻抗影响，人体实际接触电压常小于预期接触电压 U_f；在赤足等情况下，可忽略鞋袜、大地等阻抗影响，此时实际接触电压约为预期接触电压。为确保电气安全和简化计算，在实际应用中接触电压都采用预期接触电压 U_f。由图 5－17 可知，在干燥环境条件下当 U_f 不大于 50V 时，人体接触此电压不致发生心室纤颤致死，因此在干燥环境条件下将预期接触电压限值可取为50V。据此，IEC标准将干燥环境条件下用以防电击的特低电压设备的额定电压定为48V，目前国内标准仍沿用过去的36V。在潮湿环境条件下，如在施工场地、农场以及户外照明装置等处，由于下雨淋湿等原因，人体皮肤阻抗降低，大于25V的U_f，即可导致引起心室纤颤的30mA以上的接触电流，据此特低电压设备的额定电压则规定为24V。

根据间接接触防护自动切断所接电气设备的电源要求，所有外露及外部可导电部分必须相互连接并可靠接地；当设备出现绝缘故障时，必须自动断开设备中的故障部分。接触电压越高，切断电源的速度要求越快，以防产生人身触电危险。不同交流接触电压下的最大允许持续时间，见表5-20。

表5-20　不同交流接触电压下的最大允许持续时间　s

接触电压 U_f（V）		$50<U_f\leqslant 120$	$120<U_f\leqslant 230$	$230<U_f\leqslant 400$	$U_f>400$
接地系统	TN或IT	0.8	0.4	0.2	0.1
	TT	0.3	0.2	0.07	0.04

5.3.2 剩余电流保护器特性

1. 分类

剩余电流保护器（RCD）应具备检测剩余电流、将其与基准值（剩余动作电流）相比较以及当剩余电流超过该基准值断开保护电路的功能。剩余电流动作电流不超过30mA的剩余电流保护器，在其他防护措施失效或电气设备使用疏忽的情况下，提供附加防护；剩余电流动作电流不超过300mA的剩余电流保护器，对持续的接地故障电流引起的火灾提供防护。

（1）根据动作方式分：

1）动作功能与电源电压无关的RCD（电磁式）；

2）动作功能与电源电压有关的RCD（电子式），其电源有故障时，又分自动动作和不能自动动作的设备。

（2）根据安装形式分：

1）固定装设和固定接线；

2）移动设置和/或用电缆将装置本身连接到电源。

（3）根据极数和电流回路数分为：

1）单极二回（1P+N）；

2）二极（2P）；

3）二极三回（2P+N）；

4）三极（3P）；

5）三极四回（3P+N）；

6）四极（4P）。

（4）根据过电流保护分：

1）不带过电流保护（RCCB）；

2）带过电流保护（RCBO）；

3）仅带过载保护；

4）仅带短路保护。

（5）在剩余电流含有直流分量时，剩余电流保护电器根据动作特性分：

1）AC型，对突然施加缓慢上升的剩余正弦交流电流能保证脱扣。

2）A 型，对突然施加缓慢上升的剩余正弦交流电流和剩余脉动直流电流能保证脱扣。

3）F型，3种情况的剩余电流对突然施加缓慢上升能保证脱扣：① 同A型；② 由相线和中性线或相线和接地的中间导体供电的电路产生的复合剩余电流；③ 脉动直流剩余电流叠加10mA的平滑直流电流。

4）B型，6种情况的剩余电流与极性无关，对突然施加缓慢上升能保证脱扣：① 同F型；② 1000Hz及以下的正弦交流剩余电流；③ 交流剩余电流叠加0.4倍额定剩余动作电流或10mA的平滑直流电流（两者取最大值）；④ 脉动直流剩余电流叠加0.4倍额定剩余动作电流或10mA的平滑直流电流（两者取最大值）；⑤ 整流线路产生的直流剩余电流；⑥ 平滑直流电流。

（6）根据剩余电流大于额定剩余动作电流的延时情况分：无延时和有延时（不可调、可调）两种。

低压系统剩余电流保护器按照安装位置可分为总保护、中级保护和户保（家保），其应根据系统供电方式选择合适的极数，且极与线应匹配。总保护和中级保护一般采用延时性剩余电流保护器，包括断路器型一体式、继电器型一体式、继电器型分体式。

2. 技术参数

剩余电流保护器的共性参数包括：额定电流、额定剩余动作电流、额定剩余不动作电流、额定电压、额定频率、额定接通和分断能力、额定剩余接通和分断能力、剩余电流分断时间、极限不驱动时间等，以下参数关系剩余电流保护之间的配合。

（1）额定剩余动作电流（$I_{\Delta n}$）。使剩余电流保护器在规定条件下动作的剩余电流值，为有效值。额定剩余动作电流的标准值优选值是0.006、0.01、0.03、0.1、0.2、0.3、0.5、1、2、3、5、10、20、30A。

（2）额定剩余不动作电流（$I_{\Delta no}$）。在该电流或低于该电流时，剩余电流保护器在规定条件下不动作的剩余电流值，为有效值。额定剩余不动作电流优选值为$0.5I_{\Delta n}$（$0.7I_{\Delta n}$）。

（3）剩余电流分断时间。从达到剩余动作电流瞬时起至所有极电弧熄灭瞬间为止所经过的时间间隔。

（4）极限不驱动时间。对剩余电流保护器施加一个剩余电流而不使其动作的最长时间。

一般低压系统总保护、中级保护应用的断路器型一体式、继电器型一体式、继电器型分体式等剩余电流保护技术参数见表5－21和表5－22。

表 5－21 剩余电流动作总保护器技术参数表

序号	名称		单位	标准参数值	
一、技术参数					
1	极数			3P＋N（N 极为直通导体）。250A（壳架电流）及以下：N 极载流量等于相极载流量；250A 以上：N 极载流量不小于 1/2 相极载流量	
2	额定电流（I_n）		A	63、100、160、250、400、500、630、800	
3	额定壳架电流		A	100、250、400、630、800	
4	额定电压（AC）		V	400	
5	额定频率		Hz	50	
6	额定剩余动作电流（$I_{\Delta n}$）		mA	50、100、200、300	
7	额定剩余不动作电流（$I_{\Delta no}$）		mA	0.7 $I_{\Delta n}$	
8	剩余电流测量（AC 型剩余电流动作保护器）	范围		$I_n \leqslant$100A 20% $I_{\Delta n}$ ～120% $I_{\Delta n}$	I_n>100A 20% $I_{\Delta n}$ ～120% $I_{\Delta n}$
		误差		20%	10%
9	剩余电流最大分断时间	$\leqslant 2I_{\Delta n}$	s	0.3	
		5 $I_{\Delta n}$、10 $I_{\Delta n}$		0.25	
10	极限不驱动时间	$\leqslant 2I_{\Delta n}$	s	0.2	
		5 $I_{\Delta n}$、10 $I_{\Delta n}$		0.15	
11	剩余电流动作时间误差		s	± 0.02	
12	剩余电流动作特性分类			AC 型剩余电流动作保护器、A 型剩余电流动作保护器	
二、额定运行短路分断能力					
剩余电流动作保护器额定壳架电流（I_n）			剩余电流动作保护器额定运行短路分断电流（I_{cs}）		
1	250A 及以下		kA	≥10	
2	400A			≥25	
3	630A、800A			≥35	
三、总寿命					
剩余电流动作保护器额定壳架电流（I_n）			剩余电流动作保护器操作循环次数		
1	100A		万次	≥1	
2	250A			≥0.8	
3	400A 及以上			≥0.5	

注 继电器型分体式剩余电流动作总保护器不存在壳架电流技术参数项，其剩余电流动作保护器操作循环次数不小于 6050 次。

表 5-22　　剩余电流动作中级保护器技术参数

<table>
<tr><th>序号</th><th colspan="2">名称</th><th>单位</th><th colspan="2">标准参数值</th></tr>
<tr><td colspan="6">一、技术参数</td></tr>
<tr><td>1</td><td colspan="2">极数</td><td></td><td colspan="2">按供电方式配置</td></tr>
<tr><td>2</td><td colspan="2">额定电流（I_n）</td><td>A</td><td colspan="2">63、100、160、250</td></tr>
<tr><td>3</td><td colspan="2">额定壳架电流</td><td>A</td><td colspan="2">100、250</td></tr>
<tr><td>4</td><td colspan="2">额定电压（AC）</td><td>V</td><td colspan="2">220、400</td></tr>
<tr><td>5</td><td colspan="2">额定频率</td><td>Hz</td><td colspan="2">50</td></tr>
<tr><td>6</td><td colspan="2">额定剩余动作电流（$I_{\Delta n}$）</td><td>mA</td><td colspan="2">50、100</td></tr>
<tr><td>7</td><td colspan="2">额定剩余不动作电流（$I_{\Delta no}$）</td><td>mA</td><td colspan="2">0.7 $I_{\Delta n}$</td></tr>
<tr><td rowspan="2">8</td><td rowspan="2">剩余电流测量（AC 型剩余电流动作保护器）</td><td>范围</td><td rowspan="2"></td><td>$I_n \leqslant 100A$
20% $I_{\Delta n}$ ～120% $I_{\Delta n}$</td><td>$I_n > 100A$
20% $I_{\Delta n}$ ～120% $I_{\Delta n}$</td></tr>
<tr><td>误差</td><td>20%</td><td>10%</td></tr>
<tr><td rowspan="2">9</td><td rowspan="2">剩余电流最大分断时间</td><td>$\leqslant 2I_{\Delta n}$</td><td rowspan="2">s</td><td colspan="2">0.20</td></tr>
<tr><td>5 $I_{\Delta n}$、10 $I_{\Delta n}$</td><td colspan="2">0.15</td></tr>
<tr><td rowspan="2">10</td><td rowspan="2">极限不驱动时间</td><td>$\leqslant 2I_{\Delta n}$</td><td rowspan="2">s</td><td colspan="2">0.10</td></tr>
<tr><td>5 $I_{\Delta n}$、10 $I_{\Delta n}$</td><td colspan="2">0.06</td></tr>
<tr><td>11</td><td colspan="2">剩余电流动作时间误差</td><td>s</td><td colspan="2">±0.02</td></tr>
<tr><td>12</td><td colspan="2">剩余电流动作特性分类</td><td></td><td colspan="2">AC 型剩余电流动作保护器、
A 型剩余电流动作保护器</td></tr>
<tr><td colspan="6">二、额定运行短路分断能力</td></tr>
<tr><td colspan="3">剩余电流动作保护器额定壳架电流（I_n）</td><td colspan="3">剩余电流动作保护器额定运行短路分断电流（I_{cs}）</td></tr>
<tr><td>1</td><td colspan="2">100A 及以下</td><td rowspan="2">kA</td><td colspan="2">≥6</td></tr>
<tr><td>2</td><td colspan="2">250A</td><td colspan="2">≥8</td></tr>
<tr><td colspan="6">三、总寿命</td></tr>
<tr><td>1</td><td colspan="2">剩余电流动作保护器操作循环次数</td><td>次</td><td colspan="2">≥6050</td></tr>
</table>

注　继电器型分体式剩余电流动作总保护器不存在壳架电流技术参数项。

5.3.3　剩余电流保护的整定

1. 剩余电流保护器的配置

三级漏电保护一般指一级剩余电流保护器（总保）、二级剩余电流保护器（中保）、三级剩余电流保护器（户保），根据中性点接地方式等配置方案不同。

根据低压接地系统的特性可知，TN-S、TT 及 TN-C-S 部分区段在发生接地故障时，以及 IT 系统发生第二次接地故障时，在安装剩余电流保护器的情况，可切除接地故障。对于城市区域常用的 TN－C－S 系统，供电侧一般不具备安装剩余电流保护器，为防止用户内部绝缘破坏、发生人身间接接触触电等剩余电流造成的事故，以及直接接触触电时的附加保护，在 N 线和 PE 线分开处、用户受电端一般需加装剩余电流保护器。对于农村地区常采用 TT 系统，应安装分级剩余电流保护。下面以 TT 系统的分级剩余电流保护为例介绍。

（1）公用变压器及专用变压器的 TT 系统都应安装剩余电流总保护。总保护有三种接线方式：安装在电源中性点接地线上、安装在电源进线回路上、安装在低压出线回路上，宜选用三级四线延时型剩余电路保护器。从总保护负荷侧引出的中性线不得重复接地，并且具有与相线相同的绝缘水平。

（2）在低压线路分支处或在计量表箱后宜安装剩余电流中级保护，中级保护因安装地点、接线方式不同，可分为三相中保和单相中保，一般选用三级四线和二级二线保护。

（3）户保一般安装在用户进线上。户保和末级保护属于用户资产，应由用户出资安装并承担维护、管理责任。户保的作用是：当用户产权分界点以下的户内线路出现剩余电流达到设定动作值时，能及时切断本户低压电源。不设末级保护时，用户应选择快速动作型剩余电流动作保护器，并确保其正常投入运行，不得擅自解除或退出运行。在下列情况下应设置末级保护：

1）属于Ⅰ类的移动式电气设备及手持电动工具。

2）生产用的电气设备。

3）安装在户外的电气装置。

4）临时用电的电气设备，应在临时线路的首端设置末级保护。

5）机关、学校、宾馆、饭店、企事业单位和住宅等除壁挂式空调电源插座外的其他电源插座或插座回路。

6）游泳池、喷水池、浴池的电气设备。

7）安装在水中的供电线路和设备。

8）医院中可能直接接触人体的电气医用设备。

9）农业生产用的电气设备；大棚种植或农田灌溉用电力设施。

10）温室养殖与育苗、水产品加工用电（其额定动作电流为 10mA，特别潮湿的场所为 6mA）。

11）施工工地的电气机械设备。

12）抗旱排涝用潜水泵；家庭水井用三相或单相潜水泵。

13）其他需要设置保护器的场所。

2. 剩余电流保护的配合

（1）功能配置。总保护器宜选用组合式保护器，一般需具有剩余电流保护、过负荷、短路等保护功能和一次自动重合闸功能；有条件时，可选配具有信息（如运行时间、停运时间、工作挡位、总剩余电流实际挡位等）测量、显示、存储、通信功能的保护器；中级保护可采用具有上述保护功能的保护器；户保和末级保护宜采用具有过电压保护、过电流保护功能的多功能剩余电路保护器。

（2）动作电流选择。低压电网在配置分级保护时，根据电网实际，在剩余电流动作总保护和中级保护、户保的动作电流值和动作时间上要有级差配合，已达到分级动作目的，各级保护额定剩余动作电流最大值一般可参考表 5－23 确定。额定剩余动作电流值应在躲过低压电网固有泄漏电流的前提下尽量选小值。对于移动式、温室养殖与育苗、水产品加工等潮湿环境下使用的电器以及临时用电设备的保护器，动作电流值为 10mA，手持式电动器具动作电流值为 10mA；特别潮湿的场所为 6mA。

表 5－23　　剩余电流保护器额定剩余动作电流最大值

序号	用途	级别	额定剩余动作电流最大值（mA）
1	总保护	一级	（50）*、100、200、300
2	中级保护	二级	50、100
3	户保	三级	10（15）、30
4		末级	一般选择性动作电流 10mA，特别潮湿的场所选择 6mA

* 50mA 挡只适用于单相变压器供电的总保护。

装有剩余电流动作保护器的线路及电气设备，其泄漏电流应不大于额定剩余动作电流最大值的 30%；达不到要求时，需及时查明原因，处理达标后再投入运行。一般为保障可靠供电，减少用户停电次数，总保护和中级保护额定剩余不动作电流优选值一般可取 $0.7I_{\Delta n}$。

（3）动作延时的确定。剩余电流保护器分断时间宜处于图 5－16 的 AC－3 区内（C1 线以左），同时能实现分级保护有选择性的动作。公用三相配电变压器剩余电流保护器动作延时可参考表 5－24 确定；公用单相配电变压器剩余电流保护器动作延时可参考表 5－25 确定。

表 5－24　　公用三相配电变压器剩余电流保护器动作延时选用表

序号	用途	级别	$\leqslant 2I_{\Delta n}$		$5I_{\Delta n}$、$10I_{\Delta n}$	
			极限不驱动时间（s）	最大分段时间（s）	极限不驱动时间（s）	最大分段时间（s）
1	总保护	一级	0.2	0.3	0.15	0.25
2	中级保护	二级	0.1	0.2	0.06	0.15
3	户保	三级	不设置动作延时	0.04	—	—
4		末级	不设置动作延时			

表 5－25　　公用单相配电变压器剩余电流保护器动作延时选用表

序号	用途	级别	$\leqslant 2I_{\Delta n}$		$5I_{\Delta n}$、$10I_{\Delta n}$	
			极限不驱动时间（s）	最大分段时间（s）	极限不驱动时间（s）	最大分段时间（s）
1	总保护	一级	0.1	0.2	0.06	0.15
2	户保	三级	不设置动作延时	0.04	—	—
3		末级	不设置动作延时			

以柱上变压器出线的低压系统为例，剩余电流三级保护配置示意如图 5－18 所示。

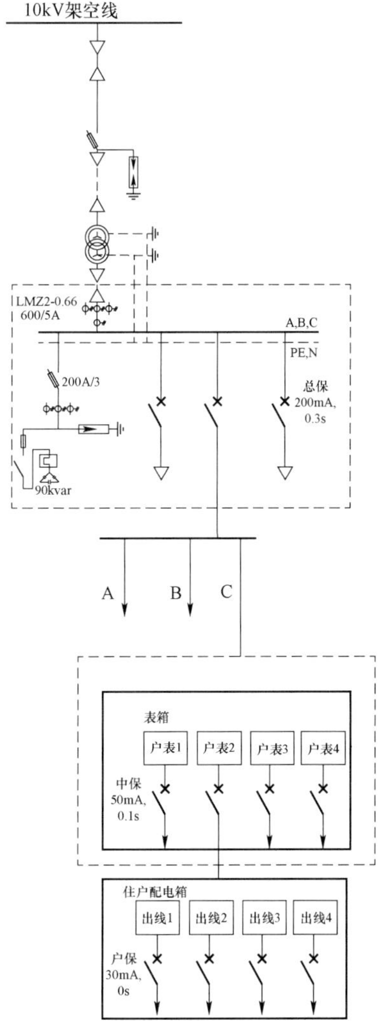

图 5－18　剩余电流三级保护配置示意图

5.3.4 10kV 接地故障的影响

当 10kV 配电网发生如变压器高压肘型头击穿、高压绕组绝缘破坏等对配电变压器外壳的接地故障时，接地电流经变压器外壳进入大地，造成地电位升高。TT 系统及部分 TN 系统的配电变压器保护接地和工作接地共用接地装置，存在 N 线或 PEN 线电位升高，并通过线路传递至用户侧的问题。对于 TT 系统，由于 PE 接地与变压器保护接地距离较远，而 N 线又视作带电体，此时 10kV 对变压器外壳单相接地故障，一般不会对 TT 系统用户产生影响。以下主要分析对 TN 系统用户的影响。

（1）对于 10kV 不接地系统，由接地故障特征可知，故障点接地电流等于非故障相对地电容电流之和，一般不超过 10A；10kV 消弧线圈接系统补偿后接地故障残余电流一般宜控制在 10A 以内。由于配电变压器保护接地电阻要求小于 4Ω，因此 10kV 不接地系统、消弧线圈接系统发生对变压器外壳单相接地故障时，地电位上升最大值不过 40V（10A×4Ω）。由于 TN 系统 PEN 重复接地，其实际通过 PEN 线传递的电压值往往不大于接触电压限值 50V，一般不会影响安全用电。

（2）对于 10kV 小电阻接地系统，发生对变压器外壳单相接地故障时，接地电流 I_d、接触电压 U_f 如图 5－19 所示。由于接地电流 I_d 可通过变电站内 10kV 系统接地返回，形成回路，I_d 值将达到上百或几百安培。由于接触电压 $U_f=I_dR_B$，当配电变压器保护接地电阻为 4Ω 时，接触电压可能达到上千伏，将影响安全用电。为保障用电安全，一般采用两种方法解决该问题：

1）当配电变压器保护接地和工作接地共用接地装置时，要求接地电阻应小于 0.5Ω，同时一般配电变压器 10kV 进线或上级电源分界开关配置零序过电流保护 0s 延时动作。当发生对变压器外壳单相接地故障时，大约 0.7～0.1s 切除故障。由图 5－20 可知，预期接触电压 U_f 一般不超过 285V（0.5Ω×6000V/10.5Ω），持续时间小于 0.1s。干燥环境条件下，小于交流接触电压下的最大允许持续时间，因此可保障安全用电。此外，配电室设置在建筑物内供电时，因供电与用电使用同一地网，虽然地电位上升，但 PE 相对大地的电位差仍为零，不会影响安全用电。

2）当接地电阻大于 0.5Ω 小于 4Ω 时，配电变压器保护接地与工作接地，应间隔 5m 以上分别单独接地，PEN 取自工作接地。如果接地电阻大于 4Ω 时，可以参照图 5－21 选取保护接地与工作接地分开的距离 L。当发生对变压器外壳单相接地故障时，预期接触电压 U_f 为零，可保障安全用电。

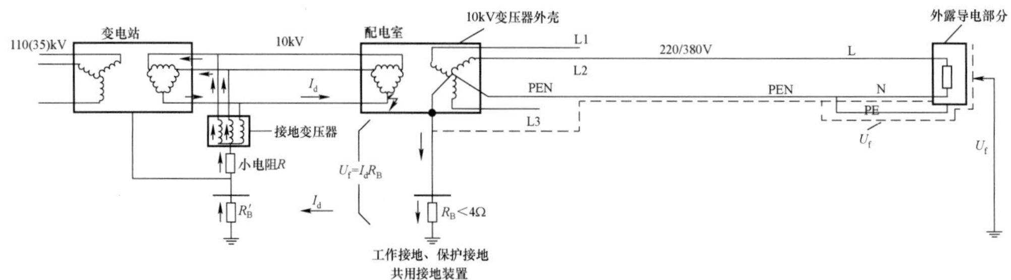

图 5－19 保护接地与工作接地共用接地装置时 U_f 示意图

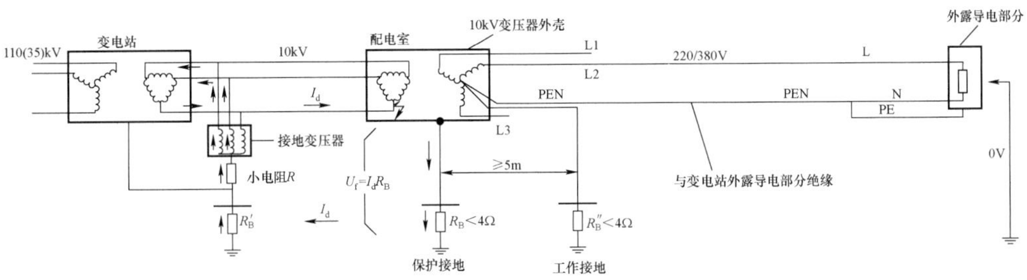

图 5-20　保护接地、工作接地分开接地时 U_f 示意图

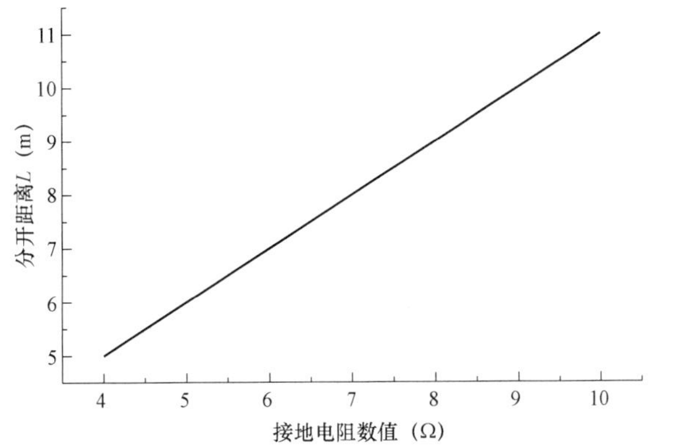

图 5-21　保护接地与工作接地分开的距离 L 与接地电阻值的关系

5.3.5　TN 系统转移电位问题

相线对大地故障，故障通路经过大地，阻抗大，故障电流相对较小，但会引起电源中性点电位升高，产生转移点位。GB/T 50065—2011《交流电气装置的接地设计规范》对低压系统保护接地和工作接地做出了规定，要求不大于 4Ω 或不大于 10Ω。由图 5-22 所示，转移故障电压等于工作接地 R_B'' 与接地电流 I_d 的乘积，即在过渡电阻、工作接地电阻、回路电阻组成的回路中的分压，会造成 N 和 PE 带电，故障相电压降低。发达国家为减小转移故障电压危害，以 TN 系统给用户供电的变电站系统接地的接地电阻取值都比我国小，通常为不大于 2Ω。

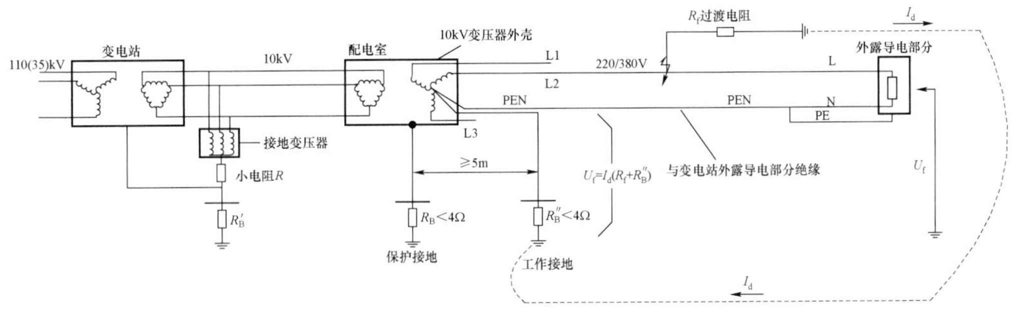

图 5-22　相线对大地的接地故障转移电位示意图

在国内，国家电网有限公司通过《配电网技术导则》《国家电网公司 380/220V 配电网工程典型设计》等企业标准进一步完善和加强了相关要求：

（1）供电电源设置在建筑物外，低压系统宜采用 TN－C－S 接地形式，配电线路主干线末端和各分支线末端的保护中性线（PEN）应重复接地，且不应少于 3 处。对于给平房等供电情况，重复接地的电阻不大于 10Ω，则 3 处重复接地与工作接地并联，会达到工作接地电阻小于 2Ω 的效果，从而保障人身安全。

（2）供电电源设置在建筑物外，对于多层住宅、中高层及以上住宅、沿街商户及别墅内总配电柜（箱）的供电情况，楼内线典型设计要求，住宅配电系统、外部防雷装置、防闪电感应、内部防雷装置、电气与电子等系统的接地系统共用接地装置，并应与引入的金属管线做等电位连接，联合接地电阻应小于 1Ω。利用建筑物基础钢筋作为接地装置，实测不满足 1Ω 要求需要增设人工接地装置。此接地电阻与工作接地并联，会达到工作接地电阻小于 1Ω 的效果，从而保障人身安全。

10kV 相对变压器外壳或 0.4kV 相线对大地故障引起的中性点电位上升，当配电室设置在建筑物内，因供电与用电使用同一地网，虽然地电位上升，但是 PE 相对大地的点位差依然为零，此种情况下转移故障电压不会对人身造成伤害；当建筑物内配电室对建筑物外供电时，因供电与用电可能不处于同一地网，此时室外用电设备 PE 宜就地接地。此外，TT 发生中性点电位上升故障时，因 PE 线与 N 线独立，且 PE 可重复接地，此时 PE 的电位仍接近地电位，且发生相对 PE 故障和相对大地故障时，可通过 RCD 断开电源，保护人身安全。

5.3.6 电弧故障保护问题

低压线路、用电设备等断线或接触不良，可能产生串联电弧或相线间并联电弧。由于上述电弧故障没有产生对地故障过电流，剩余电流保护器（RCD）无法动作；同时电弧故障电流往往低于微型断路器或熔断器动作值，保护电器也不能正确动作。通常家用电器在正常使用或在插拔瞬间所产生的电光，认为是正常电弧（俗称好弧）。像电气线路或设备中绝缘老化、破损、漏电等原因引起空气击穿放电现象，称之为故障电弧。

故障电弧在线路中能够持续发生，根据美国保险商实验室（UL）结果来看，0.5A 的故障电弧电流足以引起火灾。根据中华人民共和国应急管理部消防救援局统计数据显示，2020 年全国共接报火灾 25.2 万起，死亡 1183 人，受伤 775 人，直接财产损失 40.09 亿元，其中电气火灾占总量的 33.6%，且故障电弧引起的火灾占电气火灾成因的 68.9%，对人们生命和财产安全造成了巨大的威胁。国内相关研究起步较晚。2000 年左右，全国低压电器标准化技术委员会开展电弧故障保护电器（AFDD）相关技术及试验研究。2010 年以来，国内高校、企业等加强了相关技术研究，国家发布了 GB/T 31143—2014《电弧故障保护电器（AFDD）的一般要求》、GB 14287.4—2014《电气火灾监控系统　第 4 部分：故障电弧探测器》、GB 51348—2019《民用建筑电气设计标准》等标准规范。

电弧故障保护器（AFDD）是一种新型用电线路保护装置，主要通过检测串联或并联故障电弧电流和电压波形，当超过给定值时断开被保护电路，避免发生电气火灾。AFDD 弥补了其他低压电器保护装置的不足，与传统保护电器配合，提供更加完整的火灾保护措施。根据 GB 51348—2019《民用建筑电气设计标准》的规定，宜在商场、超市及人员密集场所、存储可燃物的库房的照明、插座回路安装 AFDD；在设置了电气火灾监控系统的档口式家电商场、批发市场等场所的末端配电箱应设置电弧故障火灾探测器或限流式电气防火保护器。

目前由于 AFDD 仍存在较多的误动作、漏判等问题，影响了其规模化应用及相关标准的落地。国内科研院所及设备制造厂家近年来，采用专家知识与机器学习相结合的方式，通过提取时/频域特征，引入卷积神经网络等人工智能算法，提高电弧故障判别的准确性与可靠性。未来随着技术的成熟及广泛应用，将大幅度降低由电弧故障导致的电气火灾发生的数量和概率，将会带来巨大的社会和经济效益。

5.4　小结与展望

低压保护配合受上下级保护的级数、低压系统接地形式、设备选型等的影响。本文主要从低压配电网典型网架、接地方式、关键设备、基本保护及典型案例等几个方面介绍公用低压供电系统的保护配置及配合情况，但不包含电动机、起动机、电焊机、发电机、维修电源等特定设备或系统的保护。随着分布式电源大量接入，配电网朝着有源、闭环网状运行的方向发展，对低压保护的配置与整定将产生一定的影响。

参考文献

[1] 李光琦．电力系统暂态分析［M］．北京：中国电力出版社，2007.

[2] 王厚余．低压电气装置的设计安装和检验［M］．3 版．北京：中国电力出版社，2012.

[3] 张保会，尹项根．电力系统继电保护［M］．北京：中国电力出版社，2022.

[4] 汤继东．中低压电气设计与电气设备成套技术［M］．北京：中国电力出版社，2018.

[5] 中国航空规划设计研究总院有限公司．工业与民用供配电设计手册［M］．4 版．北京：中国电力出版社，2016.

[6] 王厚余．建筑物电气装置 600 问［M］．北京：中国电力出版社，2007.

第6章 直流配电网保护

近年来，世界范围内节能减排进程的推进和电力电子技术的快速发展，使得分布式电源接入、负荷直流化趋势明显。多数分布式新能源发电系统如光伏电池、风电机组、燃料电池等为直流电源，需经直交变换后方可并网。目前的电力负荷，包括工业用电机、公用路灯和充电桩、数据中心的服务器、商用民用的照明和家电等，多数需最终转换为直流供电。若直接采用直流配电系统，可以省去部分交直流变换环节，提高分布式电源转换效率和负荷供电效率。相比于传统的交流配电网，直流配电网更适合分布式电源和直流负荷的接入，具有降低损耗、提高传输容量与电能质量等优势，应用前景良好。

目前国际上已有多个高压直流输电工程，但中低压直流配电网尚处于起步阶段。近年来，美国、德国、中国等国家初步开展了直流配电电压等级序列与网络架构的研究，建设了一些直流配电技术试验园区及示范工程，直流配用电关键技术仍在逐步探索和发展中。

本章将从继电保护角度，给出直流配电网的电压等级序列、网络拓扑结构特征、故障特性和保护配置方案，最后给出典型的直流配电网示范工程保护配置及动作时序案例。

6.1 直流配电网故障特征

直流配电网的故障特征取决于电网中各换流装置的故障响应特征和直流配电网的网络拓扑特征，而换流装置的故障响应特征与换流装置的拓扑结构和故障控制策略密切相关。换流装置的拓扑结构是故障控制策略的边界，直流配电网中涉及两大类变换器件：① 交直流变换器，以两/三电平 VSC 型换流器和 MMC 型换流器为代表；② 直流转直流变换器，以 Buck-boost 型和 DAB 型变流器为代表。下面分析中以直流配电网常采用的自保性闭锁作为故障控制策略，重点分析拓扑结构对换流装置故障特征的作用机理，以及故障控制策略作用前后对故障特征的影响。

6.1.1 两/三电平 VSC 型换流器

1. 拓扑特征

可控开关型换流器以两/三电平换流器（voltage source converter，VSC）为典型代表，其拓扑结构与运行控制相对简单，常用于低压交直流变换。但换流器开关频率较高（接近 2kHz），交直流侧谐波含量较大，需要在换流站中加装多组滤波器，同时换流器的损耗也较高。两/三电平换流器虽然输出电压波形谐波含量相对较少，换流器的开关频率、总谐波水平和损耗都有所降低，但该换流器拓扑结构复杂，且成本较高，系统可靠性较低。此外，开关型电压源换流器每个桥臂由大量的开关器件直接串联，需要解决开关器件开通和关断引起的静态与动态均压等问题。

三电平 VSC 拓扑结构如图 6－1 所示，其结构简单、紧凑，具有很好的工程应用价值。三电平 VSC 前期较多采用正弦脉宽调制（sinusoidal pulse width modulation，SPWM）。

二极管箝位型三电平 VSC 拓扑结构如图 6－2 所示。与三电平 VSC 相比，开关器件电压应力减小；在得到同样波形质量的情况下，所需开关频率较低。二极管箝位型三电平 VSC 调制策略与两电平 VSC 的类似。但必须采取必要措施克服中性点电压偏移问题。另外，当采用三次谐波注入 SPWM 调制来提升调制比宽度时，必须采取必要措施防止注入的三次谐波波及直流侧。

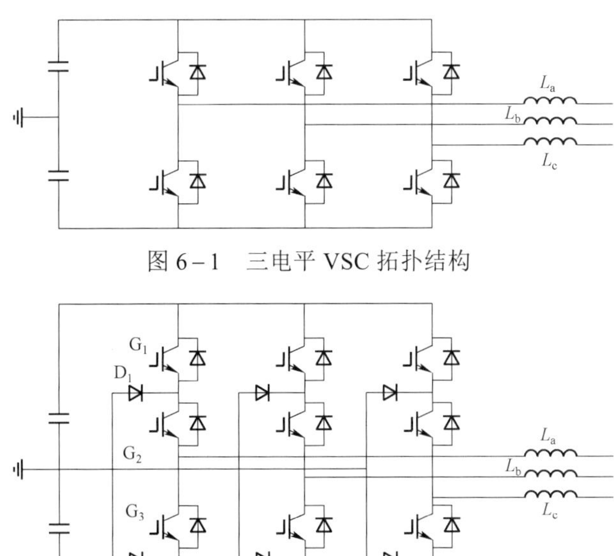

图 6－1　三电平 VSC 拓扑结构

图 6－2　二极管箝位型三电平 VSC 拓扑结构

2. 故障响应特征

（1）极间短路故障。由两/三电平 VSC 型换流器拓扑结构可知，直流侧稳压电容是整个拓扑的核心之一。当直流电网发生极间短路故障时，电容会首先经由故障回路向故障点放电，放电回路可等效为电容对阻抗的二阶放电回路，如图 6－3 中故障回路 1 所示。换流器在采取自保性闭锁前，交流电网会通过电力电子器件向故障点放电，放电回路在直流侧可等效为带内阻的直流源对故障点放电，在交流侧可等效为交流电源对相间故障点放电，如图 6－3 中故障回路 2 所示。换流器在采取自保性闭锁后，交流电网会通过二极管向故障点放电，放电回路可等效为不控整流电路的直流侧短路故障回路，故障回路仍如图 6－3 中故障回路 2 所示。当电容放完电后，直流侧电感会对短路电流有续流作用，通过三相桥臂构成续流回路，如图 6－3 中故障回路 3 所示。

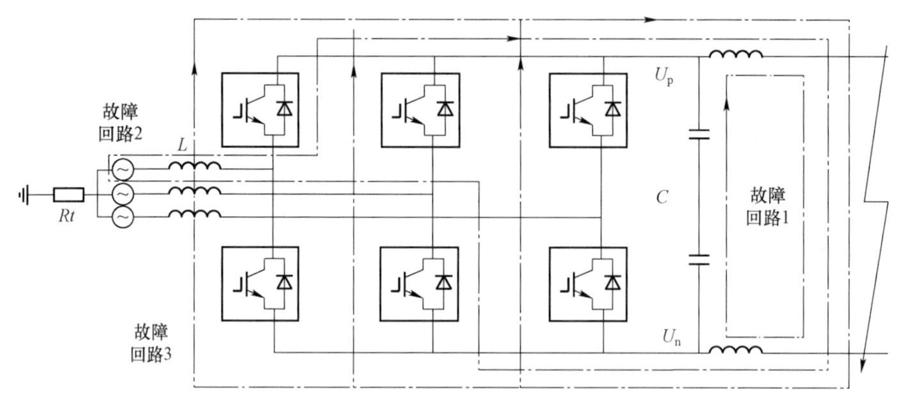

图 6－3　VSC 直流侧极间短路故障回路示意图

图 6－3 中直流双极短路故障等效二阶电路中的参数如式（6－1）所示。

$$\begin{cases} R = R_C + R_{dc} = \dfrac{2}{3}R_{arm} + R_{dc} \\ L = L_C + L_{dc} = \dfrac{2}{3}L_{arm} + L_{dc} \\ C = C_C \end{cases} \tag{6-1}$$

式中：R_C、L_C 分别为直流双极短路故障情况下，换流器的等效电阻和电抗；L_{arm}、R_{arm} 分别表示桥臂电抗和桥臂等效电阻；C_C 为直流侧电容值；L_{dc} 表示直流电抗器；R_{dc} 表示直流线路等效电阻；N 为每个桥臂的子模块数目。

根据基尔霍夫电压定律（KVL），可得图 6－8（b）所示二阶等效电路方程：

$$\begin{cases} LC\dfrac{d^2u_c}{dt^2} + RC\dfrac{du_c}{dt} + u_c = 0 \\ i_{dc} = -C\dfrac{du_c}{dt} \end{cases} \tag{6-2}$$

设电容电压初始值为 u_{dc}，电感电流的初始值为 i_{dc0}，由式（6－1）可得，忽略交流侧注入的短路电流后的直流双极短路故障电流 $i_{dc}(t)$ 为

$$i_{dc}(t) = -\frac{1}{\sin\theta_{dc}} i_{dc0} e^{-\frac{t}{\tau_{dc}}} \sin(\omega_{dc}t - \theta_{dc}) + \frac{u_{dc}}{R_{dis}} e^{-\frac{t}{\tau_{dc}}} \sin(\omega_{dc}t) \tag{6-3}$$

式中：$\tau_{dc} = \dfrac{2L}{R}$，$\omega_{dc} = \sqrt{\dfrac{4L - CR^2}{4CL^2}}$，$\theta_{dc} = \arctan(\tau_{dc}\omega_{dc})$，$R_{dis} = \sqrt{\dfrac{4L - CR^2}{4C}}$。

式（6－3）表明，故障后，绝缘栅双极型晶体管（insulated gate bipolar transistor，IGBT）闭锁前的几毫秒内，电容放电电流急速上升，且故障电流的大小与 R_{dis} 负相关，而 R_{dis}

的大小与换流器的等效电阻、电抗、直流侧电容以及线路等效电阻和电抗有关。

（2）IGBT 闭锁后的双极短路故障特征。IGBT 闭锁后，交流电网通过反并联二极管向短路点注入故障电流，直流双极短路故障电流 $i_{dc}(t)$为

$$i_{dc}(t)=\frac{3k}{2}I_{s3m}+\left(I_{dcB}-\frac{3k}{2}I_{s3m}\right)e^{-\frac{t}{\tau_{dcB}}} \tag{6-4}$$

$$I_{s3m}=\frac{2U_{sm}}{2\omega L_{ac}+\omega L_{arm}+2Z_{dc}}$$

式中：U_{sm}为交流侧电压；L_{ac}、L_{arm}分别为交流侧等效电抗和桥臂电抗；Z_{dc}为直流线路等效阻抗，其大小与故障点位置有关；I_{dcB}为 IGBT 闭锁时直流侧电流；τ_{dcB}为时间常数，其数值与直流电抗器的电感值关系密切，一般在 10ms 左右；k 为与导通重叠角 γ 相关的系数，且 k 的取值范围为 $2/3\leqslant k\leqslant 1$。

式（6－4）表明，IGBT 闭锁后，极间短路电流会逐渐稳定为 $\frac{3k}{2}I_{s3m}$。一般情况下，故障后，IGBT 在 1～2ms 内闭锁，电容仍继续放电，直至放电结束，短路电流会经历先上升后平稳至 $\frac{3k}{2}I_{s3m}$ 的过程。

（3）单极短路故障。两/三电平 VSC 型换流器直流侧单极短路故障特征与中性点接地方式密切相关。第 1 章中介绍了 VSC 型换流器的不同接地方式。下面分别阐述几种接地方式下单极短路故障的区别。

1）若两侧均不接地，称为不接地系统，直流侧单极接地故障与交流侧单相接地故障一样，仅会抬升非故障极电压至极间电压，不存在短路电流；

2）若直流侧接地，且接地点为电容中性点，则当电网发生单极接地故障时，故障极电容会通过故障回路对故障点放电，放电结束后，短路电流即消失，系统仍可以正常运行。

3）若直流侧接地，且接地点为正极或负极，则当电网发生非接地极单极接地故障时，故障特征与双极短路特征一致；当电网发生接地极单极接地故障时，无短路电流。

4）若交流侧中性点接地，单极接地故障短路电流与中性点接地电阻大小及故障回路中电阻和电感大小相关。故障回路中电感决定了短路电流上升率，电阻决定了故障稳态电流大小。单极接地短路故障回路为图 6－4 所示。

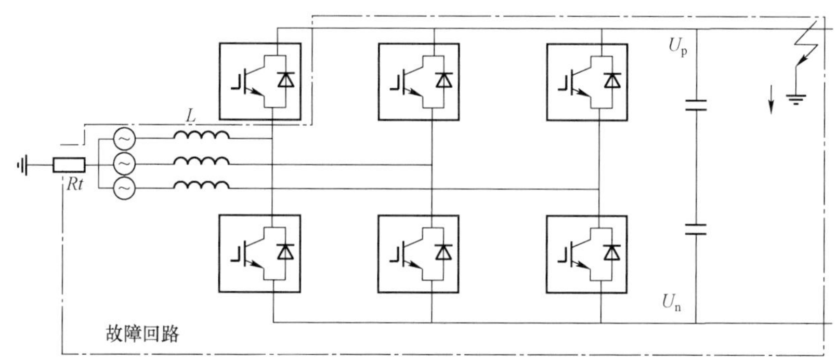

图 6－4　交流侧经中性点接地时单极接地故障回路

6.1.2 MMC 短路故障特征

1. 拓扑特征

模块化多电平（modular multilevel converter，MMC）换流器是可控电源型换流器的典型代表。它是将两/三电平 VSC 型换流器中集中的稳压电容分布在每个子模块中，实现多电平调制，能够用于较高电压等级，在配电网中常被用于中压直流配电网的交直流变换。根据子模块所采用的类型，又可分为半桥型、全桥型以及钳位双子模块型，如图 6-5 所示。

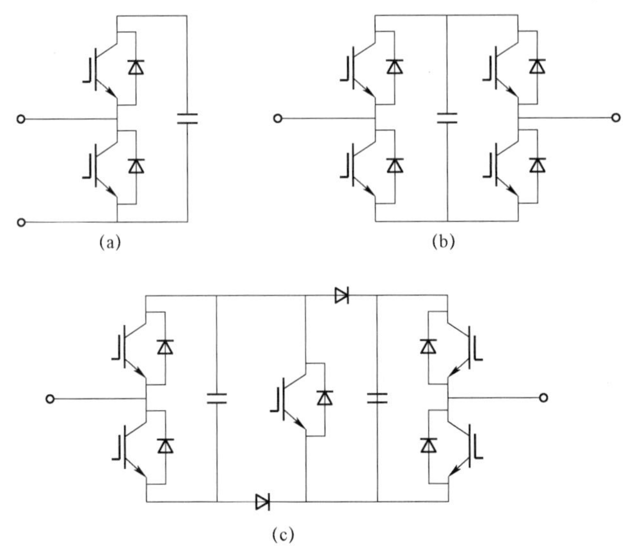

图 6-5 模块化多电平子模块拓扑结构

（a）半桥型；（b）全桥型；（c）钳位双子模块型

当其桥臂中的子模块超过一定数量时，换流器输出波形为近似正弦的阶梯波，无需加装滤波装置。与两电平换流器相比，模块化多电平换流器的突出优势表现在：① 模块化设计，易于电压等级的提升和容量的升级；② 器件的开关频率和开关应力显著降低；③ 输出电压谐波含量和总电压畸变率大大减少，交流侧无需滤波装置。

相比于两电平换流器，模块化多电平换流器的不足主要在于：① 由于每个桥臂中串联的子模块数量较多，因此阀控系统在每个周期内所需处理的数据量非常大，对控制系统要求很高；② 分布式储能电容需要增加子模块电容电压的均衡控制；③ 各桥臂间能量分配不均，将破坏子模块内部的稳定性，导致电流波形发生畸变。

MMC 的电网级控制策略与 VSC 一致，同样包括有功类控制和无功类控制，在内部控制中还会增加子模块电压均衡控制和换流抑制控制，以达到低损耗运行要求。

以半桥型子模块为例，每个 SM 子模块对应两个 IGBT 功率器件，共有三种工作状态：闭锁状态、投入状态和切除状态，如图 6-6 所示。通过对 IGBT 的控制，可以实现子模块的投入或切除，即可以实现上下桥臂子模块数配合投入，从而获得目标阶梯波。

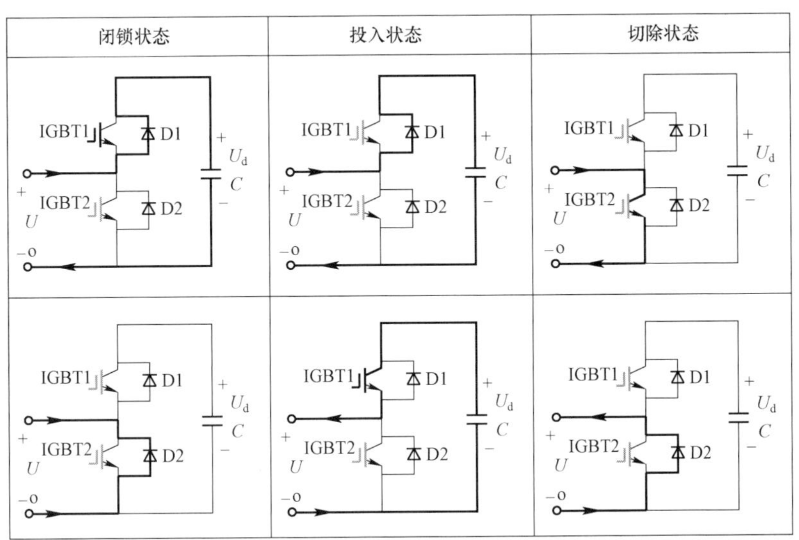

图 6-6 子模块功率器件运行状态

如图 6-7 所示，以五电平换流器为例，MMC 通过控制子模块的投入或切除，实现输出阶梯波电平的增加或减少，从而满足电压变化与功率的需求。每个子模块通过连接端口与主电路相连，MMC 通过子模块电容电压支撑直流侧电压。为保证正常运行时直流侧电压稳定，每相单元投入子模块个数应时刻保持不变且相等。

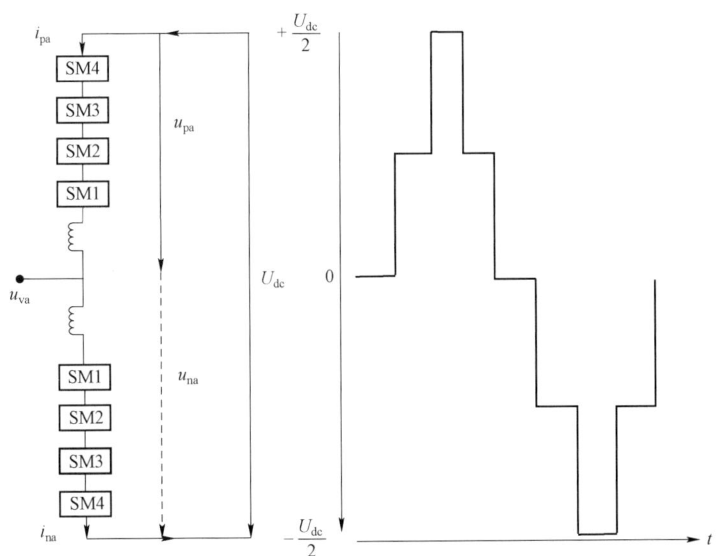

图 6-7 五电平换流器输出波形

2. 故障响应特征

（1）双极短路故障特征。基于 MMC 的对称单极直流系统发生直流侧双极短路故障后，故障电流主要包括子模块电容放电电流和交流电源提供的三相短路电流。其中，电容放电电流是故障电流的主要成分，且该电流上升速度极快，可以在故障后 1ms 内达到千安数量级。为了保护 IGBT 器件不受损坏，其触发脉冲一般会在 1～2ms 内闭锁。触发脉冲闭锁后，子模块电容不再提供放电电流，若采用半桥子模块，则还有来自交流电源的故障电流；若采用全桥或双子钳位子模块，则无来自交流电源的故障电流。

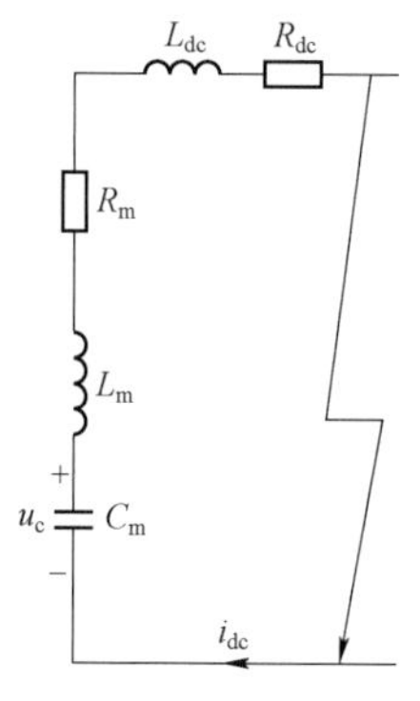

图 6－8　MMC 端口极间短路故障回路

从故障作用机理上看，脉冲闭锁前的 MMC 故障特性与 VSC 的故障回路 1 一致，脉冲闭锁后的半桥 MMC 故障特性与 VSC 的故障回路 2 一致。

触发脉冲闭锁前后，故障电流的变化规律完全不同。因此，在下面的分析中，将分触发脉冲闭锁前和触发脉冲闭锁后两个时间段分别进行分析。

1）IGBT 闭锁前的双极短脉冲路故障特征。IGBT 闭锁前，子模块电容迅速放电，这一阶段的故障等效电路如图 6－8 所示。

图 6－8 直流双极短路故障等效二阶电路中的参数如式（6－5）所示。

$$\begin{cases} R = R_m + R_{dc} = \dfrac{2}{3}R_{arm} + R_{dc} \\ L = L_m + L_{dc} = \dfrac{2}{3}L_{arm} + L_{dc} \\ C = C_m = \dfrac{6C_{SM}}{N} \end{cases} \tag{6-5}$$

式中：R_m、L_m、C_m 分别为直流双极短路故障情况下，MMC 型换流器的等效电阻、电抗和电容；L_{arm}、R_{arm} 分别表示 MMC 桥臂电抗和桥臂等效电阻；C_{SM} 为子模块电容；L_{dc} 为直流电抗器电抗；R_{dc} 为直流线路等效电阻；N 为每个桥臂的子模块数目。

此后的故障等值电路与 VSC 没有区别。

2）IGBT 闭锁后的双极短路故障特征。半桥子模块在 IGBT 闭锁后，交流电网通过反并联二极管向短路点注入故障电流，其故障等效电路如图 6－9 所示。这与 VSC 的故障回路 2 特征一致。

（2）单极短路故障特征。MMC 单极短路故障特征与 VSC 一致，均与接地方式密切相关。

6.1.3　Buck-boost 型换流器

Buck-boost 型换流器是直流配电网中常见的换流器类型，通常用于低压直流的光伏、储能、用电负荷等直流场景中。下面以储能的应用场景为例，说明 Buck-boost 型换流器的拓扑特征和故障特征。

1. 拓扑特征

储能蓄电池有充电和放电两种状态，因此储能蓄电池用的 Buck-boost 型换流器的拓扑结构是双向型的，如图 6－10 所示。

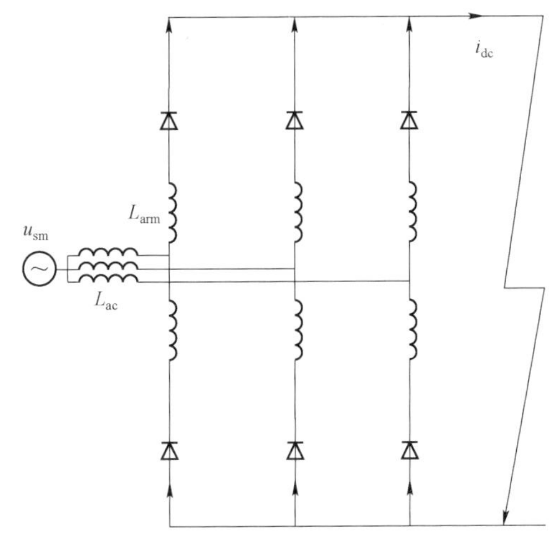

图 6－9　IGBT 闭锁后，直流双极短路故障等效电路图

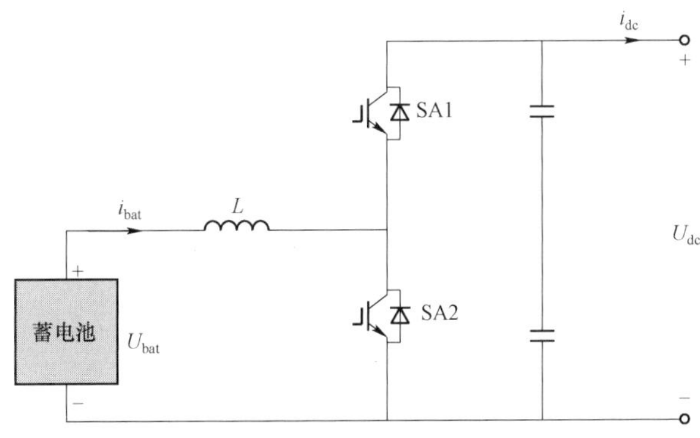

图 6－10　双向 DC/DC 变换器的拓扑结构

图 6－10 中，U_{dc} 和 i_{dc} 分别为±375V 直流母线电压和支路输出电流；U_{bat} 和 i_{bat} 分别表示蓄电池端电压和放电电流。通过控制开关 SA1 和 SA2（均由一个 IGBT 和一个反并联二极管组成）的开通和关断来控制蓄电池的充放电过程，从而具备 Buck 或 Boost 模式。电路中右侧电容为 Buck-boost 型电网侧稳压电容，整个电路正常工作前需要将该电容充满电。

2. 故障响应特征

由 Buck-boost 型换流器拓扑结构可以看出，电网侧稳压电容是直接并入电网。一旦电网发生双极短路故障，则该电容通过短路故障回路对短路点放电，放电回路为电容对阻抗放电的二阶电路。此时若 SA2 在打开状态，则电池不会对故障点放电；若 SA2 在闭合状态，不管 SA1 是否打开，电池会通过 SA1 中的 IGBT 或二极管对故障点放电，此时 Buck-boost 型换流器输出的短路电流为电容放电电流和电池放电电流的叠加。

在发生极间短路时，蓄电池一共经历如下几个阶段：

（1）网侧电容放电＋IGBT2 导通状态。由于发生极间短路故障，极间电压迅速跌落，蓄电池网侧电容向故障点提供短路电流。此时，蓄电池控制系统控制 IGBT2 导通，IGBT1 关断，理论上应工作在 Boost 模式，但由于输入电压偏差过大，经过双环控制后输出占空比为 1，导致 IGBT2 恒为导通状态。放电过程如图 6－11 所示。

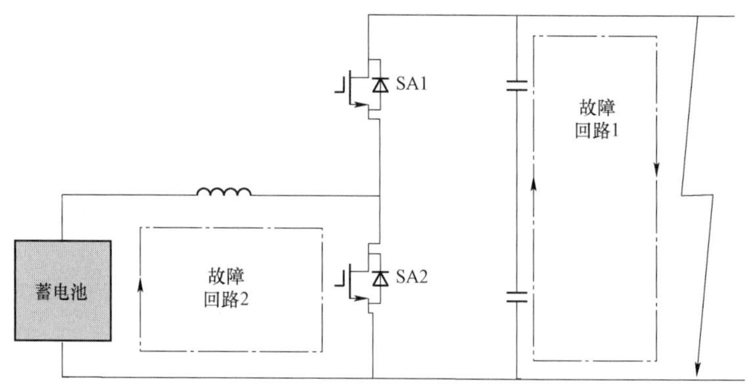

图 6－11　蓄电池出口极间短路第一阶段

（2）boost 模式。蓄电池在控制下工作在 boost 模式，为故障点提供短路电流，且占空比逐渐减小。当 IGBT2 导通时，蓄电池侧的放电回路与图 6－11 相符；当 IGBT2 关断时，通过反并联二极管 1 续流，蓄电池侧的放电回路与图 6－12 相符。此外，IGBT2 的开通和关断会对极间电压造成高频谐波的影响。

（3）反并联二极管 1 导通。在故障末期，IGBT1、IGBT2 均处于关断状态，蓄电池通过电感和反并联二极管 1 为故障点提供短路电流。此时极间电压不再受高频谐波影响，放电过程如图 6－12 所示。

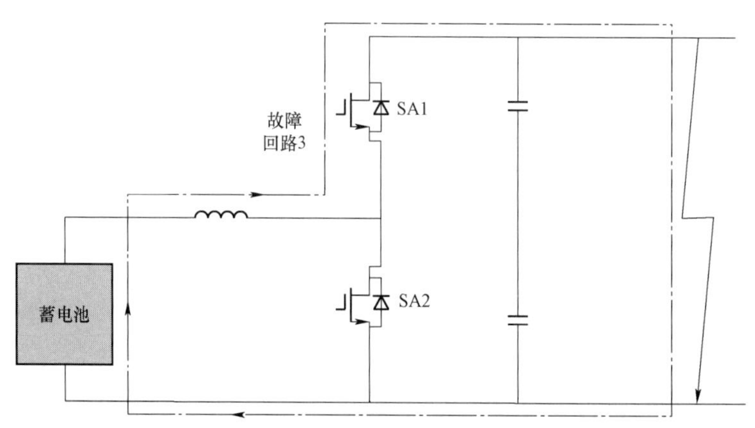

图 6－12　蓄电池出口极间短路第三阶段

若 Buck-boost 型换流器的电网侧电容为中性点接地形式，则电网发生单极短路故障时，故障极电容会通过短路故障回路对故障点放电。由于蓄电池通过 Buck-boost 电路接在电网中，根据储能调控功率或蓄电池侧电压目标，蓄电池不会额外提供故障电流。

6.1.4　直流电力电子变压器故障特征

为了保证电力电子器件的安全，同时便于理论分析，直流配电网发生短路故障时电力电子变压器会很快自保性闭锁。

1. 拓扑特征

电力电子变压器（power electronic transformer，PET），又称为电子电力变压器（electronic power transformer，EPT）、固态变压器（solid state transformer，SST）或电子变压器（electronic transformer，ET），是指通过电力电子技术和高频变压器（相对工频更高）实现的具有但不限于传统变压器功能的新型电力电子设备。其相比于传统变压器，有体积小、高度可控、便于新能源接入的优势。PET 的结构可分为三种：单级式、两级式、三级式。单级式结构由 2 个 AC/AC 变换器和一个高频变压器构成；两级式结构含有一个直流环节，由隔离 AC/DC 变换器和 DC/AC 变换器构成；三级式结构最复杂，有两个直流环节，但其可控性最强，是目前普遍采用的结构，如图 6－13 所示。其工作原理为：工频中高压交流输入通过 AC/DC 变换器整流为直流，再通过 DC/AC 变换器逆变为高频方波，通过高频变压器耦合到二次侧，再还原为直流，再逆变成低压交流输出。

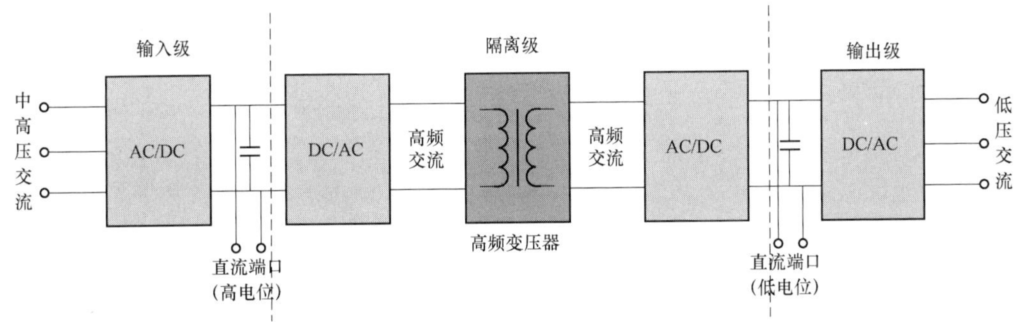

图 6－13　三级式 PET 结构

直流电力电子变压器的输入为直流，输出为直流，相当于 PET 的隔离级，实质为具有隔离功能的 DC/DC 变换器。隔离级的结构通常有四种类型，如图 6－14 所示。

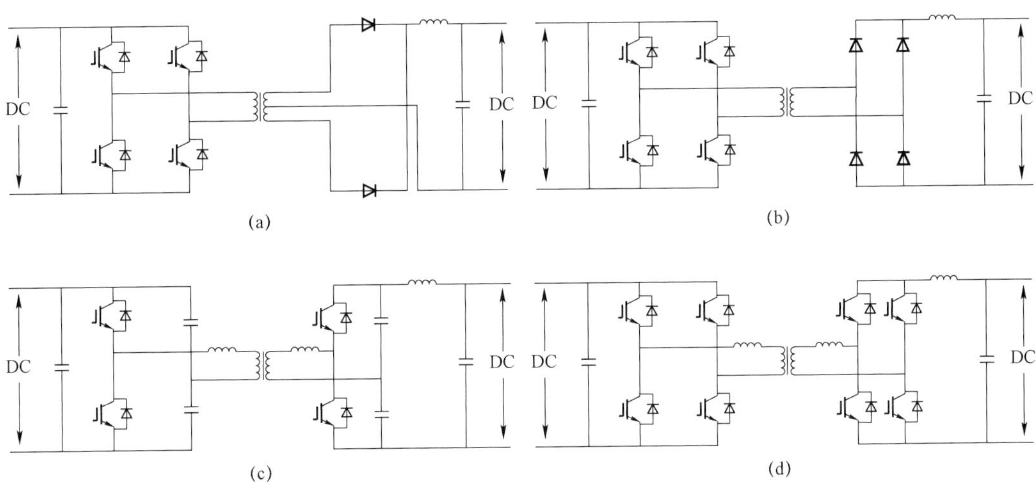

图 6－14　隔离级的四种结构

（a）高频斩波逆变/二极管整流结构一；（b）高频斩波逆变/二极管整流结构二；
（c）双半桥背靠背结构；（d）双全桥背靠背结构

图 6－14（a）和图 6－14（b）为高频斩波逆变/二极管整流结构，结构和控制简单，适用于大功率领域，但功率只能单向流动，且直流电压不能精确控制；图 6－14（c）和图 6－14（d）为双桥背靠背结构，可以实现功率双向流动，并且对输出电压进行精确控制，使其稳定在给定电压值，缺点是控制较图 6－14（a）和图 6－14（b）复杂。对比分析双有源半桥（Dual-Half-Bridge，DHB）变换器和双有源全桥（Dual-Active-Bridge，DAB）变换器的性能，虽然 DAB 需要的功率开关器件数量增加，但其控制更灵活多变，且输出电压的纹波更低。下面主要介绍 DAB 的故障响应特征。

2. 故障响应特征

（1）极间短路。当 DAB 发生极间短路故障时，无论 DAB 空载还是带阻性负载，首先电容会通过阻感回路对故障点放电，如图 6－15 中故障回路 1 所示；同时 DAB 另一侧电路会通过原供电回路向故障点放电，如图 6－15 中故障回路 2 所示，但通常因 IGBT 耐受过电流能力弱，会在短路后短时间内闭锁，该回路因闭锁而关断；当电容电量放完后，短路电流会因回路中电感而续流，流经 DAB 中的二极管，如图 6－15 中故障回路 3 所示。下面主要分析故障回路 1 和故障回路 3 的故障特性。

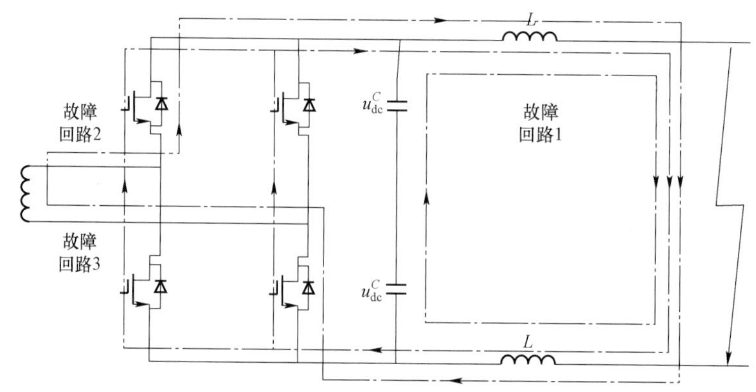

图 6－15　DAB 空载时极间短路故障短路过程

1）故障回路 1——RLC 谐振阶段。假设过渡电阻为 R_k，根据故障回路，可列写故障回路的方程

$$\begin{cases} 2u_{dc} + 2L\dfrac{di}{dt} + R_k i = 0 \\ i = C\dfrac{du_{dc}}{dt} \end{cases} \tag{6-6}$$

特征方程为

$$2LCs^2 + R_k Cs + 2 = 0 \tag{6-7}$$

对式（6－7）进行求解，得到特征根为

$$\begin{aligned} s_{1,2} &= \frac{-R_k C \pm \sqrt{R_k^2 C^2 - 16LC}}{4LC} \\ &= -\frac{R_k}{4L} \pm \sqrt{\left(\frac{R_k}{4L}\right)^2 - \left(\sqrt{\frac{1}{LC}}\right)^2} \end{aligned} \tag{6-8}$$

据此，正极电容电压响应的通解可写为

$$u_{\mathrm{dc}} = K_1 \mathrm{e}^{s_1 t} + K_2 \mathrm{e}^{s_2 t} \tag{6-9}$$

故障初始时刻的有边界条件为

$$\begin{cases} u_{\mathrm{dc}}\big|_{t=0_+} = U_{\mathrm{dc}} \\ \dfrac{\mathrm{d}u_{\mathrm{dc}}}{\mathrm{d}t}\bigg|_{t=0_+} = 0 \end{cases} \tag{6-10}$$

通过式（6－10）可求得 K_1、K_2，得到电压和电流的响应为

$$\begin{cases} u_{\mathrm{dc}} = \dfrac{U_{\mathrm{dc}}}{s_2 - s_1}(s_2 \mathrm{e}^{s_1 t} - s_1 \mathrm{e}^{s_2 t}) \\ i = C \dfrac{s_1 s_2}{s_2 - s_1} U_{\mathrm{dc}} (\mathrm{e}^{s_1 t} - \mathrm{e}^{s_2 t}) \end{cases} \tag{6-11}$$

RLC 谐振阶段的波形形式取决于式（6－8）中两个特征根在复平面的位置。若 $L=3\mathrm{mH}$，$C=20\mathrm{mF}$，则由式（6－8）可知，过阻尼、欠阻尼的临界点为

$$R_{\mathrm{k}} = 4\sqrt{\frac{L}{C}} = 1.549\,2\Omega \tag{6-12}$$

当 $R_{\mathrm{k}}<1.549\,2\Omega$，短路过程为欠阻尼，电容电压和电感电流振荡衰减；当 $R_{\mathrm{k}}>1.549\,2\Omega$，短路过程为过阻尼，电容电压和电感电流单调衰减，无过零点。

2）故障回路 3——电感续流阶段。RLC 谐振阶段与电感续流阶段的分界点为电容电压的第一次过零点（仅在欠阻尼情况下出现），因为当电容电压为正时，加在反并联二极管两端的电压为负，不满足导通条件；当电容电压第一次经过零点时，反并联二极管满足导通条件，电感电流经过反并联二极管续流，电容被旁路，此时故障回路状态由 RLC 谐振阶段转变为电感续流阶段。此外，如果忽略过渡电阻，则 RLC 谐振阶段相当于将电容的电场能全部转化为电感的磁场能，当电容电压降为 0 时，电感储存的能量达到最大值，此时短路电流最大。

当短路回路进入电感续流阶段后，电感电流通过过渡电阻及反并联二极管的导通电阻构成 RL 回路。短路电流的衰减速度取决于电感 L、过渡电阻 R_{k} 及反并联二极管的导通电阻 R_{D}。由 RL 电路的固有响应可知，放电时间常数

$$\tau = \frac{2L}{R_{\mathrm{D}} + R_{\mathrm{k}}} = 0.046\,15\mathrm{s} \tag{6-13}$$

由 RL 电路的基本特征可知，经过 5 个时间常数后，电路趋于稳定，电感电流基本衰减到零。因此，电感续流阶段持续时间为

$$t = 5\tau = 0.230\,77\mathrm{s} \tag{6-14}$$

（2）单极短路。DAB 换流器单极短路接地的故障特征与 Buck-boost 换流器一致，若 DAB 换流器的电网侧电容为中性点接地形式，则电网发生单极短路故障时，故障极电容会通过短路故障回路对故障点放电。由于 DAB 对侧通过全桥换流器接在电网中，根据其控制目标，不会额外提供故障电流。

6.1.5 控制对故障响应特征的影响

前面给出了各类型换流器在闭锁前后的故障特征分析。其实，直流设备的高可控性使得直流设备除闭锁这一保护手段外，还可以利用控制完成直流侧故障低电压穿越。换流装置直流侧低电压穿越控制按控制手段可分为直接闭锁、零流控制、限流控制、主动注入控制等方式。这些低电压穿越控制方式的实现与换流装置拓扑结构密切相关，各控制方式对故障短路特征影响较大。前面章节主要论述了最常见的直接闭锁方式下直流侧故障特征，下面对零流控制、限流控制、主动注入控制进行简单介绍。

（1）零流控制，当切换至零流控制后，换流装置通过调控输出直流反向电压将直流侧出口的短路电流在短时间内限制在 0 附近，在达到零流控制电流门槛值前，短路电流按一定斜率上升，达到门槛后，迅速下降至 0 附近。

（2）限流控制，当切换至限流控制后，换流装置通过调控直流侧输出电压将出口短路电流限制在额定电流附近，通常不低于额定电流值，在达到零流控制电流门槛值前，短路电流按一定斜率上升，达到门槛后，经短时调节后稳定在 1.2 倍额定电流附近。限流控制理论上可长期运行，但因持续向故障点放电，为保障安全性通常只要求持续时间不低于 150ms。

（3）主动注入控制，当切换至主动注入控制后，换流装置先闭锁或进行零流控制，然后主动注入一定频率、幅值、脉宽信号，为主动式保护识别故障提供判断依据。

由上述描述可知，换流器故障发生后首先是电容放电，在达到一定过电流定值后，短路电流与控制策略和拓扑结构密切相关。若采用直接闭锁控制：① 闭锁后存在对侧与直流侧存在二极管通路的，会由对侧向故障点放电；② 闭锁后对侧与直流侧无二极管通路的，短路电流下降，也可能电流续流。此外，对于全控型器件：① 若采用零流控制，则电流迅速下降为 0；② 若采用限流控制，则电流短时间内会稳定在额定电流附近；③ 若采用主动注入控制，则短路电流下降至 0 后，电流或电压会有一定频率、幅值的脉动信号。

因此直流配电网的故障特性与换流器采取的低电压穿越控制策略以及拓扑结构密切相关，短路电流受控制作用明显。能唯一确认的是，在达到一定过电流定值前均为电容放电，此后短路电流根据控制策略可增可减。需要说明的是，对于采用限流控制的直流配电网，可以采用交流配电网分级过电流保护的整定方法进行保护配置整定，本章不另做介绍。此外，主动注入控制为近两年来较新研究成果，但仍未有成熟产品，本章也不展开介绍。本章主要针对现有直流配电网工程中应用较多的直接闭锁和零流控制两种直流侧低电压穿越控制，给出相应的保护配置方案和故障隔离策略。

6.2 保护原理

6.2.1 保护分区

在介绍直流配电网保护原理前，先给出直流配电网的保护区域划分。直流配电网借鉴高压直流保护分区的思想，将功能区分配如图 6－16 所示，包括交直流连接保护区、直流线路保护区、母线区保护等。

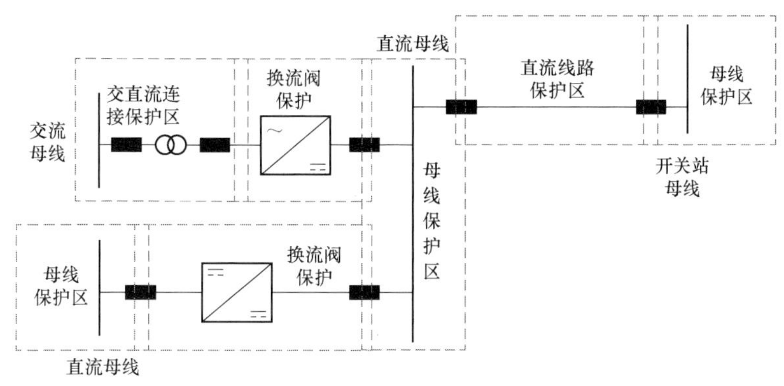

图 6－16　直流配电系统典型的保护分区

（1）交直流连接保护区。交直流连接保护区是指交流连接线到换流器桥臂电抗器网侧之间的所有设备，包括交流母线、交流连接线、联结变压器、启动电阻及其旁路设备、网侧开关与换流阀阀侧电流互感器之间的连接导线及其连接的所有设备。

（2）换流阀保护区。换流阀保护区是指从换流阀阀侧电流互感器至换流阀直流侧出口电流互感器之间的所有设备，包括电力电子器件、桥臂电抗器、直流侧电抗器和之间的开关等。

（3）直流线路保护区。直流线路保护区是指直流线路两端测点之间的线路本体、限流设备（如有配置）及其两端的附属开关设备。

（4）直流母线保护区。直流母线保护区是指直流母线各线路出口电流互感器之间的所有设备。

本章主要介绍直流配电网的保护，因此交直流连接保护区和换流器本体保护不做过多介绍，主要介绍下直流线路和直流母线保护区内的保护原理。

根据前面章节分析可知，直流配电网的初始短路电流特征主要表现为电容对阻感放电，后续特征与拓扑结构相关，或对侧馈入，或电感续流。若各电容放电回路中再串入一级半桥回路，则该回路闭锁后会阻止电容放电，此时短路电流持续时间较短。直流配电网的保护需要适应上述所有故障特征，在故障发生后迅速判断故障性质。通常直流配电网保护利用故障后 1～3ms 的短路电流数据进行故障判断。与交流系统不同，直流配电网考虑故障电流可能持续时间短，常用瞬时值进行故障判别。直流配电网供电半径有限，故相比于各设备内部电容，线路电容对故障暂态过程影响较小，因此行波等暂态量保护需要很高的采样频率才能获取暂态量信息，现场适应性较弱，少有应用。同时微弱的暂态过程使得差动类保护的适应性较强，现场应用广泛。下面介绍直流配电网目前常见的直流线路差动保护、直流母线差动保护和直流方向过电流保护 3 种保护原理及整定原则。

6.2.2 直流线路差动保护

1. 原理

直流差动保护原理基于基尔霍夫电流定理。定义电流方向为流入线路为正，当线路无故障或发生区外短路故障时，线路两侧电流为穿越性质电流，此时两侧电流和始终为0；当线路发生区内短路故障时，线路两侧电流均流入短路点，此时两侧电流和为流入短路点电流。因此，直流线路差动保护判据为

$$\begin{cases} |i_m + i_n| > I_{set} \\ |i_m + i_n| > \dfrac{k_{set}}{2}|i_m - i_n| \end{cases} \tag{6-15}$$

式中：i_m 和 i_n 为线路两侧瞬时电流；I_{set} 为启动值门槛；k_{set} 为比率制动系数。由于是瞬时值判据，为防止保护误动作，通常需要连续多个点均满足保护判据才会出口，即延时时间 t_{set} 。

2. 整定原则

由式（6－15）可知，直流线路差动保护需要整定动作定值 I_{set} 和 k_{set} 以及延时时间 t_{set} ，应按照单极、双极短路故障分别整定。双极短路差动保护动作定值的整定需要考虑直流电流互感器的传变误差、电流的传输延时、线路充电电流和区外故障时线路放电电流等因素，实际中短路电流计算较难，可通过仿真获得，而时间定值与采样率关系较大，通常按 3～10 个采样点整定。单极短路差动保护可通过长延时躲过电流传输延时、线路充电电流和区外故障时线路放电电流等因素，仅需要考虑直流电流互感器的传变误差。单极接地短路电流为故障稳态电流，其大小与接地回路中电阻大小相关，可方便通过计算得到，通常按耐受一定过渡电阻整定，其延时为兼顾可靠性和快速性，可按不小于 10ms 且不超过 200ms 整定。

6.2.3 直流母线差动保护

1. 原理

直流母线差动保护原理基于基尔霍夫电流定理。定义电流方向为流入母线为正，当母线无故障或发生区外短路故障时，母线各侧电流为穿越性质电流，此时各侧电流和始终为 0；当母线发生区内短路故障时，母线各侧电流均流入短路点，此时各侧电流和为流入短路点电流。因此，直流母线差动保护判据为

$$\begin{cases} \left|\sum i_k\right| > I_{set} \\ \left|\sum i_k\right| > \dfrac{k_{set}}{2}\sum |i_k| \end{cases} \tag{6-16}$$

式中：i_k 为母线各侧瞬时电流；I_{set} 为启动值门槛；k_{set} 为比率制动系数。由于是瞬时值判据，为防止保护误动作，通常需要连续多个点均满足保护判据才会动作出口，即延时时间 t_{set} 。

2. 整定原则

直流母线差动保护的整定原则与直流线路差动保护相同，同样需要整定动作定值 I_{set} 和 k_{set} 以及延时时间 t_{set}，也应按照单极、双极短路故障分别整定，整定原则与直流线路差动保护一致。

6.2.4　直流方向过电流保护

1. 原理

直流方向过电流保护可用在任何线路中，既可单独动作出口，也综合考虑相邻间隔过电流方向，协作出口，类似于纵联方向保护或简易母差保护，可称为网络拓扑保护。其过电流保护判据如下

$$|i_n| > I_{set} \tag{6-17}$$

式中：i_n 为当前间隔的瞬时电流值；I_{set} 为动作值门槛。同样是瞬时值判据，为防止保护误动作，需要连续多个点均满足保护判据才会动作出口，即延时时间 t_{set}。

若为网络拓扑保护，则还需整定网络通信延时，按最长网络等待时间整定。通常现场中采用高速 GOOSE 网实现故障电流方向传输，最大链路延时不超过 10ms。

2. 整定原则

直流方向过电流保护需要躲过互感器的传变误差和过负荷。

6.2.5　直流横差保护

1. 原理

直流横差保护原理基于能量平衡原理，在正常运行情况下对称单极的正负极电流应大小相等方向相反，两者电流和为 0；在单极短路接地故障情况下，因存在对地支路，正负极电流和不为 0，由此构造保护判据。直流横差保护可用在任何线路中，既可单独动作出口，也综合考虑相邻横差过电流方向，协作出口，与方向过电流保护一样形成网络拓扑保护。横差保护判据如下

$$|i_A + i_B| > I_{set} \tag{6-18}$$

式中：i_A、i_B 分别为正、负极的瞬时电流值；I_{set} 为动作值门槛。同样是瞬时值判据，为防止保护误动作，需要连续多个点均满足保护判据才会动作出口，即延时时间 t_{set}。

2. 整定原则

直流横差保护为应对单极接地短路故障的保护，可根据系统接地电阻大小计算得到单极接地短路电流大小，进而进行整定。整定时需要躲过互感器的传变误差和过负荷。

6.2.6　故障恢复策略

从 6.1 节直流配电网故障特征可以看出，直流配电网故障电流上升速度快，保护难以在换流器闭锁前识别并隔离故障。考虑经济性和可行性，借鉴交流配电网自动化的思

路，目前直流配电网常采用的保护策略为先换流器闭锁或直流断路器跳闸将短路电流清除，保护利用故障发生到短路电流清除前的短路电流特征识别故障性质，并在短路电流清除后有选择性地跳开相应开关隔离故障，故障隔离后，再将系统重启恢复供电，即故障恢复策略。

当直流配电网发生双极短路故障后，首先各个换流器件因自身保护闭锁，然后直流配电网保护识别故障并跳开相应开关，最后根据故障隔离后的拓扑状态依次恢复闭锁的换流装置。

直流配电网的故障恢复是直流配电网故障处理的最后一步，其关键在于，如何识别故障隔离后的拓扑状态。

6.3 工程案例

6.3.1 工程简介

以某中压直流配电网示范工程为例说明直流配电网的保护配置及故障保护策略。如图 6－17 所示，左右各有两个 MMC 型换流器作为交直流电网变换，其中左侧为半桥换流器，考虑其不具备故障自清除能力，出口配置直流断路器，右侧为 50%半桥子模块和 50%全桥子模块组成的混合桥换流器，具备故障自清除能力。两个换流器分别引两条线路接入 K1 和 K2 开关站，两个开关站各有两段母线，母线接有不同数量的出线，连接至下一级的直流变换设备。整个直流配电网为伪双极接线形式，为便于单极接地的故障判别，采用交流侧换流变压器中性点经中电阻 150Ω接地。同时，为防止短路电流上升过快换流阀直流侧出口均配置有 10mH 的限流电抗。图中两个开关站母联断路器可合可分，均分开为两站分裂运行模式，单合一个母联断路器为两站合环运行模式，合两个母联为两站双合环运行模式。双合环运行模式可能存在较大换流，通常不采用。

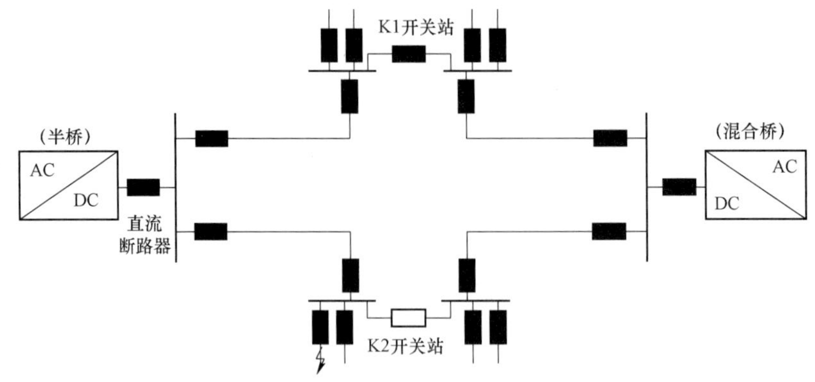

图 6－17　某直流配电网示范工程接线图

■ 闭合断路器或负荷开关

6.3.2　保护配置

图 6－17 中保护分区按图 6－16 所示，换流器自身有控保系统，用以保障换流器安全，直流电网中母线配置有母线差动保护，线路配置有线路差动保护，各开关间隔均配置方向过电流保护和横差保护。方向过电流保护和横差保护需要与相邻间隔配合，利用高速 GOOSE 网络形成网络拓扑保护。中压直流系统中采用的电流互感器为电子式互感器，其准确级：电流是 5～30A 时，精度为 2%；电流是 30～50A 时，精度为 0.5%；电流是 50～1000A 时，精度为 0.2%；电流是 1000～2000A 时，精度为 0.5%；电流是 2000～7500A 时，精度为 3%。下面简要介绍各保护的整定依据：

（1）直流母线差动保护整定依据。直流母线差动分为针对单极接地故障的长延时单极差动保护和针对极间故障的短延时差动保护，采用电压作为辅助判据。

对于单极差动保护，由于交流侧中性点经 150Ω 电阻接地，故单极接地故障最大短路电流为 67A。按耐受 350Ω 过渡电阻考虑，单极接地过电流保护启动定值为 20A，此时故障极电压跌落至 7kV，正负极电压和为 6kV，故单极差动保护电压判据定值设为 6000V，为保证不误动，整定动作延时为 50ms；躲过最大负荷电流情况下差动保护不误动，不平衡电流按 TA 精度 2‰考虑，考虑 10 个间隔，比率系数不超过 0.02，可整定为 0.02。

对于极间差动保护，考虑直流短路故障电流上升时间在 2ms 左右，因此动作延时不超过 2ms，最好在 1ms 内。考虑 10kHz 采样率，可设置 500μs 动作延时；保护启动定值考虑最大过渡电阻情形，按额定负荷电流的 0.2 倍整定；比率制动系数按躲过区外故障最大短路电流整定，不平衡电流按 TA 精度 3%考虑，按 10 个间隔，比率系数可整定为 0.3；低电压辅助判据定值为 0.85 倍的额定极间电压。

（2）直流后备保护整定依据。后备保护分为长延时的极间过电流保护、短延时的极间过电流保护和应对单极接地故障的横差保护。

对于短延时的极间过电流保护，采用网络拓扑保护方法，将本间隔与相邻间隔的故障方向作为综合判断，为确保所有间隔能传递故障方向，故各间隔网络拓扑保护定值设置相同，按躲过最大负荷电流考虑，可靠系数取 1.2，故网络拓扑保护定值为 600A，保护时间为故障方向传递最大延时考虑，通常 GOOSE 网络延时不超过 15ms，故设置为 15ms。

对于长延时的极间过电流保护，按躲过最大负荷电流整定，定值设为 600A，考虑作为其他间隔的远后备，整定时间设置为 200ms。

对于横差保护，按耐受 750Ω 过渡电阻考虑，单极接地过电流保护启动定值为 10A，此时故障极电压跌落至 8.5kV，故单极差动保护电压判据定值设为 8500V，为保证不误动，整定动作延时为 50ms。

6.3.3　保护及故障恢复策略

保护策略采用前加速保护加故障恢复的策略。若系统运行在两站单合环运行模式，如图 6－17 所示。此时 K2 开闭站中某一馈线发生极间短路故障，则故障时序如下：

（1）半桥端换流器出口处的直流断路器通过过电流保护直接跳开直流断路器，使半桥换流器与故障隔离；

（2）混合桥端换流器故障后快速将电压限制为零或者闭锁；

（3）下级直流变换器在发生双极短路故障时闭锁，并将闭锁信息发给故障恢复系统；

（4）馈线过电流保护动作隔离故障；

（5）故障隔离后，执行故障隔离的直流保护将故障隔离成功的信息发给故障恢复系统；

（6）故障恢复系统向混合桥换流器发令恢复极间电压；

（7）中压电网极间电压恢复后，下级直流变换器重启，建立低压侧极间电压；

（8）下级直流变换器正常向负荷端供电；

（9）故障恢复系统发令给半桥端换流器重启；

（10）半桥换流器建立正常极间电压后，故障恢复系统发令给直流断路器合上开关，半桥端恢复供电，合环运行模式正常运行。

6.4 小结与展望

近年来电力电子技术的快速发展与广泛应用，使得分布式电源接入、电源直流化、负荷直流化趋势明显，在该发展趋势下传统的交流配电网面临的问题日益突出。直流配电网在降低损耗、提高传输容量与电能质量方面都比传统的交流配电网具有优势，又适合分布式电源的接入，近年来被广泛关注。与传统交流配电网、特高压直流电网和柔直工程不同，中低压直流配电网系统结构复杂，故障后各电压等级故障耦合机理复杂，且受变流器拓扑和系统配置影响大，保护的选择性难以满足。

中低压直流配电网与交流配电网区别是故障电流受变流器拓扑、控制策略和系统配置影响大，故障电流持续时间短，负荷侧也可以提供短路电流，甚至大于电源侧。利用故障后电容放电电流可实现故障检测，考虑到换流器器件耐过电流能力差，故障后快速闭锁特性，通常可采用基于前加速保护的直流保护方案。

参考文献

[1] 江道灼，郑欢. 直流配电网研究现状与展望［J］. 电力系统自动化，2012，36（8）：98－104.

[2] 马钊，焦在滨，李蕊. 直流配电网络架构与关键技术［J］. 电网技术，2017，41（10）：3348－3357.

[3] 马钊，周孝信，尚宇炜，等. 未来配电系统形态及发展趋势［J］. 中国电机工程学报，2015，35（6）：1289－1298.

[4] 杜翼，江道灼，尹瑞，等. 直流配电网拓扑结构及控制策略［J］. 电力自动化设备，2015，35（1）：139－144.

［5］孙鹏飞，贺春光，邵华，等．直流配电网研究现状与发展［J］．电力自动化设备，2016，36（6）：64－73.

［6］盛万兴，李蕊，李跃，等．直流配电电压等级序列与典型网络架构初探［J］．中国电机工程学报，2016，36（13）：3391－3403.

［7］黄迪．一种新型模块化多电平换流器子模块拓扑与控制策略研究［D］．重庆：重庆大学，2016.

［8］徐政．柔性直流输电系统［M］．2 版．北京：机械工业出版社，2016.

［9］马钊．直流断路器的研发现状及展望［J］．智能电网，2013，1（1）：12－16.

［10］史宗谦，贾申利．高压直流断路器研究综述［J］．高压电器，2015，51（11）：1－9.

［11］WU Y F，RONG M Z，WU Y，et al.Investigation of DC hybrid circuit breaker based on high-speed switch and arc generator［J］．Review of Scientific Instruments，2015，86（2）：860.

［12］胡竞竞．直流配电系统故障分析与保护技术研究［D］．浙江大学，2013.

［13］张章，胡源，罗涛，等．中压直流配电系统保护技术研究综述［J/OL］．电测与仪表：1－11［2020－08－14］.